W0256238

Grundwasser-Management

Springer
Berlin
Heidelberg
New York
Barcelona
Budapest
Hongkong
London
Mailand
Paris
Santa Clara
Singapur
Tokio

Jürgen Beudt (Hrsg.)

Grundwasser-Management

Schutz – Reinigung – Sanierung

Mit 49 Abbildungen und 8 Tabellen

 Springer

Jürgen Beudt
Umweltinstitut Offenbach GmbH
Nordring 82 B
D-63067 Offenbach am Main

Die Deutsche Bibliothek – CIP-Einheitsaufnahme

Die Deutsche Bibliothek - CIP-Einheitsaufnahme

Grundwasser-Management : Schutz - Reinigung - Sanierung /
[Hrsg.: Jürgen Beudt]. - Berlin ; Heidelberg ; New York ;
Barcelona ; Budapest ; Hongkong ; London ; Mailand ; Paris ;
Santa Clara ; Singapur ; Tokio : Springer, 1997
　ISBN-13:978-3-642-64510-5　　　e-ISBN-13:978-3-642-60693-9
　DOI: 10.1007/978-3-642-60693-9

NE: Beudt, Jürgen [Hrsg.]

ISBN-13:978-3-642-64510-5

Die Wiedergabe von Gebrauchsnamen, Handelsnamen, Warenbezeichnungen usw. in diesem Werk berechtigt auch ohne besondere Kennzeichnung nicht zu der Annahme, daß solche Namen im Sinne der Wa-
renzeichen- und Markenschutz-Gesetzgebung als frei zu betrachten wären und daher von jedermann benutzt werden dürften.

Einbandgestaltung: E. Kirchner, Heidelberg
Satz: Reproduktionsfertige Vorlage von den Herausgebern

SPIN: 10552708　　　30/3136 - 5 4 3 2 1 0 – Gedruckt auf säurefreiem Papier

Vorwort

Lange Zeit galt das Grundwasser als gut geschützte Ressource, die unter anderem auch direkt zur Trinkwasserversorgung verwendet werden konnte, und das aufgrund der Selbstreinigungskräfte des Untergrundes sowie der in der Regel über dem Grundwasser liegenden schützenden Deckschichten.

Grundwasserschutz ist aber weit mehr als nur Trinkwasserschutz. Das Grundwasser speist als Teil des Wasserkreislaufs die Oberflächengewässer. Belastungen des Grundwassers wirken sich daher auch auf Flüsse und Bäche aus.

Schließlich hat das Grundwasser auch wichtige ökologische Funktionen. Oberflächennahe Grundwasservorkommen dienen der Wasserversorgung der Pflanzen und sind Voraussetzungen für wertvolle Feuchtbiotope.

In den letzten Jahren wurde eine Vielzahl von Prozeduren zur Erfassung und Behandlung von Grundwasserschadensfällen entwickelt, die eine Vielzahl an Orientierungs-, Richt- und Grenzwerten hervorbrachten.

Es fand zudem eine intensive Erkundungstätigkeit zur Erfassung und Bewertung vorhandener Kontaminationen von Böden und Grundwasser statt. Parallel hierzu sind unter erheblichen finanziellen Aufwendungen eine Vielzahl von Sanierungsverfahren entwickelt worden und zum Einsatz gekommen.

Die Bewertung der derzeit angewandten Verfahren zur Dekontamination des Untergrundes ist allerdings nach wie vor äußerst problematisch. Die natürliche Bodenvariabilität erfordert bei Felduntersuchungen einen sehr hohen Erkundungsaufwand, um den Anfangszustand zu definieren und die Randbedingungen einigermaßen zu kontrollieren.

Zur Aufarbeitung dieser Thematik lud das Umweltinstitut Offenbach vom 13.-14. Juni 1996 zur Fachtagung „Grundwasserschadensfälle: Grundwasserschutz und Grundwasserreinigung; Sanierung von Grundwasserschäden" nach Offenbach ein.

Der vorliegende Band gibt die Textfassungen der Vorträge der beiden Tage in teilweise ergänzter und überarbeiteter Form wieder.

Das Umweltinstitut Offenbach bietet seit 1988 seine Dienstleistungen in den Bereichen Erfassung, Untersuchung und Gefährdungsabschätzung von Boden- und Grundwasserkontaminationen an. Daneben werden Fachtagungen und Seminare zu aktuellen Umweltthemen durchgeführt.

Die Fachtagungsreihe „Grundwasserschadensfälle" wird regelmäßig fortgeführt.

Jürgen Beudt

Inhalt

Autorenverzeichnis

Corinna Babel
Ottostraße 15
42655 Solingen

Dr. Bernd Dremel
Merck
Frankfurter Str. 250
64293 Darmstadt

Dr. Stefan Drenkard
GOPA Consultants
Postfach 1541
61285 Bad Homburg

Dr. Bernd Hanauer
HG – Büro für Hydrogeologie und Geohydraulik GmbH
Neuwiesenweg 1
35423 Lich

Dr. Franz Jaskolla
Daimler Benz Aerospace
Dornier Satellitensysteme GmbH
88039 Friedrichshafen

Ministerialrat Dipl. Ing. Jens Jedlitschka
Bayerisches Staatsministerium für Landesentwicklung und Umweltfragen
Postfach 81 01 40
81901 München

Dipl. Ing. Matthias M. Kniebusch
GKSS – Forschungszentrum Geesthacht GmbH
Max-Planck-Str.
21502 Geesthacht

Dipl. Ing. Rüdiger Kobert
Ingenieurbüro Kobert & Partner GmbH
Zwingli-Str. 34
10550 Berlin

Dr. Ulrich Koherr
Prantner GmbH Verfahrenstechnik
Ferdinand-Lassalle-Str. 46
72770 Reutlingen

Heidrun Lorenzl
HVEA-D GmbH
Bleistr. 15
23879 Mölln

Prof. Dr. Reinhard Müller
Kanzlei RA Professor Müller und Kollegen
Ernst-Thälmann-Straße 76
(Alte Mühle)
06246 Milau

Dr. Heike Otremba
Bundesverband der deutschen Gas- und Wasserwirtschaft e.V.
Josef-Wirmer-Str. 1
53123 Bonn

Ulrich Schantz
Sakosta Umwelttechnologie GmbH
Weiskircher Weg 9
63150 Heusenstamm

Dr. Peter Schlosser
Lamont Doherty Earth Observatory of Columbia University
Route 9W/Palisades, NY
USA

Theodor Schroth
Röhm GmbH Chemische Fabrik
Kirschenallee
64293 Darmstadt

Dr. Reinhard Sparwasser
Anwaltssozietät Prof. Dr. Bender und Dr. Caemmerer
Weiherhofstr. 2
79104 Freiburg i. B.

Dr. Benedikt Toussaint
Hessische Landesanstalt für Umwelt
Postfach 3209
65022 Wiesbaden

Grundwasser und Grundwasserschutz im europäischen Zusammenhang

Jens Jedlitschka

1 Einleitung

Das Grundwasser galt lange Zeit als gut geschützte Ressource, die unter anderem auch direkt zur Trinkwasserversorgung verwendet werden kann und das aufgrund der Selbstreinigungskräfte des Untergrundes sowie der in der Regel über dem Grundwasser liegenden schützenden Deckschichten.

Die vielen Schadensfälle – allein in Bayern haben wir derzeit über 2700 Grundwasserschäden mit vor allem leichtflüchtigen Halogenkohlenwasserstoffen –, flächenhafte diffuse Belastungen sowie die Sorge um eine sichere Trinkwasserversorgung haben hier jedoch eine Bewußtseinsänderung hervorgerufen. Und das zu Recht!

Ist doch das Grundwasser für die Trinkwassergewinnung von größter Bedeutung: in Deutschland stammen 70% des Trinkwassers (in Bayern gar 96%) aus dem Grundwasser, in vielen EU-Staaten gelten ähnliche Zahlen.

Grundwasserschutz ist aber weit mehr als nur Trinkwasserschutz. Das Grundwasser speist als Teil des Wasserkreislaufs die Oberflächengewässer. Belastungen des Grundwassers wirken sich daher auch auf Flüsse und Bäche aus. So gelangt etwa die Hälfte des Nitrats, das in die Nordsee eingetragen wird, über das Grundwasser dorthin (immerhin rd. 300 000 t jährlich). Das bedeutet u.a., daß Grundwasserschutz nicht nur eine nationale Aufgabe sein kann, sondern daß der Schutz grenzüberschreitender Gewässer und vor allem der Meere gemeinsame Anstrengungen auch beim Grundwasserschutz erfordert. Schließlich hat das Grundwasser auch wichtige ökologische Funktionen. Oberflächennahe Grundwasservorkommen dienen der Wasserversorgung der Pflanzen und sind Voraussetzungen für wertvolle Feuchtbiotope.

Und letztlich stellt das Grundwasser mit dem Grundwasserleiter einen wertvollen Lebensraum für eine Vielzahl von Mikro- und Makroorganismen dar, die um ihrer selbst Willen zu schützen sind.

2   Ziele der deutschen Grundwasserpolitik

Wegen seiner überragenden Bedeutung ist der Schutz des Grundwassers eine der wichtigsten Aufgaben unserer Gewässerschutzpolitik. Grundwasserschutz darf sich nicht darauf beschränken, bereits eingetretene Schäden zu reparieren, wir müssen vielmehr Vorsorge betreiben, um Schäden von vornherein zu vermeiden. Maßnahmen zum Schutz des Grundwassers müssen daher vorausschauend sein und vorrangig zum Ziel haben, Verunreinigungen gar nicht erst entstehen zu lassen. Vermeidungsmaßnahmen müssen an der Quelle ansetzen (Vorsorgeprinzip!)

Wesentliche Gefährdungen für das Grundwasser ergeben sich insbesondere aus der intensiven Landwirtschaft, einem unsachgemäßen Umgang mit wassergefährdenden Stoffen, aus Altlasten, undichten Kanalnetzen und in zunehmendem Maße auch aus der Luftverschmutzung. Ein flächendeckender Grundwasserschutz ist deshalb unentbehrlich. Bereits eingetretenen Grundwasserbelastungen soll durch die Beseitigung der Belastungsursachen und durch Sanierungsmaßnahmen entgegengewirkt werden.

Die Ziele der deutschen Grundwasserschutzpolitik sind in den „Deutschen Anforderungen an einen fortschrittlichen Grundwasserschutz in der Europäischen Gemeinschaft" im einzelnen festgelegt.

2.1   Grundsätze

2.1.1   Grundsatz 1

Das Grundwasser ist flächendeckend zu schützen, da es nicht nur Grundlage der Trinkwasserversorgung ist, sondern als Teil des Wasserkreislaufs auch die Oberflächengewässer speist, so daß Grundwasserbelastungen auch diese beeinträchtigen. Das Grundwasser hat auch wichtige ökologische Funktionen. Die Auswirkungen von Belastungen auf das Ökosystem Grundwasser sind weitgehend ungeklärt.

Anmerkung: Grundwasserschutz muß mehr sein als nur Trinkwasserschutz. Es konnte nachgewiesen werden, daß etwa die Hälfte des Nitrats, das in die Nordsee eingetragen wird, über das Grundwasser dorthin gelangt (immerhin rd. 300 000 t jährlich. Das bedeutet übrigens, daß Grundwasserschutz nicht nur national, sondern international erfolgen muß! Opferbereiche können nicht akzeptiert werden.

2.1.2   Grundsatz 2

Das Grundwasser ist soweit als irgend möglich in seiner natürlichen Beschaffenheit zu erhalten; Grundwasserverunreinigungen sind zu sanieren. Qualitätsziele für das Grundwasser, die sich nicht an dieser natürlichen Beschaffenheit orientieren, würden zur Sanktionierung von Verschmutzungen anstatt zu ihrer Sanierung führen.

Anmerkung: Qualitätsziele und Grundwassergüteklassen werden daher strikt abgelehnt.

2.1.3 Grundsatz 3

Zur Sicherung der Trinkwasserversorgung können in Trinkwassereinzugsgebieten weitergehende Maßnahmen ergriffen werden. Dies darf nicht Grundwasserschutz erster und zweiter Ordnung bedeuten, sondern ist lediglich ein Instrument, Restrisiken für das Grundwasser weiter zu vermindern bzw. durch Verbot bestimmter Handlungen ganz auszuschließen.

Anmerkung: Dies geschieht in der Regel durch verbindliche Ausweisung von Wasserschutzgebieten. In diesen Wasserschutzgebieten werden, gestaffelt nach Zonen, über den allgemeinen flächendeckenden Grundwasserschutz hinausgehende Anforderungen gestellt. Dort wo rechtlich verbindliche Wasserschutzgebiete nicht das ganze Trinkwassereinzugsgebiet (Wassergewinnungsgebiet) abdecken, sind auch außerhalb des Wasserschutzgebietes bestimmte zusätzliche Anforderungen zu stellen (s. z.B. ATV-Arbeitsblatt A 142 „Abwasserkanäle in Wasserschutzgebieten", keine Abfalldeponien im Einzugsgebiet einer öffentlichen Trinkwasserversorgung u.ä.).

2.1.4 Grundsatz 4

Grundwasserverunreinigungen sind Langzeitschäden, die, wenn überhaupt, nur in sehr langen Zeiträumen und mit erheblichem technischem und finanziellem Aufwand zu beseitigen sind. Das Grundwasser muß deshalb durch Vorsorgemaßnahmen vor schädlichen Stoffeinträgen geschützt werden. Voraussetzung hierfür ist auch ein ausreichender Schutz des Bodens.

Anmerkung: Die Auswirkungen von Schadstoffeinträgen ins Grundwasser sind schwerwiegender als in Oberflächengewässer.

Die Gründe hierfür sind:

- Grundwasserbeeinträchtigungen werden meist erst spät entdeckt,
- der Umfang der Schäden und ihre Ursachen sind häufig nur schwer zu ermitteln,
- Schadstoffe werden u.U. mit dem Grundwasser weit transportiert,
- Schäden dauern lange an (Abbauvorgänge laufen sehr viel langsamer ab als in Oberflächengewässern, die Fließgeschwindigkeit ist manchmal sehr

gering), Sanierungen sind sehr schwierig, langwierig und kostspielig, Sanierungserfolge höchst unsicher,
- genaue Kenntnisse über die Wirkung und Ausbreitung vieler naturfremder gefährlicher Stoffe fehlen, ebenso über deren synergistische Wirkungen.

Daher darf sich Grundwasserschutz nicht darauf beschränken, bereits eingetretene Schäden zu reparieren, sondern wir müssen Vorsorge betreiben, um Schäden von vornherein zu vermeiden. Dabei bedeutet hier das Vorsorgeprinzip, daß Schutzmaßnahmen auch dann zu ergreifen sind, wenn die schädlichen Auswirkungen wissenschaftlich noch nicht hundertprozentig sicher nachgewiesen sind.

Die wichtigsten Vorsorgemaßnahmen sind:
- Für Anlagen, in denen wassergefährdende Stoffe hergestellt, verwendet, gelagert oder befördert werden, müssen höchste Sicherheitsanforderungen gestellt werden, die verhindern, daß Stoffe aus diesen Anlagen austreten und Boden und Grundwasser verunreinigen können. Dies gilt auch für Störfälle (technische Regeln für Anlagen zum Umgang mit wassergefährdenden Stoffen).
- Landwirtschaftliche Bodennutzung hat so zu erfolgen, daß der Nährstoffeintrag in das Grundwasser soweit wie möglich minimiert wird. Pflanzenschutzmittel dürfen bei bestimmungsgemäßer und sachgerechter Anwendung keine schädlichen Auswirkungen auf das Grundwasser haben (Regeln der guten landwirtschaftlichen Praxis).
- Bei der Beseitigung von Abfällen ist der Grundwasserschutz durch die Wahl von Standorten mit geeignetem Untergrund und zusätzliche technische Dichtungsmaßnahmen zu gewährleisten (Regeln für Abfall; auf Bundesebene TA Abfall, TA Siedlungsabfall; auf Landesebene, z.B. Bayern, Hinweise für die Auswahl von Standorten für Hausmülldeponien; Bek. vom 19.07.91).
- Kontaminierte Standorte sind zu sanieren, so daß von ihnen keine Gefahr für das Grundwasser ausgehen kann (s. nachfolgende Abschnitte).
- Abwasserkanäle müssen dicht sein und sind regelmäßig zu überprüfen.

2.1.5 Grundsatz 5

Die Bewirtschaftung des Grundwassers muß Aufgabe der staatlichen Behörden sein; Grundwasserentnahmen müssen grundsätzlich erlaubnispflichtig sein. Dabei ist sicherzustellen, daß die Bewirtschaftung des Grundwassers im Einklang mit dem Naturhaushalt erfolgt. Eine qualitative Bewirtschaftung des Grundwassers ist nicht zulässig.

Anmerkung: Die Erlaubnispflicht für Grundwasserentnahmen war nicht zuletzt im Hinblick auf eine Übernutzung des Grundwassers ein wesentliches Anliegen des EG-Grundwasserseminars.

2.1.6 Grundsatz 6

Die regelmäßige, systematische Grundwasserüberwachung durch die Mitgliedsstaaten ist unverzichtbar. Nur so können Grundwassergefährdungen und vorhandene Verunreinigungen frühzeitig erkannt und rechtzeitig Gegenmaßnahmen eingeleitet werden.

Anmerkung: Hierzu hat die LAWA 1983 ein Rahmenkonzept zur Erfassung und Überwachung der Grundwasserbeschaffenheit ausgearbeitet. Notwendig ist es auch, die gemessenen Werte auszuwerten und übersichtlich und verständlich darzustellen. Einige Länder haben bereits Grundwassergüteberichte veröffentlicht. Die LAWA-AG „Grundwasser und Wasserversorgung" hat den Grundwasserbeschaffenheitsbericht Deutschland über Nitratbelastungen weitgehend fertiggestellt und arbeitet derzeit am Grundwasserbericht Pflanzenschutzmittel.

2.2   Berücksichtigung des Grundwasserschutzes in anderen Politikbereichen der Gemeinschaft

- Die Regelungen im Agrarbereich müssen stärker die Belange des Grundwasserschutzes berücksichtigen. Dies gilt z.B.

  - für die Regelungen zur Extensivierung und Flächenstillegung im Zusammenhang mit der Produktionsverminderung;
  - für die Richtlinie über das Inverkehrbringen von Pflanzenschutzmitteln (hierdurch darf die EG-Grundwasser-Richtlinie und die EG-Trinkwasserrichtlinie nicht unterlaufen werden, ein Schritt in die falsche Richtung stellt hier sicher der Beschluß vom Juni 94 zu Anhang VI o.a. Richtlinie dar, wonach auch höhere PSM-Werte im Grundwasser übergangsweise unter bestimmten Bedingungen zugelassen werden;
  - für EG-weit einzuführende Regeln der guten landwirtschaftlichen Praxis, die den Schutz des Grundwassers ausreichend berücksichtigen müssen.

- Regelungen zur Harmonisierung des Europäischen Binnenmarktes (produktbezogene Regelungen), wie z.B. Bauprodukten-Richtlinie und Maschinen-Richtlinie, müssen ebenfalls den Anforderungen des Grundwasserschutzes gerecht werden.

- Die Emissionen aus Industrie- und Gewerbeanlagen, Kraftwerken, Hausbrand und Kraftfahrzeugverkehr beeinträchtigen auch über die Luft das Grundwasser. Regelungen auch im Energie- und Verkehrsbereich müssen sicherstellen, daß diese nachteiligen Belastungen des Grundwassers erheblich vermindert werden.

3   Grundwasserschutz international

Im Rahmen der Wirtschaftskommission der Vereinten Nationen für Europa (ECE) wurde im April 1989 eine „Charta zur Bewirtschaftung von Grundwasser" angenommen.

Die Charta stellt Planern und Entscheidungsträgern geeignete Instrumente zur Verfügung, um die Grundwasserressourcen vor übermäßiger Ausnutzung und Verunreinigung zu schützen. Zu diesen Instrumenten gehören u.a. die Grundwassergesetzgebung, Planung und Vorhersage, Landnutzungspolitik und Schutzzonen, wirtschaftliche Maßnahmen, Genehmigungs- und Bestrafungssysteme, Explorations-, Entnahme- und Einleitungsgenehmigungen, Überwachung und Kontrolle einschließlich der Einführung von Bestandsaufnahmen, Vermeidung von Verunreinigungen aus Einzel- und Flächenquellen einschließlich Bergbaubetrieben und Wärmepumpen sowie Forschung, Erziehung, Information und internationale Zusammenarbeit in bezug auf Grundwasser. Besonders interessant ist es, daß in o.a. ECE-Grundwassercharta davon ausgegangen wird, daß Grundwasser zum öffentlichen Eigentum erklärt werden sollte.

Auch die derzeit im Ratifizierungsverfahren stehende ECE-Rahmenkonvention zum Schutz grenzüberschreitender Gewässer wird neben den Oberflächengewässern auch das Grundwasser schützen helfen.

Im Rahmen der ECE werden derzeit Leitlinien (guidelines) für die Vermeidung und Verminderung von Gewässerverschmutzung aus Düngemitteln und Pflanzenschutzmitteln erarbeitet. Der weitgehend abgestimmte Entwurf zeigt in 4 Kapiteln Möglichkeiten zur Bekämpfung dieser Verschmutzungen, die meist das Grundwasser betreffen, auf.

4   Grundwasserschutz supranational (Europäische Union)

4.1   Rechtliche Grundlagen für den Umweltschutz

Die Römischen Verträge von 1957 sehen keinen eigentlichen Umweltschutz vor, sie fordern jedoch „die ständige Verbesserung der Lebens- und Arbeitsbedingungen". Anfangs war es durchaus strittig, ob die Europäische Gemeinschaft (EG) tatsächlich befugt war, Richtlinien auf dem Gebiet des Umweltschutzes zu erlassen. Der hierzu bemühte Art. 100 EWG-Vertrag vom 25.03.57 dient der Rechtsangleichung zur Vermeidung von Wettbewerbsverzerrungen innerhalb der EG. Daß bei Maßnahmen, die dem Umweltschutz dienen, wettbewerbsrechtliche Aspekte auftreten, läßt sich nicht bestreiten. Spätere Rechtsvorschriften waren auf

Art. 100 und Art. 235 gegründet. Letzterer ermächtigt den Rat, die geeigneten Vorschriften zu erlassen, um im Rahmen des gemeinsamen Marktes eines der Ziele der Gemeinschaft zu verwirklichen, wenn der EWG-Vertrag die hierfür erforderlichen Befugnisse nicht vorsieht.

Die seit 1973 aufgelegten Umweltprogramme der Europäischen Union zeigen nun deutlich den Bewußtseinswandel. Vom Beginn „Erkennen und Reparieren von Umweltschäden" hat man inzwischen die Bedeutung des vorsorgenden Schutzes erkannt. In der Einheitlichen Europäischen Akte vom 28.02.86 (in Kraft seit 01.07.87) wurde nun ein neuer Art. 130r eingefügt. Danach soll die Umweltpolitik dazu beitragen, folgende Ziele zu verwirklichen:

- Erhaltung und Schutz der Umwelt sowie Verbesserung ihrer Qualität;
- Schutz der menschlichen Gesundheit;
- umsichtige und rationelle Verwendung der natürlichen Ressourcen;
- Förderung von Maßnahmen auf internationaler Ebene zur Bewältigung der regionalen und globalen Umweltprobleme.

Die Handlungsgrundsätze sind hiernach

- das Vorsorgeprinzip,
- die Bekämpfung von Beeinträchtigungen des Grundwassers und
- das Verursacherprinzip.

Im neuen Art. 100a wird zudem festgelegt, daß der Rat von einem hohen Schutzniveau auszugehen hat. Die Mitgliedsstaaten können aus Gründen des Umweltschutzes bestehende strengere Vorschriften weiterhin anwenden, vorausgesetzt, daß sie keine protektionistischen Maßnahmen darstellen.

Seit 1985 verfolgt die EU einen neuen Ansatz, wonach das Gesetzeswerk der Kommission (Verordnungen, Richtlinien) nur die grundsätzlichen Anforderungen regelt. Technische Bestimmungen werden in europäischen Normen festgelegt (CEN).

4.2 Grundwasserschutz in der Europäischen Union – Richtlinien

Im wesentlichen regeln folgende drei Richtlinien Belange des Grundwasserschutzes.

4.2.1 Richtlinie über den Schutz des Grundwassers gegen Verschmutzung durch bestimmte gefährliche Stoffe (60/68/EWG)

Mit dieser Richtlinie soll die direkte oder indirekte Ableitung der in Liste I oder II des Anhangs aufgeführten Familien oder Gruppen gefährlicher Stoffe ins Grundwasser verhindert oder begrenzt werden. Die Mitgliedsstaaten müssen die Ablei-

tung der Stoffe aus Liste I „verhindern" und die Ableitung der in Liste II aufgeführten Stoffe „begrenzen", um die Verschmutzung zu verhüten. Stoffe der Liste I
sind toxisch, langlebig oder bioakkumulativ.

Bei Stoffen aus der Liste I ist jede direkte Ableitung in das Grundwasser verbo-
ten. Bei Maßnahmen, die der Beseitigung oder der Lagerung zwecks einer späteren
Beseitigung dieser Stoffe dienen und die zu einer indirekten Ableitung führen
können, ist eine Prüfung durchzuführen. Aufgrund dieser Prüfung dürfen solche
Maßnahmen zumindest zeitlich begrenzt genehmigt werden, wenn alle technischen
Vorsichtsmaßnahmen eingehalten werden, die nötig sind, um eine indirekte Ableitung zu verhindern. Ferner muß eine Überwachung des Grundwassers gewährleistet sein.

Bei Stoffen aus der Liste II ist zwar nicht jede Einleitung grundsätzlich verbo-
ten, aber bei jeder direkten Ableitung solcher Stoffe in das Grundwasser und bei
jeder Maßnahme, die zu einer indirekten Ableitung führen kann, sind Prüfungen
durchzuführen. Danach ist eine Genehmigung zulässig, wenn eine Verschmutzung
des Grundwassers nicht möglich ist. Zusätzlich muß bei einer direkten Einleitung
in der Genehmigung eine zulässige Höchstmenge der eingeleiteten Stoffe angege-
ben sein. Zu beachten ist, daß unter einer Verschmutzung hier, ebenso wie bei der
Gewässerschutzrichtlinie, eine Gefährdung der menschlichen Gesundheit oder eine
Schädigung der lebenden Bestände und des Ökosystems verstanden wird.

4.2.2 Richtlinie zum Schutz der Gewässer vor Verunreinigung durch Nitrat aus landwirtschaftlichen Quellen (91/676/EWG)

Mit dieser Richtlinie sollen die Nitrateinträge aus der Landwirtschaft in die Gewässer verringert und damit ein Beitrag zum Schutz der europäischen Trinkwasserressourcen und zur Verbesserung der eutrophierungsgefährdeten Binnen- und
Küstengewässer, insbesondere auch von Nord- und Ostsee, geleistet werden.

Entsprechend der zweifachen Zielsetzung

- Schutz der Gewässer vor Eutrophierung und
- Schutz der Trinkwasserressourcen

verfolgt sie in Verknüpfung von Emissions- und Immissionsprinzip sowie von
Vorsorge und Sanierung einen dualen Ansatz, wobei

- überall Grundanforderungen und
- regional, wo die Grundanforderungen nicht ausreichen, zusätzliche Anforderungen zu stellen sind.

Danach müssen die EU-Mitgliedsstaaten folgende Maßnahmen veranlassen:

- Zur Vorbeugung weiterer Gewässerverschmutzung verpflichtet er die EU-
  Mitgliedstaaten zur flächendeckenden Einführung von Regeln der guten fach-

lichen Düngepraxis auf nationaler Basis, angepaßt an die regionalen Verhältnisse, deren Anwendung durch Schulung und Fortbildung der Landwirte
erreicht werden soll (Art. 4, Abs. 1) (Durchführung auf freiwilliger Basis).
– Zur Sanierung von mit Nitrat bereits belasteten oder unmittelbar bedrohten
Gewässern müssen diese Regeln der guten fachlichen Praxis in „gefährdeten
Gebieten" verbindlich vorgeschrieben und durch Aktionsprogramme ergänzt
werden, in welchen u.a. die Aufbringung von Wirtschaftsdung (u.a. Gülle)
auf 170 kg N pro ha und Jahr begrenzt wird (Ausnahmeregelungen mit Nach-
weispflichten bleiben möglich) und Vorschriften zur Düngerausbringung
und -lagerung sowie zur Stickstoffbilanzierung erlassen werden (Art. 3,
Abs. 1 und 2).

Anhang I der Richtlinie legt Kriterien fest, nach denen gefährdete Gebiete zu bestimmen sind: Danach sind dies die Einzugsgebiete von Binnengewässern
(Anmerkung: in Bayern gibt es derzeit keine Binnengewässer, bei denen 50 mg/l
NO_3 überschritten werden, Grundwasser jedoch schon) und von Grundwasservorkommen, wenn eine Überschreitung des Nitratgrenzwertes von Trinkwasser
(50 mg/l) besteht oder zu besorgen ist, sowie Einzugsgebiete von eutrophierungsgefährdeten Oberflächengewässern (einschließlich Küstengewässer). Bei flächendeckender Anwendung der Aktionsprogramme können Mitgliedstaaten auf die
Ausweisung gefährdeter Gebiete verzichten.

4.2.3   Richtlinie über das Inverkehrbringen von Pflanzenschutzmitteln (91/414/EWG)

Diese Richtlinie wurde nicht von der Generaldirektion XI – Umwelt, sondern von
der Generaldirektion VI – Landwirtschaft erarbeitet.

Die Richtlinie stützt sich leider auf Artikel 43 EWG-Vertrag, der ausschließlich
agrarmarktpolitischen Zielen dient und im Gegensatz zu Artikel 100a schärfere
nationale Vorschriften in der Regel ausschließt. Danach besteht die Gefahr, daß
derzeit auf nationaler Ebene verbotene Pflanzenschutzmittel EU-weit aus Gründen
des Wettbewerbsschutzes wieder zugelassen werden müssen.

Im einzelnen sieht die Richtlinie vor, daß

- eine gemeinsame Liste über Wirkstoffe in Pflanzenschutzmitteln erstellt wird,
  die nach Gemeinschaftskriterien geprüft und akzeptiert worden sind;
- die Mitgliedsstaaten Pflanzenschutzmittel zulassen, die die gemeinschaftlichen
  Zulassungsbedingungen erfüllen und anhand einheitlicher Grundsätze überprüft wurden (Zulassung nur, wenn keine schädlichen Auswirkungen auf die
  Gewässer);
- die Mitgliedsstaaten Zulassungen gegenseitig anerkennen, wenn es sich um
  Mittel handelt, deren Wirkstoffe in die „gemeinsame Liste" aufgenommen
  wurden und vergleichbare Bedingungen vorliegen.

Der Anhang VI dieser Richtlinie legt einheitliche Grundsätze für die EU-weite Zulassung von Pflanzenschutzmitteln fest. Für den Schutz des Grundwassers ist es dabei entscheidend, welche Werte für die Entscheidung über die Zulassung zugrundegelegt werden (Auswirkungen auf Gewässer bei ordnungsgemäßer Anwendung).

Der Bundesrat hat in seinem Beschluß 312/93 vom 24.09.93 die Bundesregierung aufgefordert, darauf hinzuwirken, daß der Vorsorgewert von 0,1 mg/l auch im Rahmen der Einheitlichen Grundsätze Beachtung findet.

Deutschland konnte sich leider nicht durchsetzen. So ist es nun möglich, auch bei höheren Werten im Grundwasser befristet auf 5 Jahre ein Pflanzenschutzmittel zuzulassen, wenn nur keine unmittelbaren oder schädlichen Auswirkungen auf die Gesundheit von Mensch und Tier oder auf das Grundwasser gegeben ist. Maßstab sind hier die WHO-Werte. Deutschland will diese Möglichkeit jedoch nicht anwenden.

4.3   Grundwasseraktionsprogramm

Einen erheblichen Fortschritt für den Schutz des Grundwassers in der EU brachte das EG-Ministerseminar am 26./27. November 1991 in Den Haag. Gemeinsam stellten die Umweltminister der Mitgliedsstaaten fest, daß nicht verunreinigtes Grundwasser in seiner Beschaffenheit zu erhalten, eine weitere Schädigung von verunreinigtem Grundwasser zu verhindern und gegebenenfalls verunreinigtes Grundwasser und Boden zu sanieren ist, wobei die örtlichen Gegebenheiten zu berücksichtigen sind. Das Vorsorgeprinzip wurde bestätigt. Das Subsidiaritätsprinzip wurde eigens hervorgehoben. Danach wird gemäß Art. 130i, Abs. 4 „die Gemeinschaft im Bereich der Umwelt lediglich insoweit tätig, als die in Absatz 1 genannten Ziele besser auf Gemeinschaftsebene erreicht werden können als auf Ebene der einzelnen Mitgliedsstaaten". Die Maßnahmen sollen sich dabei auf Art. 130r der Einheitlichen Akte stützen.

In den nächsten Jahren soll in der Europäischen Union ein umfangreiches Aktionsprogramm zum Schutz des Grundwassers abgewickelt werden. Das Aktionsprogramm besteht aus 23 Programmpunkten. Die Kommission ist beauftragt, Handlungsvorschläge für die Umsetzung des Aktionsprogramms zu erarbeiten. Dabei soll ein neuer Weg versucht werden. Um praxisnahe Ergebnisse zu erzielen, sollen die Handlungsvorschläge zur Umsetzung in kleinen Arbeitsgruppen von den Mitgliedsstaaten selbst erarbeitet werden. Dazu wurden in einer ersten gemeinsamen Sitzung in Brüssel Prioritäten festgelegt. Danach sind vorrangig zu bearbeiten:

– Grundwasserüberwachung und -bewertung, Grundwasserdarstellung in Karten und Berichten (mapping and monitoring),

- Grundwasserbewirtschaftung (sustainable management), Landnutzungsplanung, Schutzgebiete,
- Landwirtschaft und Grundwasserschutz (gute fachliche Praxis, Begrenzung von Nitrat- und PSM-Einträgen),
- rechtliche und technische Regelungen für Nutzung von Grundwasser (Entnehmen) und den Umgang mit wassergefährdenden Stoffen,
- Entwicklung von ökonomischen und finanziellen Instrumenten.

Dabei wurde deutlich gemacht, daß in vielen Bereichen die Zuständigkeit für Regelungen bei den Mitgliedsstaaten und nicht bei der Kommission liegt (Subsidiaritätsprinzp!).

5   Grundwasseraktionsprogramm (GWAP) und die deutschen Anforderungen an einen fortschrittlichen Grundwasserschutz

Nachfolgend wird versucht, die deutschen Anforderungen und die Forderungen des europäischen Grundwasserprogramms gegenüberzustellen.

5.1   Grundsatz 1 der deutschen Anforderungen

Im GWAP wird nicht nur die Bedeutung des Grundwassers für die Trinkwasserversorgung in der EU hervorgehoben (über 70% in vielen Mitgliedsstaaten), sondern auch seine Verflechtung mit dem gesamten Wasserkreislauf. So verlangt das GWAP, daß kontinuierliche Grundwasserabsenkungen und -verschmutzungen verhindert werden, um insbesondere die Schädigung und Verarmung von Ökosystemen zu vermeiden (integriertes Konzept).

5.2   Grundsatz 2 der deutschen Anforderungen

In der Einleitung zum Aktionsprogramm wird besonders hervorgehoben, daß folgende Korrektur- und Vorsorgemaßnahmen notwendig sind, um eine dauerhafte und umweltgerechte Bewirtschaftung der Grundwasserressourcen zu gewährleisten:

- Erhaltung der Qualität des nichtverunreinigten Grundwassers,
- Verhinderung einer weiteren Schädigung des bereits verunreinigten Grundwassers,
- gegebenenfalls Sanierung des verunreinigten Grundwassers und Bodens, um die geforderte Qualität für die Trinkwassergewinnung und den Bestand des Ökosystems wiederherzustellen, wobei die örtlichen Gegebenheiten zu berücksichtigen sind,

– Verhinderung einer langfristig zu intensiven Nutzung, einer kontinuierlichen Grundwasserabsenkung und einer Verschmutzung des Grundwassers durch verschiedenste Einträge, um insbesondere die Schädigung oder Verarmung der Ökosysteme zu vermeiden.

In den Expertensitzungen in Brüssel ist es uns bisher auch stets gelungen, das Bestreben einiger Länder zu verhindern, Qualitätsziele für Grundwasser, die sich an unterschiedlichen Nutzungen orientieren, einzuführen. Sie sind auch nicht Gegenstand der Beschlüsse von Den Haag.

5.3   Grundsatz 3 der deutschen Anforderungen

Ziffer 5 des GWAP empfiehlt die Einführung von Schutzzonen, wobei ausdrücklich eine Zonierung mit dem Ziel, Opferbereiche des Grundwassers zu schaffen, ausgeschlossen ist. Schutzzonen müssen einen strengeren Schutz des Grundwassers sicherstellen. Die Festlegung dieser Schutzzonen soll auch für ökologisch interessante Gebiete möglich werden.

5.4   Grundsatz 4 der deutschen Anforderungen

In den Beschlüssen von Den Haag werden die potentiellen Gefahren für das Grundwasser aufgezählt und als Konsequenz die Anwendung des Vorsorgeprinzips gefordert. Im einzelnen fordern die Den Haager Beschlüsse im GWAP:

– unter Ziff. 8 des GWAP die Einführung allgemeiner Vorschriften (technischer Regeln) für Einrichtungen, in denen grundwasserschädigende Stoffe hergestellt, verwendet, gelagert, behandelt oder transportiert werden, um eine Verunreinigung von Boden oder Grundwasser zu vermeiden,
– unter Ziff. 14 und 15 die Begrenzung des Einsatzes von Düngemitteln und Pflanzenschutzmitteln auf ein grundwasserverträgliches Maß,
– unter Ziff. 17a die Aufstellung und Anwendung von Vorschriften für eine gute fachliche Praxis,
– unter Ziff. 9 die Aufstellung allgemeiner Vorschriften (technischer Regeln) für die Abfallentsorgung (TA Abfall!),
– unter Ziff. 6 ggf. die Ausarbeitung von Plänen zur Sanierung verunreinigter Grundwässer und Böden.

5.5   Grundsatz 5 der deutschen Anforderungen

Die Den Haager Deklaration fordert im GWAP unter mehreren Ziffern (Ziff. 3, 7 und 8) die staatliche Bewirtschaftung des Grundwassers sowie die Erlaubnispflichtigkeit von Grundwasserentnahmen. Im neuesten Arbeitspapier (Grundlage der Expertensitzung am 28.02.95 in Brüssel) wird dem viel Aufmerksamkeit gewidmet. In den Hauptbereichen (A) Prinzipien der integrierten Bewirtschaftung und (B) Genehmigungssysteme werden als Ziele unter anderem genannt die dauerhafte Grundwasserbewirtschaftung nach Güte und Menge und deren Sicherung durch nationale Programme sowie Genehmigungssysteme. Einige Aktivitäten auf Ebene der Mitgliedsstaaten sowie der Europäischen Union werden in allerdings noch recht allgemeiner Art aufgeführt. Der integrierte Ansatz wird hervorgehoben, nach dem Grundwasser- und Oberflächenwasserressourcen gemeinsam zu bewirtschaften sind.

5.6   Grundsatz 6

In Ziffer 1 und 2 des GWAP wird gefordert:

1. Kartierung und Beschreibung der Grundwassersysteme und bis Ende 1995 die Ermittlung der

   – Aquifere, die verunreinigt und/oder durch zu intensive Nutzung beeinträchtigt sind,
   – spezifischen Bedrohungen einschließlich ihrer Bewertung,
   – besonderen Nutzungen und Anforderungen;

2. Entwicklung geeigneter Überwachungs- und Meldesysteme möglichst bis Ende 1995.

Zu Ziff. 2 hat bereits eine Arbeitsgruppe aus EU-Experten einen Vorschlag ausgearbeitet (preparation of a network on monitoring). Im Vorschlag wird betont, daß es auf keinen Fall Aufgabe der EU (etwa durch die Umweltagentur Kopenhagen) ist, ein Grundwasserüberwachungsnetz auf supranationaler Basis aufzubauen. Aufbau und Betrieb solcher Überwachungsnetze ist Aufgabe der Regionen (also z.B. der Bundesländer). Die EU hat für die Harmonisierung der Methoden zu sorgen, damit die Vergleichbarkeit der Daten gegeben ist. Grundwassergüteberichte der Regionen oder auf nationaler Ebene werden dann der EU vorgelegt.

Es bedarf sicher noch weiterer Arbeit, gemeinsam mit den anderen Mitgliedsstaaten, die hierin mit uns übereinstimmen, die Kommission von der Subsidiarität des Grundwasser-Monitoring zu überzeugen.

Dasselbe gilt auch für die Kartierung (Ziff. 1 des GWAP). Eine europaweite Kartierung der Vulnerabilität des Grundwassers kostet nur Geld und ist wegen des naturgemäß großen Maßstabes von 1:1 000 000 oder größer für Maßnahmen nicht brauchbar. So wurden die seinerzeit erstellten EG-Karten zum Thema Grundwasser zumindest in Deutschland in keinem Bundesland benutzt. Wachsam müssen wir auch sein, um ausufernde Berichtspflichten zu verhindern.

5.7   Forderung: Grundwasserschutz in anderen Politikbereichen der Gemeinschaft

Die deutsche Forderung findet sich an mehreren Stellen der Deklaration von Den Haag. So betonten die EU-Umweltminister, daß die „politischen Konzepte der Wasserwirtschaft in den breiteren Kontext der Umwelt gestellt und mit anderen Politikbereichen abgestimmt werden sollten, die menschliche Tätigkeiten wie Landwirtschaft, Industrie, Energie, Verkehr und Tourismus betreffen". Das GWAP soll diese Konzepte in Rechtsinstrumente der anderen einschlägigen Politikbereiche der Union einbeziehen.

Konkret wird unter Ziff. 21 des GWAP gefordert, daß die sauren Niederschläge, die zur Grundwasserversauerung führen können, schrittweise zu verringern sind.

5.8   Zusammenfassende Bewertung

Die hohen deutschen Anforderungen an einen fortschrittlichen Grundwasserschutz in der EU konnten zum größten Teil in die Deklaration von Den Haag eingebracht werden. Allerdings ist auch weiterhin Aufmerksamkeit bei der detaillierten Ausgestaltung des GWAP erforderlich, da ja hieraus auch die Revision der Grundwasserrichtlinie abgeleitet werden soll. Auch bei einer revidierten Grundwasserrichtlinie darf das bisherige Schutzniveau nicht abgesenkt werden, d.h. der flächendeckende Grundwasserschutz und die Vorsorge müssen angemessen berücksichtigt werden. Bestrebungen, nutzungsbezogene Grundwassergüteklassen und Zonen von Grundwasser minderer Qualität einzuführen, muß entschieden entgegengetreten werden. Das wichtigste Ziel des GWAP muß die Erhaltung der natürlichen Grundwasserbeschaffenheit bleiben. Die EU darf auch nicht Maßnahmen, die sinnvoller von den Mitgliedsstaaten durchgeführt werden, an sich ziehen. Dies gilt für die Grundwasserüberwachung. Die Einrichtung eines zentral gesteuerten Grundwasserüberwachungsnetzes für ganz Europa ist strikt abzulehnen. Dies ist eine typisch subsidiäre Aufgabe. Aufgabe der EU ist es hier lediglich, die Verfahren zu harmonisieren, um vergleichbare Ergebnisse zu erzielen. In anderen Bereichen, wo Mitgliedsstaaten subsidiär tätig werden, muß die EU darauf achten, daß Wettbewerbsunterschiede vermieden werden.

6   Ausblick

Die EU-Kommission wurde von Rat und Parlament aufgefordert, ein transparentes und kohärentes Gesamtkonzept Wasser aufzustellen, um Klarheit in das Wirrwarr der vielen Gewässerregelungen zu bringen. Als sinnvoll sehen die Mitgliedsstaaten eine Wasserrahmenrichtlinie an, in der generell Aspekte der Menge und Güte für

Grund- und Oberflächenwasser gelöst werden. Die deutschen Vorstellungen gehen dahin, daß unterhalb dieser Rahmenrichtlinie in Form von Tochterrichtlinien die Aspekte geregelt werden, die einer Regelung auf Gemeinschaftsebene bedürfen.

Wasserrahmenrichtlinie
(in Anlehnung an ECE-Übereinkommen)

Emissions-regelungen Oberflächen-gewässer	Immissions-regelungen Oberflächen-gewässer	Regelungen zum Grund-wasserschutz	Regelungen mit Nutzungs-bezug	Regelungen zum Inver-kehrbringen von gefährli-chen Stoffen (stoffbezogen)	Regelungen zum Umgang mit wasserge-fährdenden Stoffen

---

Es bleibt abzuwarten, ob wir diese Vorstellungen durchsetzen können.

Anforderungen an den Grundwasserschutz aus der Sicht der Wasserversorgungsunternehmen

Heike Otremba

Rund 4% der Wasservorkommen auf der Erde liegen als Grundwasser vor. Es gilt als von Natur aus rein und weitgehend vor Umwelteinflüssen geschützt, so daß es schon immer eine bevorzugte Ressource für die Trinkwasserversorgung war. Das Trinkwasser der öffentlichen Wasserversorgung in Deutschland stammt zu rund 70% aus dem Grundwasser.

In den vergangenen Jahren hat sich zunehmend gezeigt, daß wir von der Vorstellung der absoluten Unberührtheit des Grundwassers vielerorts Abschied nehmen müssen. Für das Trinkwasser gelten strenge Anforderungen. Diesen steht oftmals ein schwächerer Gewässerschutz gegenüber. Diese Schere muß geschlossen werden. Dies gilt in besonderem Maß für das Grundwasser, das bekanntermaßen ein langes Gedächtnis hat und in diesem Sinne außerordentlich nachtragend sein kann.

In Deutschland ist der flächendeckende Schutz der Gewässer, auch des Grundwassers, gesetzlich festgelegt. Dennoch werden in vielen Regionen Stoffe anthropogener Herkunft im Grundwasser gefunden.

Die Länderarbeitsgemeinschaft Wasser (LAWA) hat in ihrem Bericht zur Nitratsituation im Grundwasser in Deutschland festgestellt, daß in Teilbereichen eine deutliche Belastung des Grundwassers mit Nitrat vorliegt (Länderarbeitsgemeinschaft Wasser 1995). 25% der Grundwassermeßstellen weisen danach deutlich bis stark erhöhte Nitratgehalte auf. Werte über 50 mg/l werden häufig der Landwirtschaft zugeordnet. Sehr hohe Nitratgehalte im Grundwasser liegen nach dem LAWA-Bericht besonders in Bereichen mit Sonderkulturen wie Wein, Gemüse- oder Obstanbau vor.

Der Industrieverband Agrar hatte im Rahmen der Pflanzenschutzmitteldiskussion vorgeschlagen, daß eine gute wasserwirtschaftliche Praxis es erforderlich machen kann, Brunnen aufzugeben, wenn sich im Umfeld eine grundwasserrelevante Nutzungsänderung ergibt. In der Tat mußten beispielsweise in Baden-Württemberg bereits Brunnen wegen zu hoher Nitratbelastungen im Grundwasser geschlossen werden (Büringer u. Jäger 1995). Für die Wasserversorgungsunternehmen ist jedoch das Schließen von Brunnen ebenso wie die technische Aufbereitung kein

Weg zur dauerhaften Lösung der Nitratproblematik in den Gewässern. Aus Sicht der Wasserversorgungswirtschaft kann ein nachhaltiger Gewässerschutz nur durch Vorsorge und Vermeidung des Eintrags von Schadstoffen in die Gewässer erreicht werden.

Angesichts der Ergebnisse des Nitratberichtes der LAWA haben die Wasserversorgungsunternehmen daher die Schaffung einer Düngeverordnung über die gute fachliche Praxis der Düngung begrüßt. Die Düngeverordnung, die im Januar 1996 in Kraft getreten ist, soll die europäische Nitratrichtlinie umsetzen, deren Ziel der Richtlinie der Schutz der Gewässer vor Nitrateinträgen aus der Landwirtschaft ist. Eine Reihe von Forderungen der Wasserversorgungsunternehmen sind in die Düngeverordnung aufgenommen worden. So gibt es einen Verbotszeitraum für die Gülleaufbringung, eine Gewässerabstandsregelung und allgemein anerkannte Regeln der Technik für Düngeraufbringungsgeräte. Dennoch ist die Verordnung aus Sicht der Wasserversorgungsunternehmen nicht befriedigend.

Warum, das hat sich bereits kurz nach Inkrafttreten der Düngeverordnung gezeigt. Nach dem Ende des Gülleverbotszeitraumes ist im Februar 1996 Gülle aufgebracht worden, obwohl vielerorts die Böden gefroren oder sogar tiefgefroren waren. Als Folge dieser Praxis sind in den Gewässern in einigen Gebieten die Stickstoffgehalte angestiegen. Die Düngeverordnung schreibt zwar auch vor, daß auf tiefgefrorenem Boden kein Dünger aufgebracht werden darf, was aber tiefgefroren genau heißt, läßt sie zur Interpretation offen. Aus Sicht der Wasserversorgungswirtschaft müssen solche Widersprüche in der Düngeverordnung aufgehoben werden. In der Landwirtschaft fallen heute große Güllemengen an, die verwertet oder entsorgt werden müssen. Dies darf aber nicht auf Kosten der Gewässer gehen. Daher sind klare und eindeutige Vorgaben erforderlich, damit die gute fachliche Praxis der Düngung ihr Gewässerschutzziel in der Praxis nicht verfehlt.

Ein wichtiger Schritt im Sinne des Vorsorgeprinzips ist mit der Aufnahme des Trinkwassergrenzwertes für Pflanzenschutzmittel in die Zulassungsbestimmungen für Pflanzenschutzmittel in der Europäischen Union gemacht worden. Ein Mittel darf danach nicht zugelassen werden, wenn es im Grundwasser oberhalb des Trinkwassergrenzwertes gefunden wird. Diese EU-Regelung, die in Deutschland gängige Praxis ist, ist von den Wasserversorgungsunternehmen begrüßt worden. Im Gegensatz zur deutschen Regelung ist in der europäischen Zulassung eine Aufweichklausel enthalten, die für 5 Jahre höhere Pflanzenschutzmittelkonzentrationen im Grundwasser zuläßt, wenn keine Daten zum Versickerungsverhalten der Stoffe vorliegen. Eine paradoxe Vorgehensweise, die von den deutschen Wasserversorgungsunternehmen kritisiert worden ist. Der Europäische Gerichtshof (EuGH) hat inzwischen die europäische Richtlinie zur Festlegung der Zulassungskriterien für Pflanzenschutzmittel unter anderem wegen der Aufweichklausel für nichtig erklärt (Europäischer Gerichtshof 1996). Nach Ansicht des EuGH hat die Richtlinie den Schutz des Grundwassers insgesamt nicht ausreichend berücksichtigt. Damit unterstützt der EuGH die Forderung der deutschen Wasserversorgungswirtschaft, daß das Grundwasser in der Europäischen Union vorsorgend und flächendeckend vor dem Eintrag von Pflanzenschutzmitteln geschützt werden muß.

Trotz der aus Wasserversorgungssicht positiven Regelung bei der Pflanzenschutzmittelzulassung in Deutschland werden diese Stoffe in einigen Gebieten im Grundwasser gefunden. Dies gilt beispielsweise für das Totalherbizid Diuron, das in Haus- und Kleingärten, auf Wegen, Plätzen und auf Gleisanlagen eingesetzt wird und laut Umweltbundesamt an zwölfter Stelle der am häufigsten im Wasser gefundenen Pflanzenschutzmittel steht (Wolter 1994). Hohe Diuronkonzentrationen sind insbesondere im Einzugsbereich von Gleisanlagen gemessen worden (Abke et al. 1993). Die Wasserversorgungsunternehmen haben wiederholt auf die Gewässerbelastungen durch Diuron hingewiesen und für die Hauptverursacher Maßnahmen zur Verminderung des Eintrags gefordert (Kötter u. Schlett 1994, Bundesverband der deutschen Gas- und Wasserwirtschaft 1995). Dazu gehört, daß bei der Zulassungsprüfung von Mitteln wie Diuron die besonderen Einsatzbereiche – beispielsweise Gleisanlagen – berücksichtigt werden müssen. Für die Anwendung von Pflanzenschutzmitteln auf Freilandflächen im nichtlandwirtschaftlichen Bereich ist eine Genehmigung erforderlich. Dies gilt auch für Kleinanwender, die diese Mittel verwenden, um ihre Garagenzufahrten unkrautfrei zu halten. Oftmals ist diese Genehmigungspflicht jedoch den Anwendern nicht bekannt. Daher haben die Wasserversorgungsunternehmen eine Rezeptpflicht und einen Sachkundenachweis gefordert, damit weitere Gewässerbelastungen, die durch mangelnde Sachkenntnis entstanden sind, künftig vermieden werden.

Nach Protesten von Greenpeace hat die Deutsche Bahn AG als einer der Hauptanwender von Diuron Anfang des Jahres ihren Verzicht auf den Einsatz des Mittels erklärt. Nachdem die Zulassung für diuronhaltige Mittel Ende März ausgelaufen war, hat die Biologische Bundesanstalt bei der Wiederzulassung den Anwendungsbereich „Gleisanlagen" nicht mehr aufgenommen. Ob das ausreicht für den Schutz der Gewässer und insbesondere des Grundwassers vor Einträgen durch Diuron, bleibt abzuwarten.

In Brüssel wird derzeit über die künftige europäische Wasserpolitik nachgedacht. Das betrifft auch das Grundwasser, das auch in der Europäischen Union die wichtigste Ressource für die Trinkwasserversorgung ist. Seit den siebziger Jahren sind zahlreiche Richtlinien und Verordnungen für den Gewässerschutz erlassen worden. Mängel bestehen jedoch bei der Kohärenz der Regelungen untereinander und bei der Umsetzung in den Mitgliedstaaten. Fast alle Mitgliedstaaten sind bereits wegen Nichtumsetzung bei den Wasserrichtlinien verklagt worden, auch Deutschland. Bei der Kommission hat man das Dilemma erkannt. Die Kritik des Umweltausschusses des Europäischen Parlamentes, des Europarates, der Umweltgruppen und der Wasserversorgungswirtschaft an den Richtlinien und Richtlinienentwürfen sowie an der mangelnden Abstimmung untereinander und zur Trinkwasserrichtlinie hat mit dazu geführt, daß die Kommission die europäische Wasserpolitik überprüft hat.

Herausgekommen ist dabei eine Mitteilung zur europäischen Wasserpolitik, die die Kommission am 21. Februar 1996 veröffentlicht hat (Kommission der Europäischen Gemeinschaften 1996). Darin stellt sie ihre künftige EU-Wasserstrategie vor. Am 28 und 29. Mai 1996 haben Vertreter der nationalen Regierungen, der Ministerien und Behörden, der Industrie, der Landwirtschaft, der Umweltgruppen, der Verbraucherverbände, der WHO und der Wasserversorgungswirtschaft den Kommissionsentwurf auf einer Konferenz in Brüssel diskutiert. Dabei ist deutlich worden: Gewässerschutz heißt auch Grundwasserschutz. Dieser muß in einer künftigen Europäischen Wasserpolitik enthalten sein.

Wie, das wird sich zeigen, wenn die Kommission auf der Basis ihrer Mitteilung und der Konferenz wie vorgesehen bis Ende Dezember 1996 einen Entwurf für eine Wasserressourcen-Rahmenrichtlinie vorlegt. In die Rahmenrichtlinie soll nach Auffassung der Kommission neben der Oberflächenwasserrichtlinie und dem Entwurf für eine Ökologierichtlinie auch die bisherige Grundwasserrichtlinie aufgenommen werden. Andere Richtlinien, wie die Nitratrichtlinie oder die Richtlinie über die Ableitung gefährlicher Stoffe in die Gewässer, sollen dagegen weitgehend unberührt bleiben. Die deutschen Wasserversorgungsunternehmen haben in ihrer Stellungnahme gefordert, daß alle Aspekte des Gewässerschutzes integriert werden müssen und die Rahmenrichtlinie einen Rahmen für alle emissions- und immissionsbezogenen wasserrelevanten Richtlinien bilden muß. Die Kommission plant bisher, nur für besonders gefährliche oder persistente Schadstoffe einheitliche Emissionswerte festzulegen. Sie will für Qualitätsziele nur allgemeine Kriterien festlegen, und sie hat vorgeschlagen, die Gewässer in Zonen unterschiedlicher Schutzniveaus einzuteilen. Das hätte aus Sicht der deutschen Wasserversorgungsunternehmen einen Flickenteppich des Gewässerschutzes zur Folge. Wettbewerbsverzerrungen für Industrie, Landwirtschaft und Wasserversorgungswirtschaft wären vorprogrammiert (Bundesverband der deutschen Gas- und Wasserwirtschaft 1996). Die deutschen Wasserversorgungsunternehmen werden sich dafür einsetzen, daß die neue Wasserressourcen-Rahmenrichtlinie nicht eine Ansammlung von Unverbindlichkeiten wird, sondern daß sie einen echten Fortschritt für einen flächendeckenden europäischen Gewässer- und insbesondere Grundwasserschutz bringt.

Parallel zur geplanten Wasserressourcen-Rahmenrichtlinie arbeitet die Europäische Kommission derzeit an einem Grundwasseraktionsprogramm, das künftig ebenfalls die wichtigste Ressource für das Trinkwasser besser schützen soll.

1980 ist die Grundwasserrichtlinie (80/68/EWG) verabschiedet worden. Nach mehr als 15 Jahren ist offensichtlich, daß die Grundwasserrichtlinie ihr Ziel, in

Europa die Verschmutzung des Grundwassers durch bestimmte Stoffgruppen wie organische Halogenverbindungen, Mineralöle, Schwermetalle oder organische und anorganische Phosphorverbindungen zu verhüten oder einzudämmen, nicht erreicht hat. Die Qualität des Grundwassers hat sich in vielen Regionen Europas nicht verbessert. Vielfach waren Vollzugsdefizite der Anlaß für Klagen der Europäischen Kommission.

Als Ausweg aus diesem Dilemma und um einen effizienteren europaweiten Grundwasserschutz sicherzustellen, beschlossen die Umweltminister der Europäischen Union 1991 in Den Haag die Einrichtung eines Grundwasseraktionsprogramms und die Revision der „alten" Grundwasserrichtlinie. Das Grundwasseraktionsprogramm soll bis zum Jahr 2000 auf nationaler und gemeinschaftlicher Ebene durchgeführt werden. Im Juli hat die Kommission einen Entwurf verabschiedet, der dem Rat und dem Europäischen Parlament zur Beratung vorgelegt wird.

Das Grundwasseraktionsprogramm ist nicht rechtsverbindlich. Mit ihm werden aber Maßstäbe gesetzt für den künftigen Grundwasserschutz in der Europäischen Union. Im Unterschied zur bestehenden Grundwasserrichtlinie beabsichtigt die Europäische Kommission, im Grundwasseraktionsprogramm den Mitgliedstaaten weitgehend zu überlassen, auf welchem Niveau das Grundwasser geschützt werden soll. Die Mitgliedstaaten müßten dann lediglich die selbstgewählten Anforderungen einhalten und könnten diese „Freiheit" nutzen, um den Grundwasserschutz an die vorhandene Realität anzupassen. Die Folge wäre ein Europa der „Schmutz- und Schutzzonen" mit Wettbewerbsverzerrungen für Industrie, Landwirtschaft und Wasserversorgungswirtschaft im innereuropäischen Vergleich.

Die deutschen Wasserversorgungsunternehmen haben die Europäische Kommission anläßlich der Mitteilung zur Europäischen Wasserpolitik aufgefordert, ein gemeinschaftliches Schutzniveau beizubehalten und Anforderungen auf hohem Niveau zu harmonisieren. Ziel des europäischen Gewässerschutzes – und das schließt das Grundwasser mit ein – sollte aus Sicht der deutschen Wasserversorgungsunternehmen sein, Gewässer flächendeckend zu schützen und der Sicherung der Trinkwasserversorgung für die Bevölkerung dabei Priorität einzuräumen.

EU-Kommissarin Ritt Bjerregaard hat auf der Brüsseler Konferenz zur Europäischen Wasserpolitik versichert, das Umweltschutzniveau werde nicht abgesenkt. Wo aber werden dann künftig EU-einheitliche Anforderungen an Emissionen stehen, wenn die Wasserressourcen-Rahmenrichtlinie nur allgemeine Leitlinien vorgeben soll? Wie sollen Anforderungen in der Praxis Wirkung zeigen, wenn das Grundwasseraktionsprogramm nicht rechtsverbindlich ist? Summa summarum stellt sich die Frage, wie mit einem nichtrechtsverbindlichen Grundwasseraktionsprogramm und einer Wasserressourcen-Rahmenrichtlinie mit allgemeinen Leitlinien künftig in der Europäischen Union das Grundwasser besser geschützt werden kann.

Das Grundwasser von heute – ein Spiegel der Einträge von gestern. Strategien zum Schutz des Grundwassers müssen daher vorbeugend sein und beim Verursacher ansetzen, damit umweltgefährdende Stoffe gar nicht erst in die Umwelt gelangen. Diese Strategien dürfen jedoch nicht zum Papiertiger verkommen, sondern müssen aktiv und konsequent praktiziert werden. Dabei müssen die Wechselwirkungen zwischen Oberflächen- und Grundwasser, der Luft und dem Boden ausreichend berücksichtigt werden. Denn eines ist sicher: Schadstoffe machen weder vor Ländergrenzen noch vor Schutzgebietsschildern halt. Das sollte bei allen Überlegungen – deutschen wie europäischen – zum Grundwasserschutz berücksichtigt werden.

Literatur

Abke, W., Korpien, H., Post B. (1993) Belastung des Grundwassers im Abstrom von Gleisanlagen durch Herbizide, Vom Wasser, 81. Band, VCH, Weinheim

Bundesverband der deutschen Gas- und Wasserwirtschaft e.V. (1995) Gewässerbelastungen durch Diuron, Positionspapier des Bundesverbandes der deutschen Gas- und Wasserwirtschaft e.V., Stand: Juli 1995

Bundesverband der deutschen Gas- und Wasserwirtschaft e.V. (1996) Position des Bundesverbandes der deutschen Gas- und Wasserwirtschaft e.V. zur „Wasserpolitik der Europäischen Union" – Mitteilung der Kommission an den Rat und das Europäische Parlament KOM (96) 59 endg. vom 21.2.1996, 19.4.1996

Büringer, H., Jäger, P. (1995) Die Wassergewinnung im Rahmen der öffentlichen Wasserversorgung 1993 – Baden-Württemberg in Wort und Zahl 5

Europäischer Gerichtshof (1996) Urteil zur „Richtlinie über das Inverkehrbringen von Pflanzenschutzmitteln – Befugnisse des Parlaments", Rechtssache C-303/94, vom 18.6.1996

Kommission der Europäischen Gemeinschaften (1996) Mitteilung der Kommission an den Rat und das Europäische Parlament, Die Wasserpolitik der Europäischen Union, KOM (96) 59 endg., Brüssel, 21.2.1996

Kötter, K., Schlett, C. (1994) Gefährdung von Rohwässern für die Trinkwassergewinnung durch die Anwendung von Totalherbiziden, gwf Wasser Abwasser **135**, Nr. 4

Länderarbeitsgemeinschaft Wasser (1995) Bericht zur Grundwasserbeschaffenheit Nitrat, Stuttgart

Wolter, R. (1994) Pflanzenschutzmittelfunde im Wasser, Die am häufigsten nachweisbaren Pflanzenschutzmittel-Wirkstoffe und Metabolite (Stand Dezember 1994), Umweltbundesamt, Berlin

Grundwassersanierung in den neuen Bundesländern – Die Rechtsanwendung

Reinhard Müller, Corinna Babel

1 Einleitung

Im Beitrag „Grundwassersanierung in den neuen Bundesländern – Rechtsgrundlagen"[1] wurde eine erste Wertung der dortigen landesrechtlichen Gesetze und Vorschriften zur Sanierung von Altlasten mit Grundwasserbezug vorgenommen. Dabei war festzustellen, daß eine endgültige Beurteilung der Vorschriften auf Grund mangelnder Verwaltungspraxis zum gegenwärtigen Zeitpunkt übereilt wäre.

Am Beispiel eines Standortes im Land Mecklenburg-Vorpommern, für den unstreitig ein Sanierungsbedarf besteht, ist diese Einschätzung nunmehr zu vertiefen und aufzuzeigen, mit welchen Problemen die Anwendung der einschlägigen Rechtsgrundlagen behaftet ist.

Dabei bleibt ein Spezialproblem außer acht: Im Falle einer beabsichtigten Freistellung von der Verantwortlichkeit/Haftung für ökologische Altlasten – mindestens hinsichtlich der Kostentragungspflicht – bindet die für die Gefahrenabwehr zuständige Behörde das jeweilige Land mit 40% von 90% der Kosten für auferlegte Sanierungsmaßnahmen mit ein.[2]

Zu den häufig von Umweltbehörden zu beurteilenden Umweltsituationen auf das Vorliegen einer Gefahr gehören Verunreinigungen von Boden und Grundwasser durch Mineralölprodukte. Erkennt die Behörde eine konkrete Gefahr und erachtet Dekontaminations- oder Sicherungsmaßnahmen als notwendig, so wird der durch behördliche Verfügung Inanspruchgenommene in aller Regel mindestens anstreben, den ihn belastenden Verwaltungsakt in bezug auf die behördlichen Forderungen durch Ausschöpfen des Rechtsweges zu relativieren.

Die Möglichkeiten der Begründung von Rechtsbehelfen oder Rechtsmitteln sind vielfältig. Schon allein die Tatsache, daß das geltende Recht keine einheitlich anwendbaren Prüf-, Höchst- und Maßnahmewerte zur Bewertung von Kontaminationen zur Verfügung stellt, erweist sich immer wieder als ein Angriffspunkt. Trotz durchaus bedenkenswerter Schwierigkeiten bzw. vorgetragener Ausschließungsgründe[3] wäre ernstlich zu erwägen, bundeseinheitliche Maßnahmewerte zur Feststellung eines Handlungsbedarfs bei Altlasten zu fixieren. Dazu kommen die rechtlich höchst bedeutsamen Fragen nach der Auswahl des Störers und der zutreffenden Anwendung des Rechts.

2   Beschreibung des Standorts

Das Tanklagergelände befindet sich in unmittelbarer Randlage zum Trinkwasserschutzgebiet der Wassergewinnung und Wassererfassung für die Stadt N.

Infolge einer im Jahr 1990 festgestellten Havarie wurde dem damaligen Betreiber des Tanklagers als Sofortmaßnahme zur Gefahrenabwehr die Errichtung eines lokalen Absenktrichters zur Sammlung und Abförderung der aufschwimmenden Mineralölkohlenwasserstoffphase aufgegeben.

In Umsetzung eines Sanierungsplanes, den der vom Betreiber beauftragte Sanierungsplaner vorgelegt hatte, konnten erste Sanierungserfolge erzielt werden. Zugleich machten zusätzliche Untersuchungen deutlich, daß zwar der havariebedingte Schadstoffeintrag erfolgreich unterbrochen wurde, weitere Maßnahmen aber dringend geboten sind:

- Die Bodenschichten des Geländes sind durch Mineralölkohlenwasserstoffe, erhebliche Lösungsanteile an aromatischen Kohlenwasserstoffen (Benzol, Toluol, Xylol und Ethylbenzol) kontaminiert.
- Die auf dem Grundwasserspiegel festgestellte Öllinse erreicht teilweise eine Mächtigkeit von 125 cm.
- Die Zentren der Verunreinigung von Boden und Grundwasser befinden sich im Bereich der erdeingelagerten Tanks, der Gleistrasse und der Tankwagenbefüllung.

Neben diesen durch Mineralölprodukte charakteristischen Kontaminationen sind am Standort auch Verunreinigungen durch verschiedene LHKW anzutreffen. Das Vorhandensein solcher LHKW wie Tri- und Tetrachlorethen ist offensichtlich auf Fremdeinträge zurückzuführen. Sie sind jedenfalls für einen Tanklagerbetrieb untypisch, und nach den unbestrittenen Angaben des vormaligen Betreibers ist auch zu keinem Zeitpunkt mit Stoffen umgegangen worden, die LHKW enthalten. Die Untersuchungsergebnisse belegen substantielle und prozentuale Ähnlichkeiten in der Zusammensetzung mit vorgefundenen Kontaminationen auf dem Grundstück eines nordöstlich zum Tanklager befindlichen Textilpflegebetriebes sowie mit nachgewiesenen Verunreinigungen des Bodens eines in westlicher Richtung existierenden Hauptlagers der pharmazeutischen Industrie.

Auf dem Betriebsgelände des Reinigungsbetriebes wurde bereits mit einer Sanierung des dort vorhandenen LHKW-Schadens begonnen. Außerdem wurden zu Beginn des Jahres 1991 wesentliche Bereiche des Tanklagers geschlossen. Die endgültige und vollständige Stillegung wurde im Juni 1994 angezeigt.

3   Das Verwaltungsrechtsverfahren

Mit Bescheid des Oberbürgermeisters der Stadt N vom März 1994 werden dem letzten Betreiber des stillgelegten Tanklagers – eigentlich dessen Rechtsnachfolger als Handlungs- und Zustandsstörer – umfangreiche Boden- und Grundwassersanierungsmaßnahmen aufgegeben.

In der Sachverhaltsdarstellung zum Bescheid gibt der Verfügende an, daß infolge der festgestellten Verunreinigungen das Wasser als Bestandteil des Naturhaushaltes und damit das Wohl der Allgemeinheit sowie der Nutzen Einzelner gefährdet sind. Zudem stellt die Behörde fest, daß der Untergrund des Tanklagers auch mit leichtflüchtigen halogenierten Kohlenwasserstoffen (LHKW) verunreinigt ist. Aussagen darüber, worauf die LHKW-Kontaminationen zurückzuführen sind, werden nicht getroffen.

Der in Anspruch genommene Tanklagerbetreiber hat gegen die wasserrechtliche Verfügung mit der Begründung, er habe die LHKW-Schäden nicht verursacht, form- und fristgerecht Widerspruch eingelegt.

Dem Widerspruch wurde nicht abgeholfen. In der Begründung zum Widerspruchsbescheid heißt es, daß sich die festgelegten Sanierungsziele für die Bereiche Grundwasser und Boden allein auf MKW und BTXE beziehen. Verunreinigungen durch LHKW seien nicht Regelungsgegenstand der angegriffenen Verfügung.

Zwar sei mit der Sanierung von MKW und BTXE-Kontaminationen auch eine Behebung der vorhandenen LHKW-Verunreinigungen verbunden, dies sei aber allein darauf zurückzuführen, daß z.Z. keine Sanierungsmethoden existieren würden, die eine ausschließliche Dekontamination von MKW und BTX zulassen. Dadurch werde die zwangsläufige Sanierung der LHKW-Schäden nicht zum Regelungsgegenstand des Bescheides. Der Hinweis der Widerspruchsführerin, sie habe die LHKW-Schäden nicht zu vertreten, sei unerheblich.

Unmittelbar nach der Zustellung des Widerspruchsbescheides hat die zuständige Behörde ihren Ausgangsbescheid vom März 1994 ergänzt. In Form einer nachträglichen Anordnung hat sie nunmehr auch Sanierungsziele für LHKW festgelegt.

Gegen diesen nachträglichen Bescheid hat der vormalige Betreiber des Lagers erneut Widerspruch eingelegt. Der Bescheid wurde zwischenzeitlich aufgehoben. Am 07.08.1994 hat die Inanspruchgenommene beim zuständigen Verwaltungsgericht gegen den Bescheid der Stadt N vom März 1994 in Gestalt des Widerspruchsbescheides vom Juli 1994 Anfechtungsklage erhoben.

Die Klägerin begründet ihren Anspruch auf Aufhebung des ergangenen Bescheides im wesentlichen damit, daß sie für die vorhandenen LHKW-Kontaminationen weder als Zustands- noch als Verhaltensstörer in Anspruch genommen werden dürfe. Um einerseits unsinnige Insellösungen zu vermeiden – nachweislich gehen von den angrenzenden Grundstücken ebenfalls Grundwasserkontaminationen aus –, andererseits die für die Beseitigung der LHKW-Schäden entstehenden Mehrkosten – ca. 20% der Gesamtkosten – dem potentiellen Verursacher aufzuerlegen, habe sie bei der zuständigen Behörde mehrfach angeregt, ein Konzept zu entwickeln, in dem die potentielle Verursachergemeinschaft gleichermaßen herangezogen werde. Diese Empfehlung habe die Behörde keiner Würdigung unterzogen.

4   Die rechtliche Würdigung

Die wasserrechtliche Verfügung vom 18.03.1994 könnte sich schon deshalb als offensichtlich rechtswidrig erweisen, weil die zur Begründung herangezogenen wasserrechtlichen Vorschriften mit dem Inkrafttreten der besonderen gesetzlichen Regelungen zur Altlastensanierung (§§ 22ff. LAbfAlG MV) auf den konkreten Sachverhalt nicht mehr anwendbar sein könnten und damit auch die sachliche Zuständigkeit der Unteren Wasserbehörde nicht mehr gegeben wäre:

Die Stadt N hat ihre wasserrechtliche Verfügung vom 18.03.1994 gegen den Betreiber des ehemaligen Tanklagers im wesentlichen auf die

§§ 2, 20 Abs. 7, 90, 91, 117 Abs. LWaG MV,
§§ 1a, 26 Abs. 2 und 34 Abs. 2 WHG sowie die
§§ 69, 70, 79, 80, 86, 87, 89 und 100

des SOG MV gestützt.

Nach § 20 Abs. 7 LWaG hat derjenige, der eine Anlage betreibt und aus dessen Anlage wassergefährdende Stoffe nach § 19g Abs. 1 und Abs. 2 WHG gelangen, unverzüglich geeignete Maßnahmen zu treffen, die ein weiteres Austreten verhindern und Auswirkungen vermindern. Ausgetretene Stoffe hat er so zu beseitigen, daß eine schädliche Verunreinigung des Gewässers nicht mehr zu besorgen ist. § 20 Abs. 7 LWaG MV richtet sich danach an den Betreiber einer noch genutzten Anlage.

Wie im zweiten Abschnitt der Ausführungen beschrieben, handelt es sich vorliegend um ein 1991 in wesentlichen Teilen stillgelegtes Tanklager, mithin scheidet § 20 Abs. 7 LWaG als Anspruchsgrundlage aus.

Mögliche Anspruchsgrundlage aus den landeswasserrechtlichen Bestimmungen ist § 31 Abs. 4 LWaG MV, was allerdings zu hinterfragen bleibt: Durch § 31 Abs. 4 LWaG MV wird der Wasserbehörde das Recht eingeräumt, Handlungen und Maßnahmen zu untersagen, wenn diese auf das Grundwasservorkommen einwirken oder einwirken können und dadurch entweder der Bestand einer Wasserversorgungsanlage gefährdet wird oder die Gefährdung eines für die Wasserversorgung benötigten Grundwasservorkommens zu besorgen ist. Sind bereits Schäden entstanden, trifft die Wasserbehörde die zur Beseitigung und Sanierung erforderlichen Anordnungen.

Im vorliegenden Fall ist angesichts des Umfanges und des Grades der festgestellten Kontaminationen und der unmittelbaren Randlage des Standorts zu einem Trinkwasserschutzgebiet der hinreichende Verdacht zu bejahen, daß von dem Standort Auswirkungen ausgehen, die das Grundwasser und damit das Wohl der Allgemeinheit wesentlich beeinträchtigen.

Wird jedoch der Auffassung nachgegangen, daß das streitbefangene Grundstück als Altlast gemäß § 22 Abs. 4 LAbfAlG zu qualifizieren ist, sind wasserrechtliche Bestimmungen jedoch nicht mehr anwendbar, mit der Folge, daß auch die sachliche Zuständigkeit der unteren Wasserbehörde nicht gegeben ist.

Die Feststellung, daß im konkreten Fall die Voraussetzungen des § 22 Abs. 4 LAbfAlG erfüllt sind, ist auch nicht davon abhängig, daß das streitbefangene Grundstück gemäß § 23 Abs. 2 LAbfAlG im Altlastenkataster des Landesumweltamtes für Umwelt und Natur erfaßt ist. Denn der Erfassung im Altlastenkataster kann keine konstitutive, sondern allenfalls deklaratorische Bedeutung zukommen. Demgegenüber wirkt die Feststellung einer Altlast nach § 22 Abs. 4 LAbfAlG konstitutiv.

Die tatbestandlichen Voraussetzungen des § 22 Abs. 4 LAbfAlG, auf deren Erfüllung es nach unserer Auffassung in entscheidungserheblicher Weise ankommt, liegen in bezug auf das Tanklager vor.

Das Tanklager ist ein Altstandort. Altstandorte i.S.d. § 22 LAbfAlG sind Grundstücke stillgelegter Anlagen[4] oder sonstige Flächen, in oder auf denen mit umweltgefährdenden Stoffen umgegangen wurde, insbesondere im Rahmen industrieller oder sonstiger gewerblicher Tätigkeit.

Altlasten in der Form von Altstandorten sind Belastungen der Umwelt, vor allem des Bodens und des Wassers, durch Stoffe (Abfälle und sonstige umweltgefährdende Stoffe), wenn auf Grund einer Gefährdungsabschätzung feststeht, daß eine Gefahr für die öffentliche Sicherheit und Ordnung vorliegt und zur Wahrung des Wohls der Allgemeinheit Sanierungsmaßnahmen erforderlich sind.

Das Ergebnis, im konkreten Fall hätte eine Anordnung gestützt auf § 22 Abs. 4 LAbfAlG ergehen müssen, drängt sich auch dann auf, wenn die Bestimmungen des Wasserrechts parallel zu den Regelungen im Altlastenrecht gebraucht werden.

Dies hat bei Beachtung der zum Verwaltungsrecht gehörenden Grundsätze, daß der besondere Rechtssatz dem ranggleichen Rechtssatz vorgeht (lex specialis derogat legi generali), nur zur Folge, daß im Wege der Auslegung ermittelt werden muß, welchem Normenkomplex der Gesetzgeber den Vorrang eingeräumt hat.

Die – nachgewiesenermaßen unrichtige – Heranziehung des Wasserrechts kann auch nicht damit gerechtfertigt werden, den Grundwasserressourcen einen besseren Schutz gewähren zu wollen, etwa unter Berufung auf den wasserrechtlichen Besorgnisgrundsatz. Abgesehen davon, daß die Anwendung des Landesabfall- und Altlastenrechts eindeutig erscheint, kann in Fällen bereits eingetretener Grundwasserschäden auch der Besorgnisgrundsatz – gerichtet auf die Verhinderung derartiger Schäden oder Gefahren[5] – keine strengeren Maßstäbe setzen als der dem Polizei- und Ordnungsrecht entstammende Gefahrenbegriff.

Praktisch heißt das, festzulegende/anzuordnende Sanierungsmaßnahmen an dem Prinzip der Verhältnismäßigkeit auszurichten, d.h., sie müssen technisch machbar und auch finanziell zumutbar sein und im übrigen ein ausgewogenes Verhältnis zwischen Nutzen (der Allgemeinheit) und Lasten (des einzelnen) aufweisen.

Das ist nicht nur die eindeutige Auffassung des Umweltrates,[6] sie hat sich letztlich – bei aller Bejahung eines flächendeckenden Gewässerschutzes – auch anläßlich der UTECH-Beratungen 1996 als mehrheitsfähig erwiesen.[7] Aktuelle Überlegungen der Kommission der Europäischen Union führen zu dem gleichen Ergebnis.[8]

Da also die wasserrechtliche Verfügung das stillgelegte Tanklager betreffend nach unserer Ansicht auf der falschen Anspruchsgrundlage beruht und damit auch ein Verstoß gegen die Bestimmungen über die sachliche Zuständigkeit verbunden ist, sollte das Gericht den Verwaltungsakt aufheben.

Zwar kann – folgt man unserer Rechtsansicht – offenbleiben, ob und inwieweit der ehemalige Betreiber auch zur Sanierung der LHKW-Kontaminationen herangezogen werden durfte, der Vollständigkeit halber soll – ohne die Kontroverse um die anzuwendende Rechtsgrundlage erneut zu diskutieren – das Problem der Störerauswahl geprüft werden.[9]

In der wasserrechtlichen Verfügung greift die Behörde in diesem Zusammenhang auf die §§ 69, 70 SOG MV zurück. § 69 SOG MV regelt die Inanspruchnahme des Verhaltensstörers. Im Polizei- und Ordnungsrecht wird von der Verhaltensverantwortlichkeit gesprochen, wenn eine Person durch ihr bestimmbares Verhalten – Tun, Dulden oder Unterlassen – eine konkrete Störung bzw. Gefahr verursacht hat.[10]

Zwar hat der VGH Baden-Württemberg im Urteil vom 19.10.1993 – 10 S 2045/91 – festgestellt, daß auch derjenige zur Gesamtsanierung von Boden und Grundwasser herangezogen werden kann, der den möglicherweise geringeren Beitrag zur Verunreinigung geleistet hat. Dieser Leitsatz kann jedoch nur dann in die Überlegungen einbezogen werden, wenn überhaupt eine Beteiligung an der Verursachung der vorhandenen LHKW-Kontamination nachgewiesen worden ist.

Im vorliegenden Fall ist zwischen der Beklagten und der Klägerin unstreitig, daß die LHKW-Schäden jedenfalls nicht von dem Betreiber des Tanklagers verursacht worden sind. Insoweit scheidet § 69 SOG MV als Anspruchsgrundlage für die angeordneten Dekontaminationsmaßnahmen zur Beseitigung der LHKW-Eintragungen aus. Aber selbst wenn eine Handlungsstörerschaft des vormaligen Tanklagerbetreibers nachzuweisen wäre, bliebe der Vorgang der Rechtsnachfolge – im gegebenen Fall die Gesamtrechtsnachfolge – in die zu diesem Zeitpunkt abstrakte Verpflichtung ungewürdigt. Nur anzudeuten ist, daß sich neben der Frage des Übergangs abstrakter Pflichten auf den Rechtsnachfolger zumindest in den neuen Bundesländern die nach dem Haftungswegfall infolge der Legalisierungswirkung von Genehmigungen bzw. infolge der Verwirkung durch behördliche Duldung von umweltschädigenden Mißständen aufdrängt.[11]

Zu prüfen bleibt, inwieweit die Klägerin als Zustandsstörerin nach § 70 SOG MV herangezogen werden konnte. Zustandshaftung setzt voraus, daß von einer Sache eine Gefahr ausgeht. Für einen kontaminierten Standort sind danach der Grundeigentümer bzw. Inhaber der tatsächlichen Gewalt verantwortlich.

Nach der einfachgesetzlichen Rechtsordnung – § 1a Abs. 3 des Wasserhaushaltsgesetzes – ist das Grundwasser „einer vom Grundeigentum losgelösten öffentlich-rechtlichen Benutzungsordnung" unterstellt.[12] Danach kann eine polizeirechtliche Verantwortung des Grundeigentümers für das Grundwasser nicht bestehen. Da bei kontaminierten Grundstücken die Gefahr in aller Regel aber von den in den Boden eingebrachten Stoffen und Substanzen selbst ausgeht, kann der Grundeigentümer als Zustandsstörer in Anspruch genommen werden. So liegt der Fall hier.

Der Rechtsstreit kann deshalb ausschließlich um die Frage geführt werden, ob die Stadt N in ermessensfehlerfreier Weise die Klägerin zur Sanierung des Grundstücks und zur Finanzierung der Maßnahmen herangezogen hat.

Die Stadt N hat in ihrem Bescheid überhaupt kein Auswahlermessen getätigt, sondern lediglich ausgeführt, daß es z.Z. keine erprobte Methode gäbe, mit der allein BTXE-Verunreinigungen zu beheben seien, ohne auch LHKW-Schäden mitzusanieren.[13] Damit hat die Stadt N bei der Auswahl des Pflichtigen auf das Ergebnis der Sanierung orientiert, ohne die Möglichkeit der Heranziehung des eigentlichen Verursachers in ihre Ermessenserwägungen auch nur einzubeziehen.[14]

Diese unzureichende Ermessensbetätigung ist auch durch den Widerspruchsbescheid nicht geheilt worden. Im Bescheid wird wider besseres Wissen[15] ausgeführt, daß der Verursacher der Kontaminationen nicht bekannt sei und deshalb auf den Zustandsstörer zurückgegriffen werde. Die Anordnung der Stadt N ist deshalb auch unter diesem Aspekt zu beanstanden.

Unserer Rechtsansicht nach war die Stadt N allein zu einer Anordnung befugt, die nicht unmittelbar auf die Beseitigung der Störung zielt, sondern im Sinne einer Gefahrenerforschungspflicht der bloßen Feststellung der Gefahrenursache dient.

Dies ist nach den Grundsätzen der Anscheinsgefahr gerechtfertigt. Der VGH Baden-Württemberg hat im Urteil vom 10.05.1990 – 5 S 1842/89 –[16] festgestellt, daß die Grundsätze für die Feststellung einer Polizeigefahr auch auf die Fälle zu übertragen sind, in denen eine Gefahr für die wasserrechtliche Ordnung unzweifelhaft ist, in denen aber die Verifizierung des für die Gefahr Verantwortlichen Probleme aufwirft. Unter strikter Wahrung des Verhältnismäßigkeitsgrundsatzes darf der Betreffende dann als Störer in Anspruch genommen werden. Im dargelegten Sinne diente die Anordnung hier gerade nicht der bloßen Feststellung der Verursachung, sondern war auf die endgültige Behebung der Gefahr ausgerichtet.

5   Ergebnis

Der geschilderte und einer rechtlichen Würdigung unterzogene Sachverhalt soll veranschaulichen, daß im Umgang mit Altlasten – und eigentlich schon in der Qualifizierung und Einordnung bestehender Kontaminationen – erhebliche Unsicherheiten bestehen, die der gesetzlichen Klarstellung bedürfen. Insoweit sind die Erwartungen an ein Bundesbodenschutzgesetz vollauf berechtigt. Es kann und sollte nicht der Landesgesetzgebung und deren Vollzug überlassen werden, Altlasten begrifflich zu definieren und Handlungsmaßstäbe zu setzen. Hier ist die bundeseinheitliche Gesetzgebung gefordert.

Unbedingt vonnöten ist überdies die abschließende Klärung der Problematik des Übergangs der abstrakten Handlungsstörerschaft auf einen Gesamt- oder Einzelrechtsnachfolger. Auch hier sollte das Feld nicht dem Vollzug der Landesgesetze überlassen werden.

[1] Müller, R., Sondermann, W. D., Grundwassersanierung in den neuen Bundesländern –
Rechtsgrundlagen, in: WAP Heft 6/1995.

[2] vgl. u.a. Eisenbarth, S., Altlastensanierung und Altlastenfinanzierung, Bonn 1995,
S. 46ff.

[3] u.a. Schrader, C., Altlasten und Grenzwerte, in: Natur + Recht 7/1989, S. 288 ff.

[4] Der Umstand, daß das Tanklager zwar in den wesentlichen Teilen, aber nicht vollständig stillgelegt worden ist, steht der Einordnung des Grundstückes als Altlast nicht
entgegen.
Nach Auffassung des Umweltrates muß sich die Qualifizierung als Altlast aus Altstandorten danach richten, ob bei in Betrieb befindlichen Anlagen Boden und Grundwasserbelastungen verursacht wurden, die in ihrer Art der Verursachung der stillgelegter
Anlagen entsprechen.
Dies ist grundsätzlich auch dann der Fall, wenn die Umweltbelastungen aus Teilstille-
gungen stammen.
vgl. ausführlich DT-Drs. 13/380, S. 18.

[5] Jedlitschka, J., Erfordernis der Grundwassersanierung aus der Sicht der LAWA,
UTECH 1996, Berlin (28.-29.02.1996).

[6] Sondergutachten „Altlasten I" (FN 1), R.Nr. 122, S. 71.

[7] Sanden, J., Konsequenzen aus dem Bundes-Bodenschutzgesetz für die Grundwassersanierung, UTECH 1996 (FN 2), 3. Kernthese.

[8] In der Mitteilung der Kommission an den Rat und das Europäische Parlament vom
21.02.1996 (KOM/96) wird erwogen, die verschiedenen Instrumente der Gemeinschaft
zum Gewässerschutz durch eine Rahmenrichtlinie zu ersetzen, die neben einem hohen
Schutzniveau auch ein ausgewogenes Kosten-Nutzen-Verhältnis anstrebt.

[9] Die im Rahmen der rechtlichen Würdigung von uns erörterten möglichen Eingriffsrege-
lungen aus dem LAbfAlG enthalten keine näheren Bestimmungen inhaltlicher Art,
insbesondere schweigen sie über die konkrete Art des Vorgehens und die möglichen
Adressaten.
In Anbetracht der ordnungsrechtlichen Natur dieser Bestimmung ist deshalb ergänzend
auf die allgemeinen Grundsätze des Polizei- und Ordnungsrechts zurückzugreifen.
Da Sanierungsverfügungen nicht unmittelbar auf das WHG – es enthält nur öffentlich-
rechtliche Gebote und Verbote, also Verhaltensnormen – gestützt werden können, ist,
soweit die Landeswassergesetze keinen Pflichtigen bestimmen, auch hier der Rückgriff
auf das Polizei- und Ordnungsrecht notwendig.

[10] OVG Schleswig, Beschluß vom 14.07.1995 – 2 M 7/95 – zur Ermittlung und Inanspruchnahme des Störers für die Sanierung ölverunreinigten Bodens aus Altlasten, in:
Natur und Recht 3/1996, S. 162.

[11] zur Diskussion: Kothe, P., Altlastenrecht in den neuen Bundesländern, Stuttgart 1996,
S. 107 ff.

[12] Beschluß des BVerfG vom 15.07.1981 - BVerfGE 58, 300, Bad.-Württ. VGH vom
11.10.1985, NvWZ 1986, 325.

[13] Zwar wäre der Verhaltensstörer nach dem Privatrecht nicht befugt, auf dem Grundstück
des Zustandsstörers Sanierungsmaßnahmen durchzuführen; derartige Handlungen darf
die Ordnungsbehörde auch nicht anordnen. Das privatrechtliche Hindernis kann jedoch
dadurch ausgeräumt werden, indem gegen den Zustandsstörer eine Duldungsverfügung
und gegen den Verhaltensstörer eine Verfügung zur Beseitigung der Gefahren ergeht.

[14] Nach der überwiegenden Ansicht in Rechtsprechung und Lehre besteht keine Auswahl-
regel dahingehend, den Handlungsstörer vor dem Zustandsstörer zur Gefahrenbeseitigung heranzuziehen, die Tatsache, daß behördlicherseits auf eine zuverlässige Feststellung des Verursachers – Verhaltensstörers – verzichtet wurde, reduziert die ohnehin

schon schwache Position des Zustandsstörers, sich beim Verhaltensstörer schadlos zu halten.

zur Problematik des zivilrechtlichen Ausgleichs unter öffentlich-rechtlichen Störern vgl. Haller, ZUR 1/1996, 21 ff.

[15] In dem Untersuchungsbericht des Sanierungsplaners wird ausführlich dargelegt, durch wen diese Verunreinigungen verursacht werden konnten.

vgl. dazu Pkt. 2 Standortbeschreibung. Außerdem gab es zwischen den Beteiligten zahlreiche Erörterungen, in denen die LHKW-Schäden und eine mögliche Verursachung durch angrenzende Unternehmen diskutiert worden sind.

[16] ZfW 1991, 116 ff.

Aktuelle Rechtsfragen des Grundwasserschutzes anhand von Fallbeispielen

Reinhard Sparwasser

1 Grundwasserschadensfälle, Bodenschutz und Altlasten

Grundwasserschadensfälle haben eine prospektive und eine retrospektive Komponente. Die erste bezieht sich auf Vorbeugung, die zweite auf Heilung. Beides liegt in der Blickrichtung des *Bodenschutzes*, der ja viel mehr umfaßt als nur die Bewältigung von Altlasten. Bisher gibt es aber auf Bundesebene noch kein eigenes Bodenschutzgesetz. Daher sind die bodenschutzrelevanten Regelungen breit gestreut. Entsprechendes gilt für den Grundwasserschutz. Damit soll es bald ein Ende haben: Ein eigenes *Bundesbodenschutzgesetz* (BBodSchG) soll dem Umweltmedium Boden ähnlich wie bisher den Medien Wasser und Luft auf bundesrechtlicher Ebene Schutz und Vorsorge garantieren.

Der Referentenentwurf vom 7.2.1994 wurde noch einmal überarbeitet, liegt jetzt in der Fassung vom 22.3.1996 vor und soll noch in dieser Legislaturperiode verabschiedet werden. Wir werden sehen, was das neue Gesetz zur Klärung derjenigen Fragen beitragen wird, die an einer Reihe von Fallbeispielen als *aktuelle Rechtsfragen des Grundwasserschutzes* im folgenden ausgebreitet werden, und zwar aus Platzgründen beschränkt auf Fragen des Altlastenrechts.

2 Erfassung, Untersuchung und Bewertung

Zu den wichtigsten Forderungen an den Gesetzgeber im Zusammenhang mit der anstehenden Regelung der Altlastenfragen gehört die Aufstellung formalisierter Bewertungskonzepte. Die geforderten *Prüf-, Richt- oder Orientierungswerte* können zwar nicht die Gefahrenschwelle im Einzelfall eindeutig festlegen, wohl aber als Richtlinie für die Art und Weise der Ausübung des behördlichen Handlungsermessens dienen. Solche bundesweit einheitlich angewandten Standards fehlen noch. Dabei ist klar, daß sie „keinen Automatismus der Sanierung einführen" sollen[1], also nicht das Ende, sondern die Grundlage der Ermessensausübung sein sollen.

Fall: Bei Aufstellung eines Bebauungsplans für ein Wohngebiet stößt die Stadt S auf Bodenverschmutzungen knapp über der Schwelle der Sanierungsbedürftigkeit. Das Land lehnt eine Sanierungsförderung ab, weil Grundwassergefahren nicht bestehen und auch ein Gewerbegebiet ausgewiesen bzw. weil bei Versiegelung des Bodens im fraglichen Bereich eine Schadstoffauswaschung vermieden werden könnte. Einer Auskofferung stünde auch die Knappheit von Deponieraum entgegen. Was tun?

Ziel der Sanierungsmaßnahmen ist grundsätzlich, daß nur noch Schadstoffkonzentrationen vorliegen, die den natürlichen oder anthropogenen Hintergrundwerten entsprechen oder diesen nahekommen. Dafür sollten aber weder ein unverhältnismäßiger Aufwand noch eine – wegen etwaiger gleichzeitiger unerwünschter Folgen der Sanierung – ungünstige Umweltbilanz in Kauf genommen werden. Die Festlegung der Sanierungsziele erfordert daher eine *Abwägung* aller Umstände des jeweiligen Einzelfalles, und zwar unter besonderer Berücksichtigung der Schutzgüter Grundwasser, Grundwassernutzungen, menschliche Gesundheit und Boden und Pflanzen. Um die Notwendigkeit (weiterer) Erkundungs- und Sanierungsmaßnahmen einschätzen zu können, gibt es eine Reihe von Regelwerken. Verbindliche Vorgaben („TA Altlasten", jetzt natürlich in VO-Form, auch wenn es bis auf weiteres wohl keine damit umzusetzende EU-Richtlinie geben wird![2]) stehen aber wie gesagt noch aus (dazu jetzt die Ermächtigungsgrundlage des § 8 I BodSchG-E).

3   Behördliche Befugnisse und Mitwirkungspflichten

3.1   Amtsermittlung und Gefahrerforschungseingriff

Wenn ein hinreichender *Verdacht* besteht, daß von einem Grundstück eine echte (Altlast-) Gefahr ausgeht, wenn also Tatsachen den Verdacht des Eintritts eines nicht unerheblichen Schadens begründen, so liegt nach überwiegend vertretener Auffassung bereits eine konkrete Gefahr im polizeirechtlichen Sinne[3] vor. Dabei kann es sich um eine echte Gefahr mit Schadenseignung handeln, aber auch um eine bloße *Anscheinsgefahr.* Eine solche liegt vor, wenn bei dem gegebenen Sachverhalt zwar jeder Vernünftige zunächst auf eine *konkrete Gefahr* bzw. den Verdacht einer echten Gefahr schließen würde, es objektiv aber an einer Schadenseignung fehlt. Dieser Fall ist hinsichtlich der behördlichen Eingriffsbefugnis gleichzubehandeln.[4]

Fall: Ein Zeuge behauptet, vor Jahren seien in eine ehemalige, inzwischen längst verfüllte Grube Giftmüll enthaltende Fässer eingebracht worden. Später stellt sich heraus, daß er Opfer einer Erinnerungstäuschung geworden ist. Die Behörde verlangt vom Eigentümer die Sanierung.

Der „Gefahrenverdacht" kann schließlich auch darauf beruhen, daß ein Sachverhalt zwar zu Befürchtungen Anlaß gibt, daß er aber noch nicht hinreichend ermittelt worden ist (*Gefahrenmöglichkeit*).

Fall: Mehrere Zeugen können bekunden, daß in die Grube in früheren Jahren Fässer eingebracht worden sind. Niemand kann aber angeben, welchen Inhalt diese Fässer gehabt haben. Die Behörde verlangt vom Eigentümer die gutachterliche Klärung der Gefahreneignung.

Hier kann sich die Behörde noch kein klares Bild davon machen, ob objektiv überhaupt eine echte Gefahr vorliegt und ggf. in welchem Ausmaß. In solchen Fällen der Gefahrenmöglichkeit muß der Grundeigentümer nach überwiegender Meinung unter dem Gesichtspunkt des Gefahrenverdachts[5] als bereits polizeipflichtiger „Zustandsstörer" jedenfalls Untersuchungsmaßnahmen (wie z.B. Probebohrungen, Bodenanalysen usw.) dulden.[6] Er kann auch auf einstweilige Unterlassung solcher Maßnahmen in Anspruch genommen werden, durch die sich der befürchtete gefährliche Zustand verfestigen oder verschlimmern könnte.

Umstritten ist aber, ob von dem Pflichtigen bei bloßer Gefahren*möglichkeit* nicht nur die Duldung, sondern sogar die Vornahme solcher Maßnahmen (z.B. das Niederbringen von Grundwassermeßstellen) verlangt werden kann, die erst der Aufklärung darüber dienen sollen, ob überhaupt eine echte und ggf. welche Gefahr vorliegt.[7] Entsprechendes gilt für die Vornahme vorläufiger Sicherungsmaßnahmen, z.B. die Überdeckung einer Altlast mit einer Plane zur Abhaltung des Niederschlagswassers. Schon die Vornahme bloßer Untersuchungsmaßnahmen ist bekanntlich oft kostenintensiv und kann daher den Grundeigentümer erheblich belasten. Nach u.E. zutreffender Auffassung fällt bei bloßem Gefahrenverdacht – also nicht bei bekanntem Vorliegen einer echten Gefahr unbekannten Ausmaßes – die Ermittlung des Sachverhalts mangels abweichender Rechtsvorschrift (§ 26 II 3 VwVfG) immer dann ausschließlich unter die behördliche Aufsichts- und Ermittlungspflicht (§ 24 I VwVfG), wenn nur eine *entfernte Möglichkeit* des Schadenseintritts (z.B. einer Schädigung des Wasserhaushalts) in Betracht zu ziehen ist. Ein solcher Verdacht kann nicht als *konkrete Gefahr* qualifiziert werden. Dann fallen trotz der (relativ schwachen) Mitwirkungspflicht des Grundeigentümers i.S.d. Sollvorschrift des § 26 II 1 und 2 VwVfG die Ermittlungskosten unter den nicht abwälzbaren Aufwand der Amtsermittlung.[8]

Fall: Später stellt sich heraus, daß eine Gefahr gar nicht vorlag, und der Eigentümer verlangt jetzt von der Behörde die Erstattung seiner Auslagen.

Wird in einem solchen Fall der *Gefahrenverdacht bestätigt*, so fallen nach der Rechtsprechung dem Eigentümer des Störgrundstücks die Ermittlungskosten zur Last, obwohl diese Kosten im Rahmen einer Amtsermittlung angefallen sind;[9] dies ist aber nicht unumstritten (dazu jetzt § 26 I 3 BodSchG-E).[10]

Stellt sich umgekehrt heraus, daß eine Gefahr tatsächlich gar nicht vorhanden war und ist, wird der Anscheinsstörer also im Nachhinein zum Nicht-Störer, steht ihm hinsichtlich der von ihm aufgewendeten Kosten ein öffentlich-rechtlicher Entschädigungs- oder Erstattungsanspruch jedenfalls dann zu, wenn er die den Verdacht begründenden Umstände nicht verursacht hat[11] (dazu § 9 S. 1 HAltlastG (Hessen)[12] § 26 I S. 2 BodSchG-E; ähnlich § 14 I BWAltG-E).

Nach §§ 9 und 13 BBodSchG-E veranlaßt die zuständige Behörde die stufenweise Ermittlung der Belastung, ggf. unter Zuziehung eines Sachverständigen und unter Beteiligung des/der Sanierungspflichtigen. Damit soll einerseits dem Amtsermittlungs- und dem Verhältnismäßigkeitsgrundsatz, andererseits dem Grundsatz der Kostenersparnis für die öffentlichen Haushalte Rechnung getragen werden (dazu § 9 und 13 BodSchG-E).

3.2   Mitwirkungspflichten

Mitwirkungspflichten sind zum Teil schon jetzt ausdrücklich geregelt, so in § 23 III 2 BWLAbfG unter Verweis auf das KrW-/AbfG. Schwierigkeiten ergeben sich hinsichtlich *Mitteilungspflichten*, insbesondere bei der Unterscheidung zwischen der Meldepflicht des Verursachers einerseits und seinem Recht, sich nicht selbst zu belasten, andererseits. Immerhin drohen ihm ja als Verursacher Bußgelder und Strafen.

Ebenso sind Auskunftsverweigerungsrechte und Geheimhaltungspflichten sowie der Schutz von Betriebs- und Geschäftsgeheimnissen noch näher regelungsbedürftig (vgl. etwa § 17a I GenTG).

Fall: Dem Tüftler Dagobert läuft auf seinem Grundstück aus Unachtsamkeit ein Faß mit einer von ihm entwickelten, noch nicht patentierten, leider aber auch wassergefährdenden Flüssigkeit aus. Statt sich den Behörden zu offenbaren, zieht er es vor, sich selbst an die Sanierung zu machen.

3.3   Rekultivierungsanordnung

Fall: Nach Abschluß der Sanierung durch großflächiges Auskoffern verlangt die Behörde die Modellierung des Geländes entsprechend dem früheren Zustand und seine Begrünung.

Rekultivierungsanordnungen sind nur zulässig, soweit sie das Gesetz ausdrücklich vorsieht. Soweit Landesrecht entsprechende Ermächtigungsgrundlagen enthält[13], werden Bedenken gegen die Zulässigkeit einer solchen Regelung unter dem Gesichtspunkt des *Rückwirkungsverbots* geltend gemacht, jedenfalls soweit die Altlast vor Mitte der 80er Jahre entstanden ist bzw. wenn die Rekultivierung über die durch die Sanierung oder Sicherung einer altlastverursachten Landschaftsschädigung und die Beseitigung von Landschaftsschäden, die nach Inkrafttreten des BNatSchG 1976 entstanden sind, hinausgeht (unergiebig dazu BodSchG-E).[14]

4   Sanierungsverantwortlichkeit

4.1   Haftung des Handlungsstörers

Als Handlungs- oder auch als sog. „Verhaltensstörer" ist die natürliche oder juristische Person verantwortlich, die die Gefahr oder Störung verursacht hat (vgl. z.B. § 4 MEPolG).

> **Fall:** Auf dem stillgelegten Kokereibetriebsgelände eines Bergwerkes war eine bebauungsplangemäße Wohnbebauung entstanden. Gegen die Bergwerksgesellschaft erging eine Ordnungsverfügung mit dem Inhalt, bestimmte Maßnahmen gegen den festgestellten Austritt leichtflüchtiger, kokereispezifischer Kohlenwasserstoffe zu treffen und Luftmessungen vorzunehmen, obwohl das Unternehmen die Betriebshandlungen in Ausnutzung bergrechtlicher Erlaubnisse vorgenommen hatte.[15]

Die Verursachung muß nach (noch immer) herrschender Auffassung „*unmittelbar*" zu dem polizei- bzw. ordnungswidrigen Erfolg geführt haben. Die – schon vom Preußischen Oberverwaltungsgericht vertretene – „Theorie der unmittelbaren Verursachung" erkennt nur ein solches Verhalten als polizeirechtlich erhebliche Ursache an, das selbst unmittelbar die konkrete Gefahr oder Störung verursacht und damit die Gefahrengrenze überschreitet.[16] Dabei geht es nicht nur um eine Kausalitätsfrage; vielmehr erfordert die Anwendung des Kriteriums der „Unmittelbarkeit" die Beantwortung einer Zurechnungs-, d.h. *Wertungsfrage*.

> **Fall:** Der Abfallerzeuger kommt in der Regel nicht für eine polizeiliche Verhaltenshaftung in bezug auf die Sanierung einer von ihm beschickten Altdeponie in Betracht, wenn diese von ihm nicht betrieben worden war.

Offen bleibt aber dann immer noch die Frage nach den Kriterien, die den notwendigen Wertungen zugrundezulegen sind. Dazu sind im Schrifttum neben der „Unmittelbarkeitstheorie"[17] noch andere Störertheorien entwickelt worden, etwa die „Theorie der rechtswidrigen Verursachung"[18] oder die „Pflichtwidrigkeitstheorie".[19] Der Zurechnungsmaßstab kann u.E. durchaus im Sinne der „Pflichtwidrigkeitstheorie" – sofern nicht spezialgesetzliche, risikozuweisende Rechtsnormen weiterhelfen (früher etwa die §§ 25 III, 51 GewO) – den subsidiär einschlägigen, wertgebundenen polizeilichen Generalklauseln nebst den Bestimmungen über die polizeiliche Verantwortlichkeit entnommen werden. Diese sind nämlich verfassungskonform auszulegen. Bedeutung haben hier vor allem die grundgesetzlichen Wertentscheidungen, etwa die ausdrückliche Aufnahme des Umweltschutzes in die

Verfassung, aber auch die Staatsziel- und Staatsstrukturklauseln (Art. 20a, 20 I, 28 I 1 GG), vor allem aber die Grundrechtsnormen. Wer von einer grundrechtlichen Freiheit Gebrauch macht, darf dies nicht in einer vom Grundrechtsschutzbereich nicht mehr gedeckten, gemeinwohlunverträglichen Weise tun (vgl. etwa Art. 2 I und 14 II GG). Damit bleibt auch polizeirechtlich ein Verhalten ungeschützt, das die objektiv einzuhaltenden Sorgfaltsstandards und damit in der Regel auch grundrechtlich geschützte Freiheiten anderer verletzt. Dabei kann es im Rahmen der gebotenen Objektivierung des Zurechnungsmaßstabs nicht darauf ankommen, ob der Handelnde subjektiv nach seinen Kenntnissen und Fähigkeiten in der Lage war, die maßgeblichen Standards zu erfüllen. In die Bestimmung des Inhalts und des Umfangs der den einzelnen treffenden „Nichtstörungspflicht", d.h. der Pflicht zur Wahrung der Gemeinwohlverträglichkeit des eigenen Verhaltens müssen jedoch, um überhaupt von einer „Pflicht" sprechen zu können, (objektivierte) Sorgfaltskriterien eingehen.

So schließt beispielsweise die positive, etwa durch eine gewerberechtliche Genehmigung oder durch eine bergrechtliche Betriebsplanzulassung begründete verwaltungsrechtliche Befugnis die Unmittelbarkeit regelmäßig so weit aus, wie diese Befugnis reicht. (Diese „Entpflichtung" gilt demgegenüber nicht für eine bloße behördliche Duldung[20]; auch diese kann allerdings Bedeutung haben, etwa für die Beurteilung der Verhältnismäßigkeit des späteren polizeirechtlichen Eingriffs.) Hinsichtlich dieser handlungs- und erfolgsbezogenen sog. „Legalisierungswirkung" behördlicher (z.B. gewerbe-, immissions- oder wasserrechtlicher) Eröffnungskontrollen ist indessen manches streitig.[21] Dies gilt schon für die Tragweite der jeweils in Betracht kommenden Gestattung, also z.B. für die (im allgemeinen wohl zu verneinende) Frage, ob eine frühere, nach den §§ 16 ff. GewO erteilte Gewerbeanlagengenehmigung auch den Vorgang der Ablagerung von umweltgefährdenden Produktionsrückständen umfaßt. Grundsätzlich kann die Legalisierungswirkung nicht über den Inhalt einer Anlagengenehmigung, d.h. über den Regelungs(Bescheidungs-)gegenstand hinausreichen; natürlich kann u.U. gerade die Frage nach dem Gegenstand und dem Umfang der Genehmigung zu unterschiedlichen Antworten führen. U.E. kann eine behördliche Gestattung auch nicht von der polizeirechtlichen Verantwortlichkeit für solche Gefahren freistellen, die im Zeitpunkt der Gestattung objektiv noch gar nicht vorhersehbar waren.[22]

Fall: Eine von einem Produktionsabfall ausgehende Gefahr wird erst später (ex post) als solche erkannt und konnte auch erst jetzt erkannt werden, sei es aufgrund eines zwischenzeitlich erreichten neuen wissenschaftlichen Erkenntnisstandes oder neuer technischer Erkenntnismöglichkeiten, etwa aufgrund einer Verfeinerung der Analysetechnik.

Die Frage, wie es hier mit der polizeirechtlichen Verantwortlichkeit steht, wird kontrovers beantwortet. Sie hat erhebliche praktische Bedeutung. Geht man von der oben erwähnten „Pflichtwidrigkeitstheorie" aus, also von dem Kriterium der objektiven Verletzung einer Pflicht zur Wahrung der Gemeinwohlverträglichkeit des eigenen Verhaltens, dann ist die Ablagerung von Abfällen, die im Entsorgungszeitpunkt nach dem wissenschaftlichen Erkenntnisstand als ungefährlich zu beurteilen waren, auch dann objektiv keine polizeirechtlich relevante Pflichtverletzung, wenn später – aber eben erst später – die Gefährlichkeit dieser Abfälle erkannt und akut wird.[23]

Rechtspolitisch wird zu Recht die Ablösung der polizei- und ordnungsrechtlichen Verhaltens- und Zustandsverantwortlichkeit durch spezialgesetzliche Regelungen der Sanierungsverantwortlichkeit gefordert.[24] Unergiebig bleibt dazu der Referentenentwurf[25], aber auch so manches Landesgesetz.

4.2 Haftung des Zustandsstörers

Neben dem „Verhaltensstörer" ist auch der Eigentümer und/oder Inhaber der tatsächlichen Herrschaftsbefugnisse eines Grundstücks, von dem Gefahren ausgehen, hierfür als sogenannter „Zustandsstörer" polizeirechtlich verantwortlich (§ 4 III 1 BodSchG-E.[26]

Fall: Im Baugrund von Reihenhäusern nahe einer 1979 stillgelegten chemischen Fabrik wurden gefährlich hohe Schadstoffkonzentrationen gefunden. Für die Anlage eines Beobachtungspegels soll der Immobilienunternehmer verantwortlich gemacht werden, der das Gelände aufgekauft und schon parzelliert hatte, im Zeitpunkt der behördlichen Anordnung aber noch im Grundbuch als Eigentümer eingetragen war.[27]

Diese Zustandshaftung für Altlasten bedeutet grundsätzlich – sei es im Wege der Eigensanierung oder der polizeirechtlichen Ersatzvornahme – volle und im Prinzip unbegrenzte Kostentragung. Man erinnert sich an die Fälle ruinöser Inanspruchnahme des Eigentümers in Bielefeld-Brake oder in Dortmund-Dorstfeld. Von der wohl überwiegenden Meinung in Rechtsprechung[28] und Literatur[29] wird eine Begrenzung der Haftung etwa auf den Verkehrswert des sanierten Grundstücks verneint. Daran entzündet sich zu Recht Kritik.[30]

Die Haftung des Zustandsstörers mit seinem gesamten Vermögen, wie sie von der h.M. aus dem geltenden Polizeirecht abgeleitet wird, ist u.E. mit Art. 14 GG als verfassungsrechtlicher Gewährleistung des Eigentums kaum vereinbar und deshalb verfassungskonform einschränkend auszulegen.[31]

Fall: Ein Schlossereibetrieb kaufte zwecks Betriebserweiterung das Nachbargrundstück von einer Chemischen Reinigung. Dem Käufer war bekannt, daß auf dem Grundstück Altlasten sind. Nach Untersuchungen wurden DM 100 000.- als Sanierungskosten veranschlagt. Das Grundstück hat ohne Altlast einen Wert von DM 200 000.-. Als Kaufpreis wurden folglich DM 100 000.- vereinbart. Nach Eigentumserwerb durch die Schlosserei stellte sich heraus, daß die Sanierungskosten DM 1 Mio. betragen.

Nach unserer Auffassung haftet der Schlossereibetrieb nur mit dem Grundstück, das er von der Chemischen Reinigung erworben hat (also in Höhe von DM 200 000.-; sFr.).

Dagegen kommt nach wohl h.M. in den Genuß einer Haftungsbeschränkung nur, wer sich „in einer Art Opferposition" befindet, weil er beim Erwerb des altlastenbehafteten Grundstücks von der Belastung wußte oder wissen konnte[32] (dazu jetzt § 26 II BodSchG-E; § 10 I 4 BWAltG-E, freilich undifferenziert für alle Gruppen von Verpflichteten, obwohl die Begründung (S. 69) nur von Zustandsstörern spricht; richtig dagegen § 12 I Nr. 5 HAltlastG: nur für Eigentümer).

In das Gefahrenabwehrrecht wird durch diesen Ansatz eine subjektive Komponente eingeführt, die systemfremd ist[33], da das Polizeirecht auch sonst an Verschulden nicht anknüpft. – Verschulden ist auch kein taugliches Kriterium, wo keine Rechtspflicht besteht, gegen die „schuldhaft" (= vorwerfbar) verstoßen werden kann. Eine Rechtspflicht, den Erwerb oder die Inbesitznahme bestimmter Gegenstände zu unterlassen, nur weil sie ggf. zu einer Gefahr für die Allgemeinheit werden können, besteht aber nicht – und das mit gutem Grund: denn der Erwerb bzw. Eigentümerwechsel ist für die Entwicklung der Gefahr ohne Einfluß, führt insbesondere nicht zu einer Gefahrenerhöhung.

Wenn man aber schon nicht aus eigentumsrechtlichen Gründen wie wir zu einer Begrenzung der zu Recht in manchen Fällen als unerträglich empfundenen unbegrenzten Zustandsstörerhaftung kommt, mag man dem „unschuldigen" Erwerber immerhin unter Billigkeitsgesichtspunkten in der beschriebenen Art zu Hilfe kommen.

Unabhängig von diesen verschiedenen Ansätzen stellt sich die Frage nach dem *räumlich-gegenständlichen Umfang* der Haftung.

Fall: Kurz vor Entdeckung der Altlast teilt der Eigentümer sein Grundstück, die Belastung liegt jetzt nur noch auf dem abgetrennten kleineren Teil. Dann errichtet er eine Maschinenhalle darauf. Beschränkt sich die Haftung auf das abgetrennte kleinere Grundstück oder gar nur auf die kontaminierte Fläche? Und haftet er zusätzlich in Höhe des Werts der Maschinenhalle? Wie schließlich, wenn die Teilung erst nach Entdeckung der Altlast stattfindet? Soll sich ein Eigentümer aus der (Zustands-)Haftung stehlen können, indem er den verseuchten Teil seines Grundstücks abtrennt und verkauft?

Beim Eigentümer kommt es nicht darauf an, ob er selbst die Gefahr beseitigen kann; er haftet nach dem Gesetz immer aufgrund seines Eigentums. Diese Haftung ist auch verfassungsgemäß, weil sie Ausdruck der Sozialbindung des Eigentums i.S.d. Art. 14 II GG ist.[34] Diese Pflicht ruht aber allein auf dem Eigentum. Da die Anknüpfung aber eine rechtliche ist – nämlich an die Stellung als verfügungsberechtigter Eigentümer -, muß auch die Abgrenzung des Haftungsgegenstandes eine rechtliche sein: Er haftet also mit dem rechtlich von der Haftung erfaßten Gegenstand, also *mit dem ganzen Grundstück*, aber nicht mehr. – Haftet das gesamte Grundstück, stellt sich weiter die Frage danach, was von den *Gegenständen auf dem Grundstück* zum Haftungsverband hinzuzurechnen ist.

Ist die Gefahrenquelle räumlich-gegenständlich eingegrenzt, stellt sich weiter die Frage des *maßgeblichen Zeitpunkts*, und zwar in Hinblick sowohl auf Veränderungen der Größe des Grundstücks und seiner wesentlichen Bestandteile als auch auf Änderungen des Grundstückswerts.

Unseres Erachtens ist der entscheidende Anknüpfungspunkt für die Frage, welcher Zeitpunkt für die Bemessung des Grundstückswerts maßgeblich sein soll, der Zeitpunkt, *in dem die Polizeipflicht entsteht*. Dabei genügt eine *abstrakte Polizeipflicht* nicht, eine solche Rechtspflicht zu begründen. Vielmehr entsteht die Polizeipflicht erst mit der Polizeiverfügung; so ist dies auch der maßgebliche Zeitpunkt für Änderungen der Grundstücksgröße und der wesentlichen Bestandteile. Wer vor diesem Zeitpunkt sein Grundstück teilt, handelt nicht schon in Hinblick auf seine abstrakte Polizeipflicht rechtswidrig. Seine – grundstücksbezogene – Haftung beschränkt sich auf das ihm verbliebene belastete Grundstück. Eine „nachwirkende Zustandsstörerhaftung" (für den abgetrennten, unbelasteten Teil) findet ohne *ausdrückliche* Anordnung im Gesetz keine Stütze (Näheres s. unten).

Das Umgekehrte gilt für die Vergrößerung des Grundstücks. Solange die Polizeipflicht nicht durch eine – wenigstens Grund- – Verfügung konkretisiert ist, ändert sich mit der Grundstücksgröße auch der Haftungsumfang.

Aus der Anknüpfung an den Haftungsgegenstand und die Sozialpflichtigkeit als Haftungsgrund ergibt sich weiter, daß *Wertminderungen* (zwischen Entstehen der Sanierungspflicht und Sanierung) haftungsmindernd zu berücksichtigen sind: Denn haften soll ja stets nur die Gefahrenquelle, nicht das sonstige Vermögen des Zustandsstörers. Ist eine nachträgliche Wertminderung zugunsten des Eigentümers zu berücksichtigen, muß sich der Eigentümer auch eine *nachträgliche Wertsteigerung* anrechnen lassen. Die Grenze der Sozialpflichtigkeit wird hierdurch nicht überschritten, der Eigentümer nicht mehr belastet, als er es ohne die Wertsteigerung wäre. – Im Ergebnis ist hier also der Zeitpunkt der Sanierung maßgeblich. Dies gilt selbst dann, wenn zwischen Sanierungsverfügung und Sanierung weitere Änderungen eintreten. Unter Umständen muß die Behörde dem nach allgemeinen Grundsätzen des Verwaltungsverfahrens Rechnung tragen.

Im Ergebnis ist festzustellen: Der Umfang der Zustandsstörerhaftung ist im geltenden Recht nicht ausdrücklich geregelt. Nach bisher wohl überwiegender Meinung haftet der Eigentümer als Zustandsstörer unbeschränkt mit seinem gesamten Vermögen. Korrekturen erfolgen aus Billigkeitserwägungen. Diese werden von den neueren Gesetzen und Entwürfen zu Fallgruppen – ohne systematische Begründung – zusammengefaßt: Bei „gutgläubig unbelastetem" Erwerb erfolgt eine Beschränkung der Eigentümerhaftung auf den Verkehrswert der Gefahrenquelle.

Nach unserer Ansicht ist der bloße Zustandsstörer schon nach geltendem Recht nur aufgrund seiner tatsächlichen und rechtlichen Möglichkeiten zur Gefahrenbeseitigung und der Sozialpflichtigkeit des Eigentums zur Duldung der Gefahrenbeseitigung verpflichtet; es haftet allein die Gefahrenquelle selbst, und zwar mit dem Verkehrswert der Gefahrenquelle nach der Sanierung.[35] Auf die Kenntnis des Eigentümers von der Gefahr kommt es für die Haftung u.E. nicht an. Sicherungs- und Erhaltungsverfügungen dürfen den Eigentümer nicht über den Grundstücks- und Gebäudewert hinaus belasten.[36]

Zu den Grenzen der Zustandsstörerhaftung ist – und bleibt wohl auch nach Verabschiedung eines Gesetzes – Vieles streitig.

4.3   Haftung des Rechtsnachfolgers

Die Frage der Haftung des Rechtsnachfolgers stellt sich vor allem hinsichtlich des Handlungsstörers, da die Zustandsverantwortlichkeit an das Eigentum am Grundstück bzw. die Sachherrschaft gekoppelt ist und mit der Übertragung beim Voreigentümer untergeht und bei dem Erwerber neu entsteht, der „Rechtsnachfolger" des Zustandsstörers also seinerseits originär zustandsverantwortlich ist. Nach überwiegender Auffassung handelt es sich bei der Verantwortlichkeit des Zustandsstörers gar nicht um eine der Rechtsnachfolge fähige Pflichtenstellung des Rechtsvorgängers. Richtigerweise wird man die Rechtsnachfolge von einer ausdrücklichen gesetzlichen Bestimmung abhängig machen (vgl. § 4 III 1 BodSchG-E: nur Gesamtrechtsnachfolger; s. auch § 12 I HAltlastG, weitergehend und differenziert).

Fall: Der früher allzu sorglose Inhaber einer Chemischen Reinigung wird von seiner Frau beerbt, die das CKW-verseuchte Grundstück schließlich verkauft. Im ersten Fall ergeht die Sanierungsverfügung noch vor dem Erbfall, im zweiten danach.

Bei der Verhaltensverantwortlichkeit stellt sich die Frage, ob diese in der dem Rechtsvorgänger gegenüber getroffenen Konkretisierung auf den Rechtsnachfolger übergeht.[37] Bejahendenfalls könnte die Sanierungsverfügung, aber auch der Kostenersatzanspruch unmittelbar gegenüber dem Erben (Gesamtrechtsnachfolge, Universalsukzession), ggf. sogar gegenüber dem bloßen Käufer (Einzelrechtsnachfolge, Singularsukzession) geltend gemacht werden. Dabei müßte die bestandskräftige Verfügung nur noch durch einen neuen, gegen den Rechtsnachfolger gerichteten Verwaltungsakt vollzugsfähig gemacht werden, ohne daß inhaltliche Einwände dagegen vorgebracht werden könnten.[38]

Zu unterscheiden ist zwischen Einzel- und Gesamtrechtsnachfolge als Nachfolge- bzw. Eintrittsgrund, zwischen vertretbaren und höchstpersönlichen Handlungen als Verfügungsgegenstand und nach Meinung mancher zwischen dinglichen und anderen Verwaltungsakten. Hinsichtlich unvertretbarer Handlungen stellt sich die Frage der Rechtsnachfolge nicht.

Fall: Ein Erblasser hat das Nachbargrundstück mit Unrat belastet. Sein Rechtsnachfolger soll auf Unterlassung in Anspruch genommen werden sowie auch auf Beseitigung.

Hier wird die Verpflichtung zur *Unterlassung* des Rechtsnachfolgers verneint, weil diese höchstpersönlich sei; ein Unterlassungsanspruch setzt nämlich eine Wiederholungsgefahr voraus, die von dem verstorbenen Erblasser ja nicht mehr ausgeht. Hingegen soll die *Beseitigung* vom Erben verlangt werden können, weil diese Handlung vertretbar sei.

Im übrigen, also hinsichtlich einer ihrem Inhalt nach übergangsfähigen, auf vertretbare Handlungen bezogenen Pflicht entsteht eine der Gesamtrechtsnachfolge unterliegende öffentlich-rechtliche Rechtspflicht jedenfalls mit Erlaß einer die Verantwortlichkeit konkretisierenden Polizeiverfügung.[39] Nach verbreiteter Auffassung gilt dies auch für die Einzelrechtsnachfolge. Begründet wird dies mit der Rechtsfigur des „dinglichen Verwaltungsakts", wonach grundstücks- oder sachbezogene Verfügungen auch einem Einzelrechtsnachfolger gegenüber wirksam bleiben sollen. Ein solcher ist aber gesetzlich nicht vorgesehen, und eine saubere Abgrenzung zwischen dinglichen und nichtdinglichen Verwaltungsakten bleiben auch die Anhänger dieser Lehre schuldig.[40] Es besteht u.E. auch kein praktisches Bedürfnis für die Rechtsfigur des dinglichen Verwaltungsakts, abgesehen davon, daß das alleine eben auch nicht reichte: Im Einzelfall genügt die Möglichkeit der Anordnung des Sofortvollzugs mit Ersatzvornahme.

Weiter stellt sich die – umstrittene – Frage der Rechtsnachfolgefähigkeit einer abstrakten, d.h. noch durch keine polizeiliche Verfügung konkretisierten Polizeipflicht, zwar nicht im Wege der Einzelrechtsnachfolge, wohl aber im Wege der Gesamtrechtsnachfolge.[41] Eine solche Rechtsnachfolge ist u.E. abzulehnen, da die Haftung eben nicht schon durch das Gesetz ausreichend bestimmt ist und „durch die behördliche Verfügung lediglich im Hinblick auf die Modalitäten ihrer Erfüllung konkretisiert" zu werden braucht.[42] Vielmehr muß doch die Behörde erst einmal ihr Ermessen ausüben, ob sie den Betreffenden überhaupt heranzieht, und kann statt dessen auch einen anderen, z.B. gefahr- oder sachnäheren Störer auswählen.

Die Lehre von der materiellen Polizeipflicht und mit ihr die von der Rechtsnachfolgefähigkeit der noch nicht konkretisierten Polizeipflicht wird zutreffend von vielen abgelehnt.[43] Erst dann, wenn die Polizeipflicht zumindest durch eine

Grundverfügung konkretisiert wurde, ist diese Polizeipflicht auch rechtsnachfolge-
fähig. An den Rechtsnachfolger als solchen, wenn er also seinerseits nicht selbst
Handlungsstörer ist, z.B. den Käufer oder den Erben, können daher nur in Konkretisierung einer Grundverfügung Ausführungsverfügungen erlassen werden.
Anderes kann nur das Gesetz bestimmen.

Einen solchen Übergang der Verhaltensverantwortlichkeit kraft Gesamtrechts-
nachfolg[44] sehen einige Landesgesetze jetzt ausdrücklich vor.[45] Dasselbe gilt für
den Referentenentwurf (§ 4 III 1 BodSchG-E). Auch hier ins einzelne und weitge-
hende Vorschriften hat Hessen (§ 12 I HAltlastG).

4.4   Haftung des „Rechtsvorgängers"

Unzutreffend ist u.E. die Ansicht, eine *Dereliktion* der Gefahrenquelle durch den
Eigentümer sei grundsätzlich unzulässig und befreie ihn nicht von der Haftung.[46]
Anderes mag der *Gesetzgeber* vorsehen.[47] Aus geltendem Recht ergibt es sich *ohne
ausdrückliche Anordnung* u.E. jedenfalls nicht.[48]

Einzelne spektakuläre Fälle (ver-)führten aber dazu, auch eine Haftung des *ehemaligen Eigentümers* einzuführen, obwohl dies dogmatisch bisher kaum zu ver-
antworten war. Die Rechtsprechung hat dazu Grundsätze entwickelt, die sich mit
den Figuren des Scheinsgeschäfts und des sittenwidrigen und damit nichtigen
Rechtsgeschäfts (§ 138 BGB) behalfen.[49]

Fall: Der Eigentümer eines belasteten Grundstücks versucht, sich der Haftung zu
entziehen, indem er speziell für die Abwicklung seines Risikokaufs eine mit einem Stammkapital von 50 000.- sFr versehene und ansonsten mittellose Schweizer AG gründet; ein Konkursantrag ist nach Schweizer Recht nicht möglich, und
öffentlich-rechtliche Forderungen, die in Deutschland entstanden sind, sind in
der Schweiz nicht beitreibbar. – Noch weniger elegant soll es auch schon zu
Verkäufen bestimmter ostdeutscher Grundstücke an erstens mittellose und
zweitens hinreichend schwer auffindbare (Landes-)Nachbarn gekommen sein.[50]

Dem tragen jetzt landesgesetzliche Regelungen Rechnung. Die Fortdauer der
Haftung des Alteigentümers wird darin z.T. landesrechtlich angeordnet (§ 12 I
Ziffer 6 HAltlastG und § 10 I 1 Nr. 4 BWAltG-E – im Gegensatz zu § 4 III
BodSchG-E).

Diese Regelungen gehen u.E. zu weit und führen sicher wieder zu neuen Ausle-
gungsschwierigkeiten, da sie über den Stand der Dogmatik weit hinausgehen.
Zumindest müßten die Kriterien der Zurechenbarkeit näher bestimmt werden.
Tatsächlich handelt es sich auch gar nicht mehr um einen Fall der „bloß verlänger-
ten" *Zustands*verantwortlichkeit, sondern knüpft an ein *Verhalten* an, nämlich das
Unterlassen der Sanierung der Altlast.[51] Dieses unterscheidet sich aber doch we-

sentlich von dem bisher vor allem relevanten Störerhandeln, nämlich der Kontamination selbst.[52] Zumindest sollte eine Einschränkung nach Art des § 303 III 1 UGB-BT[53] eingeführt werden, nämlich auf Bodenbelastungen, die auch während der Zeit der Eigentümerstellung entstanden sind[54], womit dann wieder an die Sachherrschaft angeknüpft wäre, oder gar auf die Fälle, in denen der Eigentümer auch Nutzungsvorteile gezogen hat.[55] Wo das Gesetz tatsächlich eine Haftung des ehemaligen Eigentümers einführt, stellen sich schwierige Fragen des Rückwirkungsverbots.[56]

4.5   Verantwortlichkeit mehrerer

a) Sind mehrere Personen z.B. als Handlungs- oder Zustandsstörer verantwortlich, so steht der zuständigen Behörde ein *Auswahlermessen* zu.

> **Fall:** Fest steht, daß ein bestimmtes Grundstück umgehend zu sanieren ist, nachdem die Behörde bereits teure Gutachten über Sanierungsbedarf und -art eingeholt hat. Sie überlegt nun, gegen wen sie ihre Verfügung – erstens auf Vornahme der sofort erforderlichen Handlungen, zweitens auf Kostenersatz für ihre bisherigen Aufwendungen – richten soll: In Betracht kommt der derzeitige Grundstückseigentümer, der solvent ist, ein früherer Betriebsinhaber, der mit Sicherheit die Verschmutzungen zu vertreten, aber auch kein Vermögen mehr hat, sowie ein möglicher und heute auch noch – natürlich – zahlungskräftiger Inhaber, der nämlich zufällig ein florierendes Ingenieurbüro für Sanierungsvorhaben betreibt.

Zur unmittelbaren Gefahrenbeseitigung wird die Behörde den Störer heranziehen, dessen Auswahl der schnellen und *wirksamen Gefahrenbeseitigung* am besten dient.[57] Soweit es um bloße Kostenverteilung oder vergleichbare, kurzfristig nicht notwendige Maßnahmen geht, kommt dem Gedanken der Gleichbehandlung und dem daraus abgeleiteten Prinzip der *Lastengerechtigkeit* größere Bedeutung zu. Es wird daher oft allein ermessensfehlerfrei sein, statt des „Verhaltensstörers" den „Zustandsstörer" in Anspruch zu nehmen.[58] Gefahrenabwehrverantwortung und Kostenverantwortung können also auseinanderfallen.[59] Gegebenenfalls kommt auch eine angemessene „Selbstbeteiligung" der öffentlichen Hand in Betracht, z.B. dann, wenn diese durch schlichte Untätigkeit über die Zeit, in der schon auf eiten der zuständigen Behörde Handlungsbedarf und Handlungsmöglichkeit bestanden, zum Entstehen oder zur Vergrößerung der Gefahr beigetragen hat.

Ein Teil der landesrechtlichen Regelungen[60] beschränkt sich darauf, im Zusammenhang mit der *Störerauswahl* ausdrücklich das Verhältnismäßigkeitsgebot anzusprechen, zum Teil gibt es aber auch ausdrückliche Vorrangbestimmungen: § 10 I 1 BWBodSchG enthält keine Rangfolge (ebenso jetzt § 10 I 3 und 4 BWAltG); vielmehr entscheidet die Bodenschutzbehörde über die Auswahl nach pflichtgemäßem Ermessen (S. 2), wobei sie auch mehrere Verpflichtete heranziehen kann

(S. 4). – Dem entspricht § 10 I 1 EGAB Sachsen; darüber hinausgehend bestimmt § 21 I 2 2. HS, die Behörde könnte im Falle der Heranziehung mehrerer die Kosten anteilmäßig geltend machen. Der Sache nach bedeutet dies aber nichts anderes, als was auch sonst ohne ausdrückliche Regelung bei der Heranziehung mehrerer gilt.[61] – Das HAltlastG bestimmt in § 9 S. 3 einen Haftungsvorrang des Verursachers vor allem für Untersuchungskosten, beläßt es dann aber merkwürdig in § 12 für die Sanierungsverantwortlichkeit wieder beim Auswahlermessen.

Das BodSchG-E enthält sich ermessensleitender Bestimmungen. Dagegen widmet der Professorenentwurf der Auswahlentscheidung eine eigene, dem Problem angemessene und sorgfältig differenzierende Bestimmung (§ 304 UGB-BT).

b) Das Fehlen ausdrücklicher, für das Innenverhältnis zwischen mehreren Störern maßgeblicher öffentlich-rechtlicher Ausgleichsregelungen sowie die Rechtsprechung, wonach in den hier in Rede stehenden Fällen die bürgerlich-rechtlichen *Ausgleichsregelungen* beim Bestehen einer Gesamtschuld (§ 426 BGB) weder unmittelbar noch analog anwendbar sind[62], führen zu einem merkwürdigen Ergebnis. Der auf die Zahlung der Sanierungskosten in Anspruch genommene Zustandsstörer hat nämlich nach der Rechtsprechung *keinen Rückgriffsanspruch* gegen einen Verursacher, der in Anspruch genommene Verhaltensstörer hat keinen Rückgriffsanspruch gegen einen Mitverursacher (außer im Falle vertraglicher oder deliktischer bzw. quasideliktischer Anspruchsgrundlagen).[63] Dieses Ergebnis wird zurecht kritisiert.[64]

Fall: Im vorstehenden Fall möchte das Ingenieurbüro, nachdem es schließlich alles hat zahlen müssen, wenigstens versuchen, Rückgriff zu nehmen.

Einige Landesgesetze ordnen eine gesamtschuldnerische Haftung zwischen den verschiedenen Störern an, das dem in Anspruch genommenen Zustandsstörer immerhin einen Ausgleichsanspruch gegen den – allerdings i.d.R. vermögenslosen – Verhaltensstörer gibt.[65] Der Zustandsstörer trägt dabei aber das Risiko der Insolvenz des Verhaltensstörers. Da es sich hier wohl um einen zivilrechtlichen Ausgleichsanspruch handelt,[66] ist die Gesetzgebungskompetenz des Landesgesetzgebers nicht unproblematisch, vgl. Art. 72 I, 74 I Nr. 1 GG.

Wo noch nicht geschehen, sollte für den fehlenden Gesamtschuldnerausgleich gesetzlich Abhilfe geschaffen werden.[67] Ebenso sprach sich die Abteilung Umweltrecht des DJT auf ihrer Tagung 1994 mit großer Mehrheit dafür aus, daß das Gesetz einen internen Ausgleich zwischen mehreren Verantwortlichen anordne (64:1:4)[68], und zwar nach Maßgabe der Verantwortlichkeit, wobei der Zustandsstörer vom Handlungsstörer vollständigen Ausgleich verlangen können solle. Dem entspricht jetzt § 26 III 1 BodSchG-E. Zu ergänzen wäre eine Verjährungsregelung, vergleichbar § 303 III 2 UGB-BT.[69]

5   Ausblick

Der Boden für die Regelungen des BBodSchG ist durch eine lange Reihe entsprechender Ländergesetze längst bereitet. Dabei fällt auf, daß ursprünglich altlastenrechtliche Regelungen in Wasser- und Abfallgesetze eingebunden waren, dann Eingang in eigene Bodenschutzgesetze fanden und sich jedenfalls auf Landesebene selbst hieraus emanzipiert und ihre Bedeutung durch Regelung in besonderen Altlastengesetzen (z.B. Hessen, BW im Entwurfsstadium) unterstrichen haben. Der Bund hinkt wieder einmal hinterher, hat er es doch noch nicht einmal zu einem Bodenschutzgesetz gebracht. Wenn die Aktivität der Länder mit ihren vielen neuen eigenen Gesetzen Ausdruck ihres Vertrauens in den Bund sind, kann man nur wünschen, daß sie sich täuschen: andernfalls findet die viel und zu Recht beklagte Zersplitterung gerade im Altlastenrecht noch lange kein Ende.

Wenn aber der Bund unter Inanspruchnahme seiner konkurrierenden Gesetzgebungszuständigkeit[70] den Ländern schon nur noch „ergänzende Verfahrensregelungen" (so § 23 I BodSchG-E) überlassen will, sollte der Gesetzgeber die ihm jetzt noch verbleibende Überlegungszeit zu einer eingehenden Bestandsaufnahme zu den bereits bestehenden länderrechtlichen Bodenschutz- und Altlastengesetzen nutzen und diese nicht nur auf einen kleinsten gemeinsamen Nenner bringen. Die lange erwartete bundeseinheitliche Regelung droht sonst in vielen Ländern eher als Rück- denn als Fortschritt aufgenommen zu werden.

Sicher erhofft sich das dankbare Publikum von dem Gesetz nicht nur eine Zusammenfassung der bisher verstreuten bodenschutz- und altlastenrechtlichen Regelungen, sondern auch eine Klärung wichtiger Streitfragen und das Ausfüllen – je nach Standpunkt – schmerzlich empfundener Gesetzeslücken. Auch wenn bekanntlich ein Wort des Gesetzgebers ganze Bibliotheken zu Makulatur macht, zeigt doch die Erfahrung gerade mit dem Gesetzgeber unserer Tage, aber auch ein Blick in die Entwurfsfassung, daß auch das neues Gesetz die Rechtsanwendung nicht gleich zum Kinderspiel und die bisher um die zutreffende Rechtsanwendung ringenden Juristen brotlos machen wird.

[1] So zurecht auch der SRU, Sondergutachten Altlasten II, 1995, BT-Drucks. 13/380, Tz. 453.

[2] zum Problem Bender/Sparwasser/Engel, Umweltrecht, 3. Aufl 1995, Rn. 6/70

[3] Bender/Sparwasser/Engel, ebda. Rn. 6/94.

[4] zur Anforderung an die Prognose s. Würtenberger, in: Achterberg/Püttner, Besonderes Verwaltungsrecht, Teil 2, 1992, Rn. 355.

[5] zur Unterscheidung zwischen „Anscheinsgefahr" und „Gefahrenverdacht" vgl. Drews/Wacke/Vogel/Martens, Gefahrenabwehr, 9. Aufl. 1986, S. 266 f.; zur Unterscheidung zwischen „Verdachtsstörer" und „Verdachtsbetroffenem" Breuer, in: GS Martens, 1987, S. 340 ff. m.w.N.; ders., DVBl. 1994, 890 (893). – Zurecht aber krit., wenn „Gefahrenverdacht" eine neue dogmatische Kategorie sein soll, Brandt, Altlastenrecht, S. 93 m.w.N., S. 108.

[6] vgl. z.B. VGH BW, DÖV 1985, 687; Breuer, NVwZ 1987, 751 (754) m.w.N.

[7] dafür VGH BW, 7.10.1994 (vom BVerwG als nicht revisibel bestätigt, Beschluß v. 24.1.1995); dagegen – ausdrücklich – OVG Rh.-Pf., NVwZ 1992, 499; ebso VGH Kassel, NJW 1991, 1774; NVwZ 1992, 1101; 1993, 1009; Kunig/Schwermer/Versteyl, AbfG, Anh. §§ 10, 10a Rn. 16; krit. auch Breuer, NVwZ 1987, 751 (754); Papier, NVwZ 1986, 256 (257); ders., JZ 1994, 810 (814) m.w.N. aus der Rspr. – Abgewogen Schink, DVBl. 1989, 1182 ff.

[8] ebso. Brandt, Altlastenrecht, S. 99, 107. Zur Abgrenzung zwischen Amtsermittlung und Gefahrerforschung VGH BW, NVwZ 1990, 784 (785); VGH Kassel, NuR 1991, 387; DVBl. 1992, 43; OVG Koblenz, DÖV 1991, 1075 (1076 f.).

[9] VGH BW, DÖV 1990, 395 m.w.N. der kontroversen Äußerungen in Lit. u. Rspr., ebenso VGH BW, VBlBW 1990, 232; Würtenberger (Endnote 4), Rn. 347; Kunig/Schwermer/Versteyl, AbfG, Anh. zu §§ 10, 10a Rn. 17; s. auch Breuer, NVwZ 1987, 751 (754); Kippels, in Ketteler/Kippels, Umweltrecht, 1988, S. 123 f.; auch noch Bender/Sparwasser in der Erstauflage ihres „Umweltrecht", 1988, Rn. 787.

[10] so mit guten Gründen Schink, DVBl. 1989, 1182 (1187); ebenso Brandt, Altlastenrecht, S. 102; anders jetzt § 10 III 2 BodSchG BW; dazu auch *Seibert*, DVBl. 1992, 669 ff.

[11] BGHZ 117, 303 ff.; 126, 279 ff.; Kloepfer, NuR 1987, 7 (19); Götz, NVwZ 1987, 858 (862), *ders.*, NVwZ 1990, 725 (730). a.A. VGH Kassel, NVwZ 1992, 1101 ff.; Schink, DVBl. 1989, 1182 (1187); Brandt, Altlastenrecht, S. 108. – S.a. Knopp, BB 1988, 923 ff. und Grotefels, DVBl. 1990, 781 (785) m.w.N. in Fn. 60; eingehend zum ganzen di Fabio, DÖV 1991, 629 ff.; Losch, DVBl. 1994, 781 ff.; Martensen, DVBl. 1996, 286 ff.

[12] zum neuen Altlastenrecht in Hessen *Kochenburger* NVwZ 1996, 249 ff.; zurückhaltend § 17 III ThAbfAG und § 10 V EGAB-Sachsen; s.a. § 26 III LAbfAlG Rh.Pf.; weitgehend § 12 I 1, § 17 II 2 und § I BodSchG-E (Fn.); s.a. VGH Kassel, NVwZ 1992, 1101 ff.

[13] Näher Pohl, NJW 1995, 1485 (1487).

[14] Schink, Gewerbearchiv 1995, 50 (51) und DÖV 1995, 213 (218) mit Nachweisen; s.a. Papier, DVBl. 1996, 125 ff.

[15] Die Verfügung wurde vom OVG Münster unter dem Gesichtspunkt der Handlungsverantwortlichkeit für rechtens befunden, NVwZ 1985, 355; krit. Papier, NVwZ 1986, 256 (258); dazu auch VG Gelsenkirchen, NVwZ 1988, 1061 (Träger der Bauleitplanung als Störer).

[16] vgl. Drews/Wacke/Vogel/Martens (Endnote 5), S. 313; *Würtenberger* (Endnote 4), Rn. 7/166 f.; Würtenberger, Heckmann, Riggert, Polizeirecht in Baden-Württemberg, 2. Aufl. 1994, Rn. 303, jeweils m.w.N.

[17] vgl. Drews/Wacke/Vogel/Martens, ebda., sowie Breuer, JuS 1986, 359 ff. Fn. 28 m.w.N.

[18] vgl. Schnur, DVBl. 1962, 1 ff.; s. auch die Nachw. bei Kloepfer, NuR 1987, 7 ff. Fn. 32.

[19] vgl. etwa Pietzker, DVBl. 1984, 457 ff.

[20] Hermes/Wieland, Die staatl. Duldung rechtswidrigen Verhaltens, 1988.

[21] dazu Fluck, VerwArch 79 (1988), 406 ff.; Staupe, DVBl. 1988, 606 (609 f.); Peine, JZ 1990, 202 ff.; Brandt, Altlastenrecht, S. 138 ff. m.w.N.; Würtenberger/Heckmann/ Riggert (Endnote 16), Rn. 646 ff. m.w.N.; aus der Rspr.: OVG Koblenz, NVwZ 1992, 499 ff.; BayVGH, NVwZ 1992, 905 ff.; s.a. Hermes, in: Becker/Schwarze (Hrsg.), Wandlung der Handlungsformen im öffentlichen Recht, 1991, S. 187 ff.; Sach, Genehmigung als Schutzschild?, 1993, S. 116 ff., 167 ff.; Roesler, Die Legalisierungswirkung gewerbe- und immissionssschutzrechtlicher Genehmigungen vor dem Hintergrund der Altlastenproblermatik, 1993; Martensen, Erlaubnis zur Störung?, 1994, S. 118 ff.; vgl. allgemein zur Legalisierungswirkung einer immissionsschutzrechtlichen Genehmigung BVerwGE 55, 118 (121) u. 85, 368.

[22] ebenso Breuer, JuS 1986, 359 (363); Schink, DVBl. 1986, 161 (169); Kloepfer, NuR 1987, 7 (9); ders., Umweltrecht, 1989, S. 726 f.; Oerder, DVBl. 1992, 691 (694); Brandt, Altlastenrecht, S. 145. – A.A. Papier, NVwZ 1987, 256 (259 f.); Fluck, VerwArch 79 (1988), 430 f.; diff. Schrader, Altlastensanierung nach dem Verursacherprinzip, 1989, S. 186 ff.; aus der Rspr. vgl. BayVGH, NVwZ 1992, 905 ff.

[23] dazu Endnote 22. Eingehend zur Problematik Brandner, Gefahrenerkennbarkeit und polizeirechtliche Verantwortlichkeit, 1990.

[24] Breuer, DVBl. 1994, 890 (900).

[25] Das BodSchG-E wird zit. in der Fassung vom 22.3.1996.

[26] vgl. § 21 I Nr. 5 und 6 AbfAlG Hbg.; § 20 I Nr. 5 ThAbfAG.; ebenso § 303 III UGB-BT (Jarass u.a., UGB-BT, sog. Professorenentwurf, teilweise auch abgedruckt in: Verhandlungen des 60. Deutschen Juristentags Münster 1994, Diskussionsgrundlage der Abteilung Umweltrecht, 1994, Band I, Teil B, B 87 ff.; dazu kurz Breuer, DVBl. 1994, 890 (897)); kritisch dazu Papier, JZ 1994, 810 (817).

[27] Die Verfügung wurde vom Bay. VGH bestätigt, NVwZ 1986, 942 = DVBl. 1986, 1283.

[28] BVerwG, NVwZ 1992, 475 ff.; BayVGH, NVwZ 1986, 942 (944) m.w.N., ebenso VGH BW, NVwZ 1986, 325 (326).

[29] Drews/Wacke/Vogel/Martens (Endnote 5), S. 320 f. m.w.N.; Götz, Allgemeines Polizei- und Ordnungsrecht, 10. Aufl. 1991, Rn. 212; Spannowsky, DVBl. 1994, 560 (562 f.): „nur ausnahmsweise unter dem Gesichtspunkte des Übermaßverbots". – Krit. aber Friauf, in: FS Wacke, 1972, 293 (300 ff.); ders., VVDStRL 35 (1977), 350 f.; Ziehm, Die Störerverantwortlichkeit für Boden- und Wasserverunreinigungen, 1989, 61 ff.; Schrader, Altlastensanierung nach dem Verursacherprinzip, 1988, 121 ff.; differenzierend Denninger, in Lisken/Denninger (Hrsg.), Handbuch des Polizeirechts, 1992, Rn. 96 ff.

[30] Oerder, NVwZ 1992, 1031 (1037); Schink, GewArch 1991, 357 (379), Schmidt, Um weltrecht, 4. Aufl. 1995, S. 187 f., jeweils m.w.N. - Vgl. eingehend zum folgenden Sparwasser/Geißler, DVBl. 1995, 1317 ff.

[31] so schon Friauf, FS Wacke, 1972, S. 293 (300 ff.): keine Haftung für Schäden, deren Ursachen in die Risikosphäre der Allgemeinheit fallen; a. A. unter Berufung auf die gesetzgeberische Freiheit bei der Ausgestaltung von Inhalt und Schranken des Eigentums Drews/Wacke/Vogel/Martens (Endnote 5).

[32] solches jedenfalls erwägend BVerwG, NVwZ 1991, 475 m.w.N.; ihm folgend VGH BW, Urt. v. 22.4.1993, Az. 8 S 406/93, RSprDienst 1993, Beil. 7 B1 und VBlBW 1995, 488 ff.

[33] so Papier, JZ 1994, 810 (817) m.w.N.; krit. auch Schink, DÖV 1995, 213 (224).

[34] Würtenberger/Heckmann/Riggert (Endnote 16), Rn. 297.

[35] Für Erkundungsmaßnahmen haftet der Zustandsstörer im Rahmen der Gefahrenabwehr nur insoweit, als die Maßnahme – auch in seinem Interesse – erforderlich ist, um den Beseitigungsbedarf festzulegen.

[36] Dies gilt allerdings da nicht, wo der Zustandsstörer *gleichzeitig als Verhaltensstörer* – wenn auch nur aufgrund pflichtwidrigen Unterlassens von Maßnahmen zur Unterhaltung oder aufgrund der Duldung störender Handlungen Dritter – haftet. Wer bspw. den Bau eines Pächters auf seinem Außenbereichsgrundstück duldet, haftet als Verhaltensstörer mit seinem gesamten Vermögen für die Abbruchkosten. Dagegen haftet der Eigentümer einer wilden Müllablagerung im Außenbereich nur mit dem überlagerten Grundstück, ebenso auch der Eigentümer eines gestohlenen Kfz nicht mit mehr als dem Kfz selbst.

[37] hierzu und zum folgenden Schlabach/Simon, NVwZ 1992, 143 ff.; Würtenberger/ Heckmann/Riggert (Endnote 16), Rn. 310 ff. m.w.N.

[38] dafür Lisken/Denninger (Endnote 29), S. 148 Rn. 101 f.

[39] Drews/Wacke/Vogel/Martens (Endnote 5), S. 299; speziell zur Altlast vgl. Breuer, JuS 1986, 359 (363 f.) m.w.N. Vgl. auch die (keinen Altlastenfall betr.) Entsch. OVG Mstr., UPR 1984, 279 (280).

[40] zurecht ebso. krit. Papier, DVBl. 1996, 125 (126).

[41] dafür Stadie, DVBl. 1990, 501 (505) m.w.N.; Schlabach/Simon, NVwZ 1992, 143; Kloepfer, Umweltrecht, 1989, S. 731 m.N. in Fn. 258; vgl. demgegenüber Papier, JZ 1994, 810 (819). S. ferner OVG Mstr., UPR 1984, 279; HessVGH, UPR 1990, 117.

[42] so aber Würtenberger/Heckmann/Riggert (Endnote 16), Rn. 313 m.w.N.

[43] so Papier (Endnote 40), S. 127 f., und Maurer, Allgem. Verwaltungsrecht, 9. Aufl. 1994, § 9 Rn. 56 f.; s. aber auch Stadie, DVBl. 1990, 501 (505) m.w.N.

[44] §§ 1922, 1967 BGB (Erbschaft); § 25 HGB (Firmenübernahme); §§ 346 III, 353 V, 359 II AktG (Verschmelzung); § 5 UmwG (Umwandlung); §§ 414, 415, 419 BGB (Vermögensübernahme); §§ 1347 ff. BGB (Gütergemeinschaft).

[45] § 12 I HAltlastG (Hessen), dazu krit. Papier (Endnote 40): Rückwirkungsverbot!, § 21 I 1 Nr. 1 und 2 AbfAlG Hbg., § 20 I Nr. 1 u. 2 ThAbfAG; s.a. § 4 III BodSchG-E und § 303 i.V.m. § 310 UGB-BT (Endnote 26).

[46] s. aber OVG Münster, ZfB 1990, 232; OVG Bremen, DVBl. 1989, 1008 f.; Bay. VGH, NVwZ 1986, 942 ff. Auch in der Lit. wird das Ende der Zustandsstörerhaftung mit Eigentumsaufgabe vielfach abgelehnt, vgl. Denninger (Endnote 29), S. 144 Rn. 92, mit der Begründung, daß eine andere Lösung „sehr bald zu *ökologisch unerträglichen Zuständen* führen" müßte, was wohl kaum ausreicht und zugleich damit entkräftet wird, daß in solchen Fällen in der Regel eine Handlungsverantwortlichkeit begründet sein wird; wie hier Würtenberger/Heckmann/Riggert (Endnote 16), Rn. 299. S. jetzt auch Ziff. 45 der Beschlüsse des 60. DJT, NJW 1994, 3077: Danach soll der Eigentümer zumindest dann, wenn es ihm wirtschaftlich nicht möglich oder zumutbar ist, die Kosten einer Altlastensanierung zu tragen, das Recht haben, die Übernahme des Grundstücks durch die Körperschaft, der die Ordnungsbehörde angehört, zu verlangen.

[47] So bspw. § 303 III 2 UGB-BT (Endnote 26) (mit anderer Intention): „Die Verantwortlichkeit endet 30 Jahre nach Aufgabe des Eigentums." Ähnlich auch die folgende Regelung: *„Geht die Störung oder Gefahr von einer herrenlosen Sache aus, so können die Maßnahmen gegen die Personen gerichtet werden, die das Eigentum an der Sache*

aufgegeben hat," vgl. Art. 8 III BayPAG, § 7 III 1 VGPolG Bbg, § 8 III SOG LSA, § 219 III LVwG SH sowie § 21 I Nr. 5 HAbfAG (Hessen) u. § 20 I Nr. 5 ThAbfAG (nach den beiden letzten haftet der Alteigentümer nicht nur im Fall der Dereliktion, sondern auch bei Veräußerung an einen Dritten). Das gleiche Ergebnis erreicht man, wenn man eine Dereliktion der Gefahrenquelle verbietet. Vgl. hierzu Quack, in: Münchener Kommentar, BGB, Band IV, 2. Aufl. 1986, § 959 Rn. 14 f. (mit dem Hinweis auf die kompetenzrechtliche Problematik landesrechtlicher Regelungen zur Dereliktion). Möglich ist schließlich auch, allein die Fortdauer der Kostentragungspflicht anzuordnen, so bspw. § 6 V 5 KAG SH für die Gebühren der Beseitigung verbotswidrig abgelagerter Abfälle.

[48] ebso jüngst VGH BW, VBlBW 1995, 486 (487) (Eilentsch.).

[49] dazu VGH BW VBlBW 1995, 487 ff. m.w.N.

[50] zu diesen Fällen Sparwasser/Geißler, DVBl. 1995, 1317 (1322, Fn. 46 m.w.N.).

[51] dazu Drews/Wacke/Vogel/Martens (Endnote 5), S. 328; Würtenberger/ Heckmann/Riggert (Endnote 16), Rn. 299; Breuer, DVBl 1994, 890 (900).

[52] Krit. daher zurecht VGH BW, VBlBW 1995, 486 ff.

[53] Endnote 40.

[54] Breuer, DVBl. 1994, 890 (900).

[55] dazu VGH BW. VBlBW 1995, 488.

[56] s. oben, Endnote45.

[57] Drews/Wacke/Vogel/Martens (Endnote 5), S. 304 f. m.w.N.

[58] Drews/Wacke/Vogel/Martens (Endnote 5); Würtenberger/Heckmann/Riggert (Endnote 16), Rn. 327 (331); Lisken/Denninger (Endnote 29), S. 149 ff. Rn. 105 ff.; s. auch Papier, NVwZ 1986, 256 (262 f.); Fleischer, JuS 1988, 530 (532); Paetow, NVwZ 1990, 510 (517); Giesberts, Die gerechte Lastenverteilung unter mehreren Störern, 1990. Dagegen geht die Rspr. in der Regel von einer Gleichrangigkeit von Handlungs- und Zustandsstörer aus, vgl. nur VGH BW, NVwZ-RR 1994, 565 (568). Selbst die alleinige Heranziehung desjenigen Verursachers, der den geringeren Verursachungsbeitrag geleistet hat, zur gesamten Sanierung ist demnach grundsätzlich nicht zu beanstanden, wenn er nur einen wesentlichen bzw. erheblichen Verunreinigungsbeitrag geleistet hat, ebda. S. 567 f.

[59] Lisken/Denninger (Endnote 29), S. 151 Rn. 111 f.

[60] Die landesrechtlichen Regelungen werden freilich entsprechend Art. 31 GG durch bundesrechtliche Regelungen verdrängt.

[61] vgl. zum Ausgleich zwischen mehreren Sanierungsverantwortlichen nach Landesabfallrecht in Hessen, Thürigen und Rheinland-Pfalz Herbert, NVwZ 1994, 1061 ff.

[62] vgl. BGH, NJW 1981, 2457 (2458).

[63] so BGH, ebda.; BGHZ 98, 235; 110, 313; im Ergebnis ebenso Papier, Altlasten, S. 73 f.; Boujong, UPR 1987, 81 (85); Schwachheim, NVwZ 1988, 225 ff. m.w.N.

[64] vgl. Koch, Bodensanierung, S. 69 f., 99 ff.; Seibert, DVBl. 1992, 673 ff.; Spannowsky, UPR 1988, 376 ff.; Kloepfer, in: Achterberg/Püttner, Besonderes Verwaltungsrecht, Bd. II, 1992, Rn. 7/917; manche lehnen zwar einen öffentlich-rechtlichen „Lastenausgleich" im Innenverhältnis der mehreren Störer ebenso ab wie einen privat rechtlichen Ausgleich über §§ 667 ff. oder §§ 812 ff. BGB, befürworten aber eine analoge Anwendung des § 426 BGB.

[65] so bspw. §§ 10 BodSchG BW, § 10 V 2 EGAB Sachsen, § 12 II 4 HAltlastG (Hessen), § 20 I 3 ThAbfAG; § 28 III 2 AbfAlG Rh.-Pf. - Die Altlastenregelungen der neuen Bundesländer enthalten zur Sicherung der Verkehrsfähigkeit der Grundstücke z.T. eine Freistellungsklausel für Bodenbelastungen vor dem 1.7.1990, vgl. bspw. § 10 VI 1 EGAB Sachsen. Soweit allerdings auf Kosten der öffentlichen Hand saniert wird, wird

der hierdurch bewirkte Wertzuwachs beim Eigentümer abgeschöpft, vgl. §§ 31 LAbfVG Bbg., § 25 HAbfAG (Hessen), § 22 ThAbfAG. Vgl. auch § 25 IV BBodSchG-E (Stand: 7.2.1994).

[66] zu Einzelheiten Oerder, NVwZ 1992, 1031 (1038). – Zum Parallelproblem vgl. Clemens, Steuerprozesse zwischen Privatpersonen, 1980.

[67] zu Recht *Breuer* DVBl. 1994, 890 (900); zu Grenzen der (landesrechtlichen) Ausgestaltung Oerder, ebda; s.a. Kohler-Gehrig, NVwZ 1992, 1049 ff.

[68] NJW 1994, 1076 (1078).

[69] Endnote 25.

[70] Begründung, Stand 22.3.1996, S. 4 ff.

Probennahme von Grundwasser im Rahmen der Qualitätssicherung

Benedikt Toussaint

1 Aufgabenstellung

Das Grundwasser ist ein rechtlich abgesichertes Schutzgut. Bei vorhandenen Kontaminationen, die beispielsweise von Altlasten ausgehen können, verlangt der Gesetzgeber daher, daß nach entsprechenden Erkundungen und damit verbundener Bewertung die Belastungen so weit wie möglich wieder rückgängig zu machen sind. Sowohl die Vorsorge als auch die überwiegend als Reparatur zu verstehende Nachsorge sowie die Überprüfung der Wirksamkeit eventueller Gefahrenabwehr- oder Sanierungsmaßnahmen setzen u.a. die Existenz von Grundwasseraufschlüssen voraus, die die Gewinnung von Grundwasserproben und deren chemische Analyse ermöglichen.

Leider ist es nicht gerade selten, daß die resultieren Meßwerte zweifelhaft sind und daher die falschen Schlüsse gezogen werden. Vielfach wird die Qualität der Meßwerte im wesentlichen nur im Zusammenhang mit den analytischen Meßverfahren und der Laborqualifikation gesehen, als begrenzender Faktor für die Beurteilung grundwasserchemischer Meßwerte muß vorrangig jedoch die *Probennahme* angesehen werden (Kreisel 1995, Landesanstalt für Umweltschutz Baden-Württemberg 1993, LAWA 1996). Es macht keinen Sinn, im Rahmen von Qualitätssicherungsmaßnahmen und -kontrollen teure Gerätschaften und hochqualifizierte Mitarbeiter im Labor einzusetzen, wenn vor Beginn der Analytik, nämlich bei der *Probennahme*, die gravierenden und nicht mehr behebbaren Fehler entstehen. Solange die Probennahme als „Stiefkind der Analytik" zu bezeichnen ist (Kreisel 1995), solange besteht keine Chance, einem Umweltmedium wie dem Grundwasser eine Teilmenge („Probe") so zu entnehmen, daß diese Teilmenge der Gesamtheit eines definierten Grundwasserkörpers hinsichtlich bestimmter Meßgrößen repräsentativ entspricht.

Unter *Repräsentanz* wird verstanden, daß sich das unter den Bedingungen eines Grundwasserleiters vorliegende und ggf. räumlich und zeitlich variierende Verteilungsmuster und die Konzentrationen der abzuprüfenden Substanzen in einer Probe wenigstens annähernd widerspiegeln sollen, was nach den bisherigen Erfahrungen keineswegs immer der Fall ist (Toussaint 1989, 1991a,b). Schuld an dieser unerfreulichen Situation haben jedoch nicht nur mangelhafte Probennahmekonzepte, falsche Techniken der Probengewinnung oder die anderen bei einer Probennahme durchaus nicht selten vorkommenden Fehler wie Probenverwechslung, Verluste von Wasserinhaltsstoffen z.B. durch unsachgerechten Transport u.a. (s. Übersicht 2). Vielmehr können auch die Schritte *vor* der Probennahme (Abb. 1) Meßwerte zur Folge haben, die nichts mit der Wirklichkeit zu tun haben.

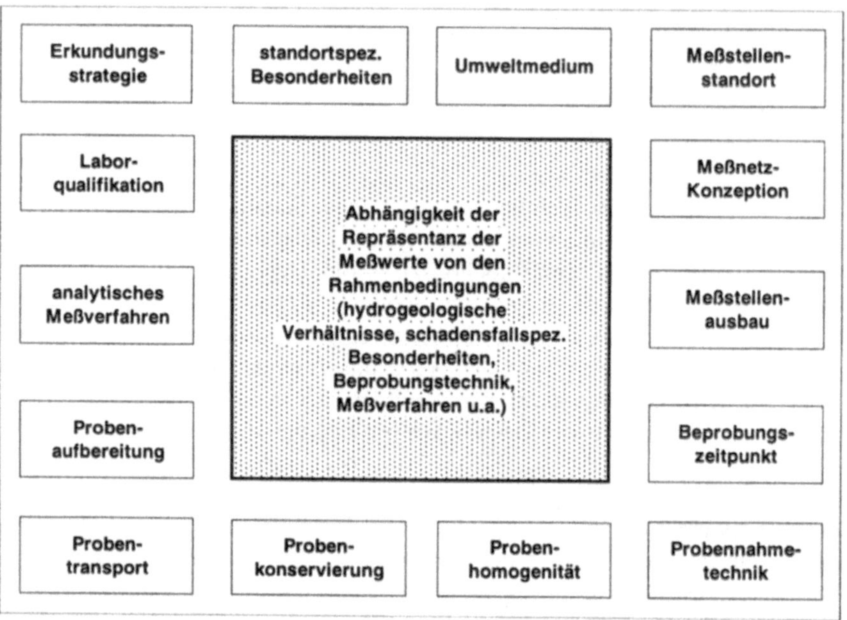

Abb. 1. Abhängigkeit der Repräsentanz der Meßwerte von den Rahmenbedingungen und Vorgaben der Probennahme

Daher muß die Kritik ggf. auch das gesamte Erkundungsprogramm mit einbeziehen, das häufig zu wenig Rücksicht auf die Besonderheiten der Grundwasserüberwachung (Übersicht 1) nimmt. Dabei geht es vor allem um eine landesweite Überwachung der Grundwasserbeschaffenheit auch im Zusammenhang mit staatlichen Hoheitsaufgaben und die Erkundung und ggf. Kontrolle der Effizienz von Sanierungsmaßnahmen bei Grundwasserschadensfällen bzw. Altlasten. Zu wenig einkalkuliert werden auch die örtlichen Besonderheiten hinsichtlich der hydrogeologischen Verhältnisse, der Hydrodynamik oder des spezifischen Verhaltens der Grundwasserinhaltsstoffe im Untergrund u.a.m., alles Kriterien, die großen Einfluß auf die Konzeption und Technik der Grundwasserbeprobung haben können.

Übersicht 1. Aufgabenstellung für Grundwasserbeobachtung/-überwachung (Auswahl)

- Überblick über aktuelle Beschaffenheit der Grundwasservorkommen eines
  Landes (IST-Zustand) in Abhängigkeit von Grundwasserleitern, Landnutzung
  und Gefährdungspotentialen
- Erkennen von Veränderungen im Sinne eines „Frühwarnsystems"
- Ursachenfindung und Beschreibung der für den beobachteten Zustand und die
  Veränderungen verantwortlichen Hauptfaktoren
- Schaffung von Informationsgrundlagen für politisches Handeln und Festlegung
  umweltpolitischer Ziele
- Aufzeigen von Handlungsmöglichkeiten/-zwängen, Entwicklung und Empfehlung
  von landesweiten Maßnahmen und Konzepten
- Erfolgskontrolle eingeleiteter Maßnahmen (z.B. hydraulische Sanierung,
  Einkapselung von Altablagerungen)
- Bereitstellung von Daten für die lokale anlagen- und nutzungsbezogene
  Überwachung/Kontrolle sowie Planung und Einleiten von Einzelmaßnahmen zur
  Grundwasserbewirtschaftung und zum Grundwasserschutz
- Unterstützung der Wasserwirtschaftsverwaltung bei Planungs- und Vollzugs-
  aufgaben und Hilfestellung für Kommunen, Zweckverbände und öffentliche
  Träger der Wasserversorgung bei deren Versorgungsauftrag
- Information der Öffentlichkeit zur Grundwassersituation

Dieser Komplexität der Gewinnung von repräsentativen Grundwasserproben tragen auch moderne Merkblätter und Normen (DVWK 1992, LAWA 1996) oder
begleitende Kommentare (Kreisel 1995) nur ungenügend Rechnung. Das gilt insbesondere in bezug auf den Einfluß des Meßstellenausbaus auf die resultierenden
Meßwerte, die hydraulischen Vorgänge bei der Grundwasserbeprobung und die
Existenz natürlicher Vertikalströmungen, die schon bei Potentialunterschieden von
0,1 m innerhalb eines Grundwasserleiters möglich sind (Barczewski u. Marschall
1990, Lerner u. Teutsch 1995). Erst eine im Entwurf vorliegende Richtlinie des
DVWK, die sich jedoch auf eine tiefendifferenzierte Probennahme beschränkt,
hilft diesen Defiziten ab (DVWK 1996). Die Konsequenz kann nur sein, daß
Chemiker und Hydrogeologen im Hinblick auf die Gewinnung von repräsentativen
Grundwasserproben interaktiv zusammenarbeiten müssen (Toussaint 1995), da
hinsichtlich der Aussagekraft der auf das Grundwasser bezogenen qualitativen
Meßwerte eine Interdependenz von Meßstelle bzw. Meßstellenausbau, Proben-
nahme und Analytik besteht (Abb. 2).

Dieser Beitrag hat daher im wesentlichen die Intention, aus der Sicht eines
Geowissenschaftlers aufzuzeigen, wo die Schwachpunkte der Grundwasserbeprobung zu suchen sind. Daher werden die AQS-Aspekte i.e.S. der Vollständigkeit
halber zwar angesprochen, jedoch nur am Rande behandelt, der Schwerpunkt des
Aufsatzes bezieht sich auf die geohydraulischen Aspekte der Probennahme.

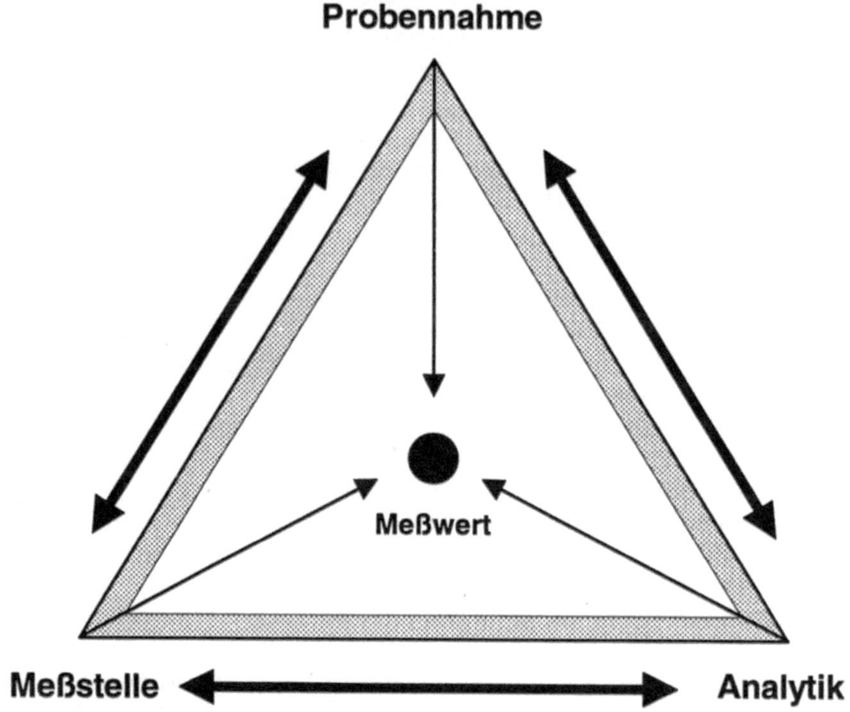

Abb. 2. Interdependenz von Meßstellenausbau (unter Berücksichtigung der hydrogeologischen Verhältnisse und der Eigenschaften der abzuprüfenden Grundwasserinhaltsstoffe), Probennahme und Analytik im Hinblick auf die Repräsentanz der Meßwerte

2   Qualitätssicherung bei der Grundwasserbeprobung im Sinne eines integralen Bestandteils der Analytik

Es muß die Zielsetzung sein, die bei der Probennahme, zu der man auch die Probenkonservierung, den -transport und die -lagerung hinzurechnen kann, auftretenden Fehler (Übersicht 2) zu minimieren. Das läßt sich erreichen, wenn das bereits vorhandene Instrumentarium der analytischen Qualitätssicherung (AQS) möglichst auch auf die Probennahme übertragen wird.

Man kann das Konzept der Qualitätssicherung der Probennahme differenzieren in (a) vorbeugende QS-Maßnahmen (Übersicht 3) und (b) kontrollierende QS-Maßnahmen (Übersicht 4). Korrigierende Maßnahmen sind in der Regel nicht möglich, z.B. im Falle einer falsch ausgebauten Grundwassermeßstelle (s. Abschnitt 3).

Übersicht 2. Mögliche Fehlerquellen bei der Probennahme (nach LAWA 1996)

- **Allgemein**
  ⇨ Gewinnung einer falschen Probe durch Verwechslung des Aufschlusses
  ⇨ Verwechslung von Proben durch schlechte Beschriftung oder unvollständig
    oder falsch ausgefülltes Protokoll

- **Kontamination durch Eintrag von Stoffen in die Probe**
  ⇨ Verschleppung von Substanzen durch unzureichendes Spülen bzw.
    Reinigen der Geräte und Probennahmegefäße
  ⇨ Kontamination der Probe durch Einsatz falscher oder verunreinigter
    Probennahmegeräte bzw. nicht geeigneter Hilfsmittel
  ⇨ Querkontamination durch Konservierungschemikalien
  ⇨ Verwechslung von Verschlüssen
  ⇨ Einsatz nicht ausreichend gereinigter Hilfsmittel vor Ort
  ⇨ Kontamination aus der Umgebungsluft z.B. durch:
    - Abgase aus Verbrennungsmotoren
    - Anwesenheit von flüchtigen Lösemitteln z.B. in Filzstiften
    - Lagern von Proben in schadstoffhaltiger Luft
    - Aufnahme von Kohlendioxid oder Sauerstoff

- **Verluste durch Austrag von Stoffen aus der Probe**
  ⇨ Ausgasung leichtflüchtiger Inhaltsstoffe durch Aufbewahrung in nicht
    gasdichten oder vollständig befüllten Behältnissen
  ⇨ Verluste von flüchtigen Stoffen durch zu lange Probennahmedauer oder
    falsch angewandte Beprobungstechnik
  ⇨ Diffusion von Probeninhaltsstoffen in das Gefäßmaterial oder umgekehrt
    aus dem Gefäßmaterial in die Probe
  ⇨ Sorption von Probeninhaltsstoffen an Schlauch- und Gefäßwandungen

- **Veränderung durch chemische oder biochemische Reaktionen**
  ⇨ Veränderung der Konzentration bestimmter Parameter durch oxidierende
    oder reduzierende Stoffe
  ⇨ Bildung von Niederschlägen
  ⇨ Veränderung der Konzentration oder des Verteilungsmusters
    von Inhaltsstoffen der Probe durch bakterielle Tätigkeit

Übersicht 3. Vorbeugende QS-Maßnahmen bei der Probennahme (Auswahl)

- Sicherstellung der personellen und apparativen Voraussetzungen
- Eindeutigkeit bei der Formulierung des Probennahmeauftrags
- Auswahl der geeigneten Probennahmetechnik
- Beachtung der einschlägigen Vorschriften, Richtlinien und Normen
- Planung von Zeitpunkt, Dauer und Turnus der Probennahme
  in Abhängigkeit vom Untersuchungsziel
- Vorbereitung und Bereitstellung der benötigten Geräte

Übersicht 4. Kontrollierende QS-Maßnahmen bei der Probennahme (Auswahl)

- Überprüfung der Funktionstüchtigkeit der Meßstellen und der Probennahmetechnik
- Durchführungen aller Handhabungen im Sinne von „analytisch sauber"
- Überprüfung des Umfeldes auf mögliche Kontaminationsherde
- Vermeiden von Verschleppungskontaminationen
- Durchführung gezielter QS-Maßnahmen
- Erstellung eines Probennahmeprotokolls und Dokumentation der hydrologischen und hydraulischen Randbedingungen der Probennahme
- Gewinnung, Transport und Lagerung der Proben mit Ausschluß einer Veränderung von Wasserinhaltsstoffen

Alle diese Qualitätssicherungsmaßnahmen sind unbedingt erforderlich, haben jedoch keine repräsentativen Grundwasserproben zum Ergebnis, wenn auf die grundwasserhydraulischen Rahmenbedingungen der Probennahme keine Rücksicht genommen wird, was leider häufig der Fall ist.

3   Hydrogeologische und hydraulische Besonderheiten der Grundwasserbeprobung

Die Gewinnung einer Grundwasserprobe bezieht sich i.allg. auf eine Quelle bzw. Quellschüttungsmeßstelle, eine Grundwassermeßstelle oder einen Förderbrunnen, während andere Grundwasseraufschlüsse wie Stollen oder Blänken keine Rolle spielen.

Quellen stellen den natürlichen Austritt von Grundwasser dar, so daß mit der Probennahme keine gravierenden Störeffekte verbunden sind. Da ihnen ein mehr oder weniger großes, häufig genau definiertes Einzugsgebiet zugeordnet ist, haben sie für die landesweite Überwachung der Grundwasserbeschaffenheit eine große Bedeutung (LAWA 1993, 1995). Wegen ihrer von den hydrogeologischen Verhältnissen vorgegebenen Lage spielen sie jedoch bei anderen Fragestellungen, wie z.B. Erkundung von Grundwasserschadensfällen oder Gewinnung tiefendifferenzierter Proben, keine Rolle, vielmehr werden in der Praxis auf Bohrungen beruhende Grundwasseraufschlüsse favorisiert. Diese haben aber den Nachteil, daß sie – auch in Verbindung mit der Probennahme – einen mehr oder weniger gravierenden Eingriff in das System „Grundwasserleiter" darstellen, den es zu minimieren gilt oder der bekannt sein muß, um die resultierenden Meßwerte fachgerecht interpretieren zu können.

Diese Aussage bezieht sich vor allem auf Förderbrunnen, da deren Ausbau in erster Linie auf Kriterien beruht, die eine möglichst hohe Versorgungssicherheit zum Inhalt haben. Daher werden häufig aufgrund Vollverfilterung und durchgehender Kiespackung im Ringraum mehrere Grundwasserleiter oder -stockwerke hydraulisch kurzgeschlossen. Die Folge sind z.B. Mischpotentiale oder Grundwasserproben, die sich einem bestimmten geochemischen Inventar nicht widerspruchsfrei zuordnen lassen. Außerdem werden bei in Betrieb befindlichen Förderbrunnen weitere wesentliche Forderungen nicht erfüllt, die mit der Gewinnung repräsentativer Grundwasserproben verbunden sind.

Somit kommen in der Praxis im Falle eines multifunktionalen Anforderungsprofils für die Gewinnung von Grundwasserproben im wesentlichen nur Grundwassermeßstellen in Frage, die daher ausschließlich Betrachtungsgegenstand sind. Im Hinblick auf die nachfolgenden Ausführungen wird unterstellt, daß sie im Sinne einer bestimmten Aufgabenstellung richtig plaziert (z.B. im Grundwasserunterstrom einer Altlast) und fachgerecht ausgebaut (z.B. Abdichtung des Ringraums und Einbau von Vollwandrohren im Bereich einer zwei Grundwasserstockwerke trennenden wenig permeablen Gesteinsschicht) sowie in technischer Hinsicht funktionstüchtig sind (z.B. vom Grundwasser durchströmtes Filter, keine Leckstellen im Bereich der Vollwandrohrtour). Allerdings tritt diese Vorstellung in der Realität häufig nicht zu (DVGW 1988, LAWA 1993, Toussaint 1989).

Eine im Sinne eines Hydrogeologen oder sonstigen Grundwasserfachmannes ordnungsgemäße Probengewinnung scheitert häufig auch deswegen, weil nicht erkannt wird, daß die resultierenden Meßwerte ein Output des Systems „Grundwasserleiter" sind, dessen Eigenschaften nicht genau bekannt sind oder erkannt werden und dessen Input man nicht selten negiert (Abb. 3). Inputgrößen sind in diesem Zusammenhang z.B. die meistens räumlich und zeitlich variierende Höhe der Grundwasserneubildung, die signifikante Auswirkungen haben kann auf die Grundwasserfließrichtung und -geschwindigkeit, oder die anthropogen bedingte Immission von Schadstoffen. Über das Strömungsfeld – eine Systemeigenschaft des Grundwasserleiters – werden die zu analysierenden Wasserinhaltsstoffe transportiert; daher muß ein durchdachtes Beprobungsprogramm unter Berücksichtigung geohydrologischer und hydrodynamischer Fakten u.a. auch Angaben zum problemorientiert günstigsten Probennahmezeitpunkt am geeignetsten Grundwasseraufschluß enthalten.

Werden alle bisher angesprochenen Kriterien und die weiteren Ausführungen zusammenfassend gewürdigt, muß festgestellt werden, daß die Gewinnung von Grundwasserproben im Gegensatz zu anderen zu überwachenden Umweltmedien besonders schwierig ist und ihre Tücken hat.

Auch wenn in Einzelfällen die Gewinnung von geschöpften Proben sinnvoll sein kann, liegen i.allg. nur schlechte Erfahrungen vor (DVGW 1988, DVWK 1992, Friege et al. 1989, Lerner u. Teutsch 1995, Leuchs u. Obermann 1991, Nielsen u. Yeates 1985, Toussaint 1989, 1995). Da in der Regel in einer Meßstelle mit Standwasser zu rechnen ist (DVWK 1992, Friege et al. 1989, Kritzner 1992), das durch Kontakt mit dem Meßstellenausbaumaterial oder infolge Ausgasung mehr oder weniger hydrochemisch verfälscht ist und daher vor der eigentlichen Probennahme durch Abpumpen eliminiert werden muß (s. Abschnitt 3.3), ist eine gepumpte Probe auch aus diesen Gründen einer Schöpfprobe vorzuziehen (DVGW 1988, DVWK 1992). Daher beziehen sich die nachfolgenden Ausführungen ausschließlich auf gepumpte Proben.

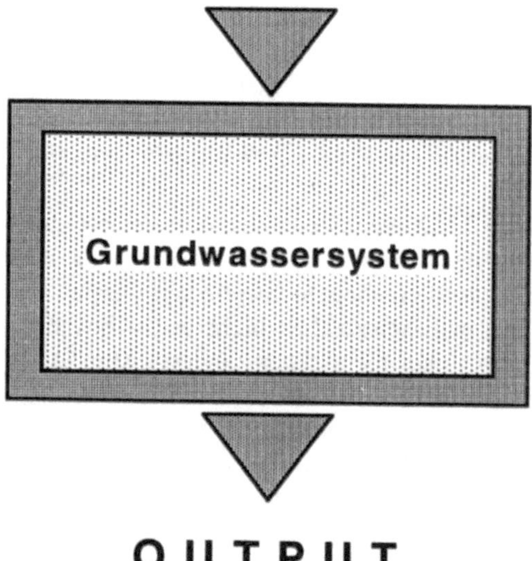

Abb. 3. Das System „Grundwasserleiter" mit Input- und Outputgrößen

3.1   Meßstellenhydraulische Einflußfaktoren einer Probennahme

Für die sachgerechte Auswahl sowohl geeigneter Grundwasseraufschlüsse als auch einer adäquaten Beprobungstechnik ist es u.a. erforderlich, die Strömungsvorgänge im Nahbereich einer Meßstelle näher zu betrachten. Die Relation zwischen der Durchlässigkeit des Förderbereichs (Filterrohr und Ringraumverfüllung im Filterbereich) und der zu beprobenden Schicht, der nach oben und unten angrenzenden

Horizonte sowie der Dichtungen bestimmen den Grundwasserzustrom bei der Beprobung (Abb. 4). Das Filterrohr und die Ringraumverfüllung im Filterbereich aus hoch durchlässigem Material stellen den technisch definierten Fassungsbereich dar, ermöglichen aber stets hydraulische Kurzschlußströmungen in vertikaler Richtung. Ist eine tiefendifferenzierte Probennahme die Zielvorgabe (s. Abschnitt 3.2), muß der vertikale Anströmbereich durch Dichtungen technisch begrenzt werden.

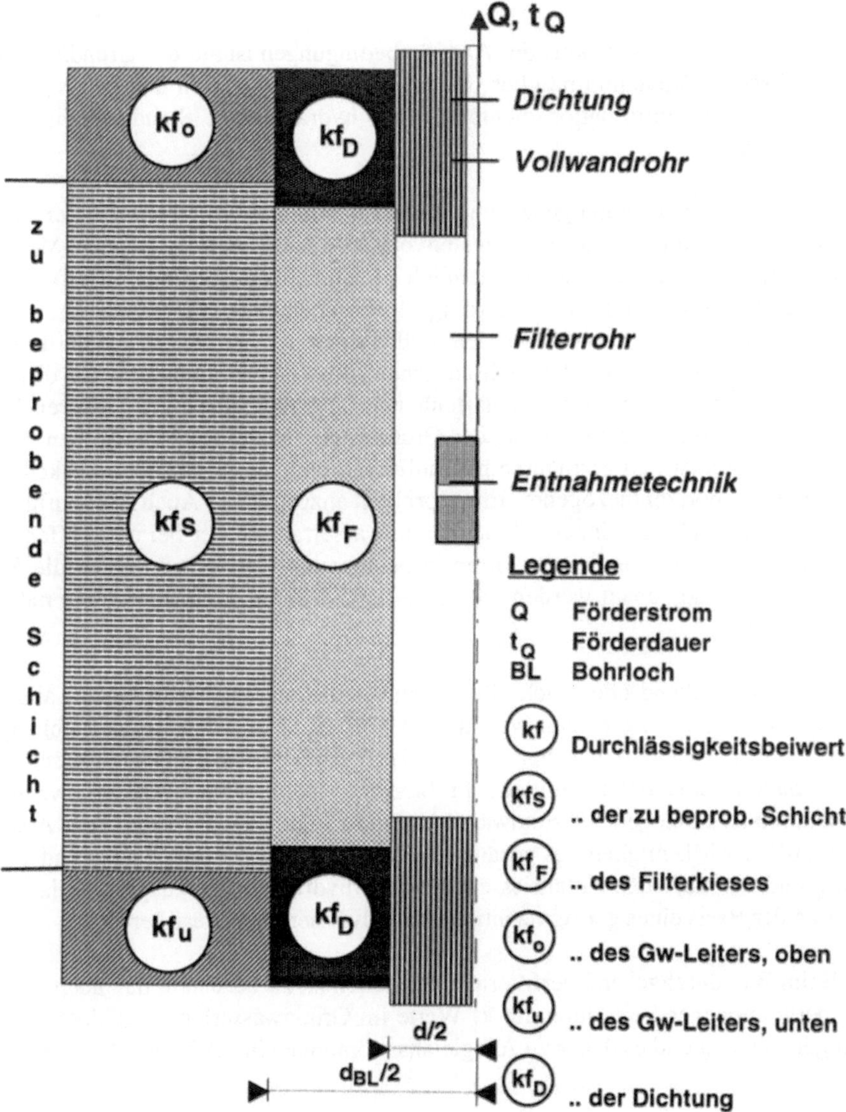

Abb. 4. Hydraulische Einflußfaktoren einer Grundwassermeßstelle (nach DVWK 1996)

3.2   Tiefenintegrierte und horizontdifferenzierte Probennahme

Häufig ist unklar, ob das Untersuchungsziel am besten mittels tiefenintegrierter Mischproben oder horizontbezogener Einzelproben erreicht werden kann. Die Gewinnung von Mischproben dient in erster Linie der großräumigen Erfassung und Bewertung der Grundwasserbeschaffenheit, die tiefendifferenzierte Probennahme hat dagegen die Zielvorgabe, vertikale Konzentrationsprofile von Grundwasserinhaltsstoffen zu erhalten.

Ein quantitativer Nachweis der Anströmbedingungen ist auf der Grundlage einer hydraulischen Simulation möglich, die allerdings eine hohe, in der Praxis vielfach nicht gegebene Informationsdichte zu den hydraulischen Standortbedingungen voraussetzt.

Bei einem relativ homogenen und gut durchlässigen Grundwasserleiter ist die Entnahme tiefenintegrierter Proben sinnvoll, sofern ein über das gesamte Vertikalprofil eines Grundwasserleiters ziemlich gleichmäßig erfolgender Stofftransport unterstellt werden kann, was allerdings insbesondere bei tieferen Grundwasserfließsystemen i. allg. verneint werden muß (Lerner u. Teutsch 1995); allerdings ist nicht auszuschließen, daß bei sich ändernden Redox-Verhältnissen oder differenzierter Gesteinsabfolge das Beschaffenheitsmuster tiefenabhängig variieren kann. Bei einer die vertikale Verteilung der Grundwasserinhaltsstoffe steuernden stärkeren Heterogenität und geringeren hydraulischen Durchlässigkeit ist umgekehrt die Gewinnung horizontbezogener Einzelproben anzustreben. Auch bei auffälligen Potentialunterschieden innerhalb des Grundwasserraums oder bei einer offensichtlichen Massierung von Inhaltsstoffen in bestimmten Horizonten sollten die Meßstellen immer so gebaut werden, daß eine tiefendifferenzierte Beprobung möglich ist (Abb. 5).

Eine durchgehend oder auch alternierend verfilterte Meßstelle bietet i.allg. die besten Voraussetzungen, eine von den kf-Werten der Einzelschichten abhängige (strömungsgewichtete) Mischprobe über das Vertikalprofil des Grundwasserleiters zu erhalten. Eine tiefengemittelte Probe kann auch erhalten werden, wenn bei einem relativ homogenen Grundwasserleiter das Filter in nicht zu großem Abstand (ca. 20% der Mächtigkeit des gesättigten Bereichs) von der Sohlschicht endet oder aufgrund des über den Filterkies erfolgenden hydraulischen Ausgleichs das Rohr nur an der Basis eines geringmächtigen Grundwasserleiters verfiltert ist.

Beim Bau durchgehend verfilterter Meßstellen ist zu beachten, daß auch bei isotroper/homogener Verteilung der kf-Werte im Grundwasserleiter die Potentiallinien geneigt sind und es daher zu Ausgleichsströmungen in der Meßstelle kommt.

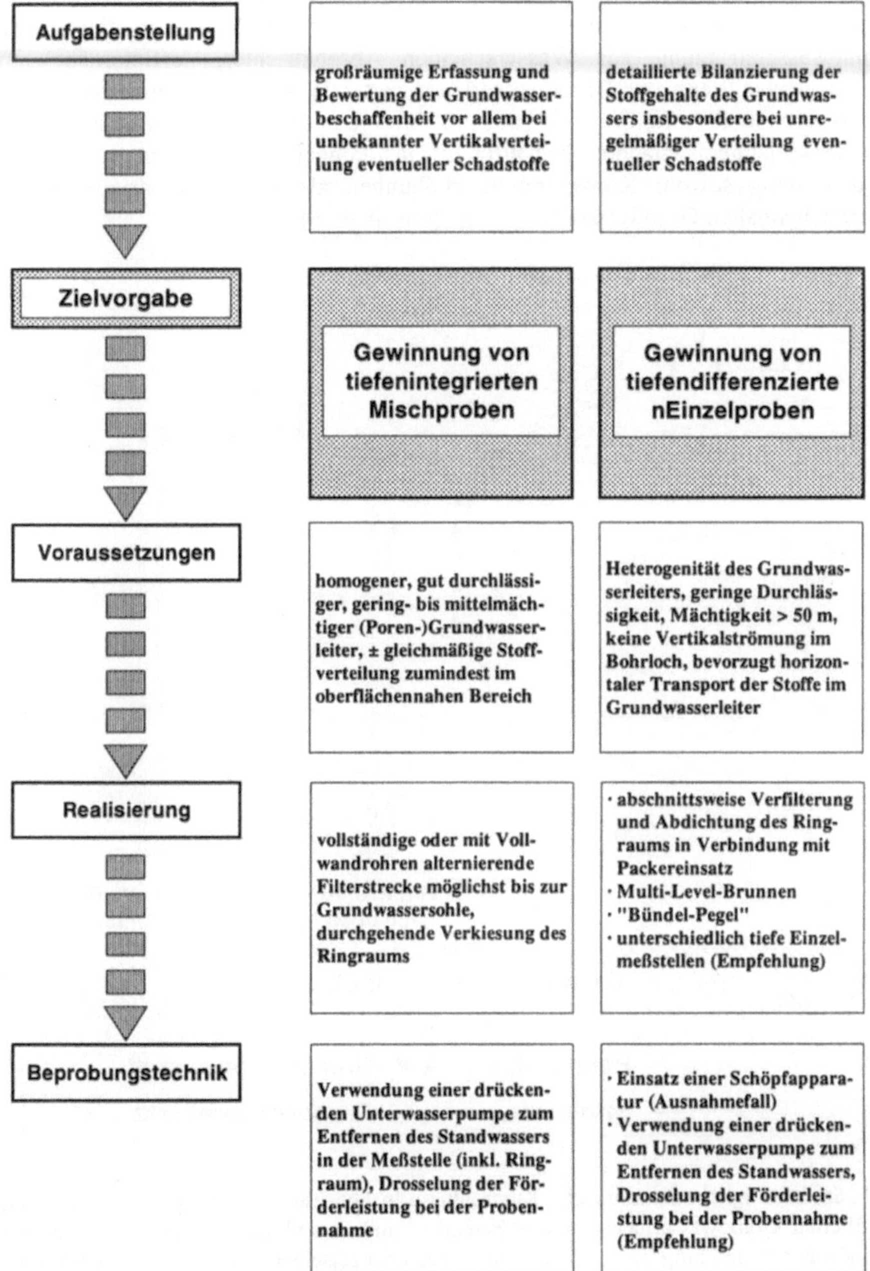

Abb. 5. Ausbau von Grundwassermeßstellen in Abhängigkeit von hydrogeologischen Standortgegebenheiten und Aufgabenstellung

Zwar können bereits kleinste Potentialdifferenzen einen hydraulischen Kurzschluß auslösen, doch wirkt sich dieser Effekt im Bereich starker Vertikalgradienten der Grundwasserströmung (z.B. Wasserscheiden, Absenktrichter, Vorfluternähe) am stärksten aus. Wenn der Grundwasserleiter vertikale Konzentrationsunterschiede der Wasserinhaltsstoffe ausweist (was z.B. infolge des Eintrages von Schadstoffen von der Geländeoberfläche sehr häufig auftritt), können je nach Richtung der Vertikalströmung sowohl Konzentrationserhöhungen als auch -erniedrigungen im oberflächennahen Grundwasser die Folge sein (Abb. 6).

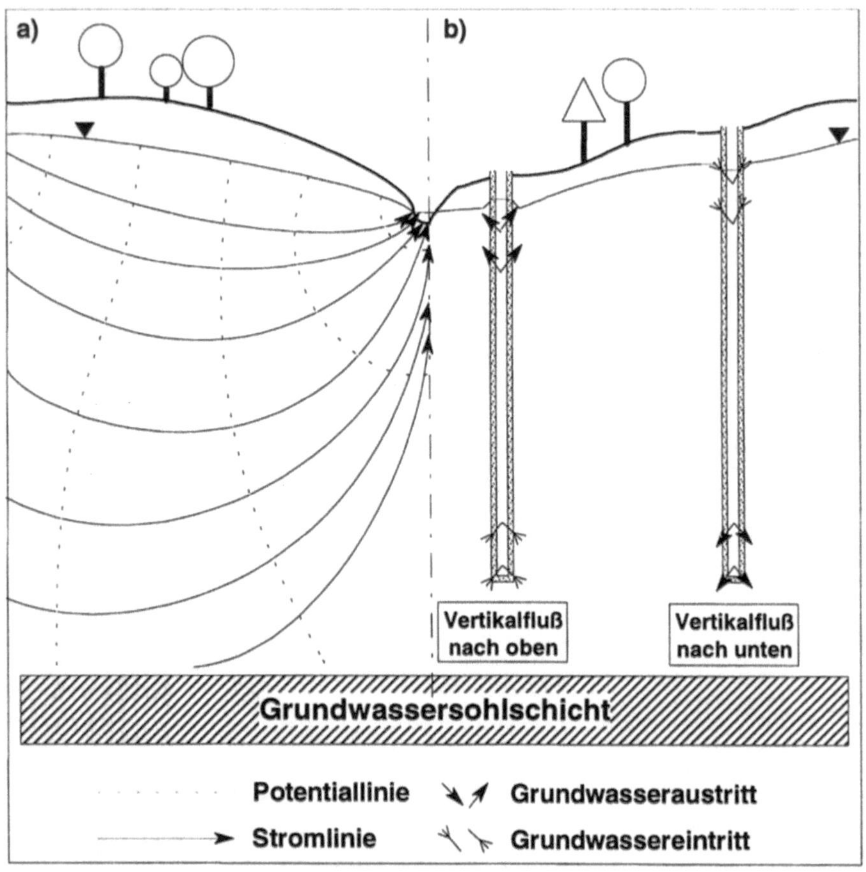

Abb. 6a, b. Mögliche hydraulische Kurzschlüsse in über die gesamte Tiefe durchgehend verfilterten Grundwassermeßstellen. **a** Potential- und Stromlinien in einem Bereich mit Grundwasserneubildung bzw. in der Nähe eines oberirdischen Gewässers, **b** hydraulische Kurzschlüsse und vertikaler Stofftransport in zu Meßstellen ausgebauten Bohrlöchern (in Anlehnung an Lerner u. Teutsch 1995)

Steht die Gewinnung horizontbezogener Grundwasserproben an, ist bei Verwendung voll verfilterter Meßstellen der alleinige Einsatz von Packern wegen des nicht unterbundenen vertikalen Zustroms von Grundwasser über den Ringraum auch aus nicht primär beprobten Schichten wirkungslos (Barczewski u. Marschall 1989 1990, Kaleris 1992, Kritzner 1992, Schreiber et al. 1986). Es bedarf vielmehr einer zusätzlichen Schutzbeprobung ober- und unterhalb des zu beprobenden Horizontes zur Erzeugung einer schichtparallelen Anströmung in Abhängigkeit vom vertikalen Durchlässigkeitsprofil, d.h. mit separater Regelung der Entnahmeraten (Barczewski u. Marschall 1990, DVWK 1996). Da bei der Probennahme mit Multipacker-Systemen und Schutzbeprobung das Ergebnis stark von der Einstellung der „richtigen" Pumprate abhängig ist, sollte zuerst der Zustrom zur Meßstelle in einem Flowmeter-Versuch ermittelt werden. Allerdings kann auch in diesem Fall eine erhebliche Verfälschung des Stoffinhaltes in den Proben nicht ausgeschlossen werden, zumal ein teilweises oder sogar völliges Versagen der Dichtungselemente durchaus möglich ist (DVWK 1992).

Der Aufgabenstellung, auf bestimmte Horizonte bezogene Grundwasserproben entnehmen zu können, werden aus brunnenhydraulischer Sicht vor allem Meßstellen mit kurzer Filterstrecke am unteren Ende am ehesten gerecht. Da der Grundwasserzustrom maßgeblich aus den relativ gut durchlässigen Schichten stattfindet, darf deshalb die Filterstrecke bei der Einrichtung neuer Meßstellen nicht im Grenzbereich geologischer Schichtübergänge oder im Bereich von Inhomogenitäten des Grundwasserleiters angeordnet werden (DVWK 1996).

Im Hinblick auf Meßstellentechnik bzw. Position und Länge der Filterstrecke bieten sich dabei mehrere Alternativen an (Abb. 7).

Eine Möglichkeit ist das abschnittsweise Abpackern einer Meßstelle. Allerdings lassen sich horizontbezogene Grundwasserproben nur gewinnen, wenn im Ringraum einer Meßstelle in Höhe der Einfach- oder Doppelpackerdichtung die hydraulische Sperrfunktion der Schichten im Grundwasserleiter durch Einbau von Bentonit oder dergleichen wiederhergestellt worden ist und eventuelle Vertikalströmungen im Meßstellenrohr unterbunden worden sind.

Einer mittlerweile nicht mehr völlig neuen Meßstellengeneration gehören die sog. Multi-Level-Brunnen an (Lerner u. Teutsch 1995, Leuchs u. Obermann 1991, Schreiber et al. 1986, Teutsch u. Ptak 1989), die teilweise in vorhandene Rohre eingebaut werden können und daher wiederverwendbar sind. Bei diesem Beprobungssystem handelt es sich um eine Anordnung von mehreren kurzen Filterstücken in einem Bohrloch in unterschiedlichen Niveaus (levels) übereinander (s. „Sondermeßstelle" in Abb. 7). Die darin untergebrachten Kleinstpumpen werden synchron in Betrieb genommen und haben separate Ableitungen nach oben.

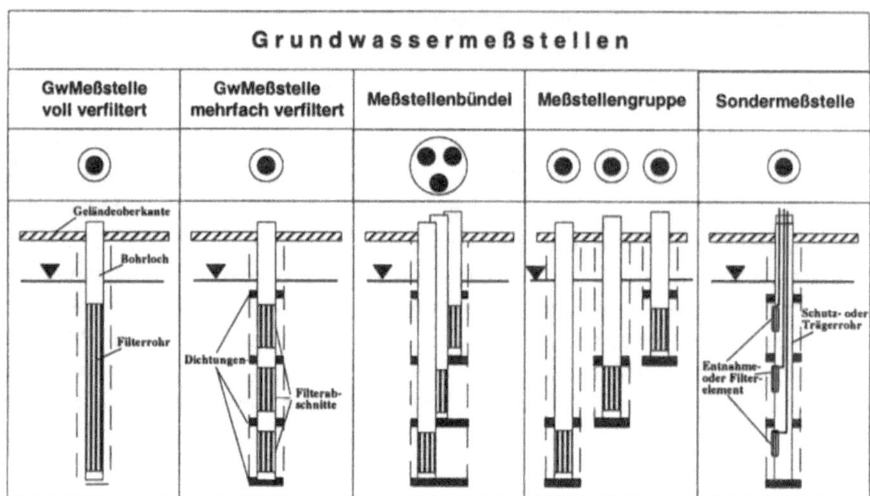

Abb. 7. Systematisierung von Grundwassermeßstellen im Hinblick auf die Probengewinnung (nach DVWK 1996)

Mittlerweile gibt es völlig neue, noch nicht auf dem Markt erhältliche Technologien (Lerner u. Teutsch 1995, Nilsson et al. 1995), wobei das sogenannte „separation pumping" die größte Akzeptanz erfährt, da dieses auch bei durchgehender Verfilterung nicht durch Kurzschlußströmungen beeinflußt wird. Das System ist dadurch gekennzeichnet, daß zwischen einer oberen und unteren, der Schutzbeprobung dienenden Pumpe eine den Zufluß zur Meßstelle aufteilende horizontale Grundwasserscheitelung erzeugt wird, deren Lage von der Pumprate und den jeweiligen kf-Werten abhängig ist (Nilsson et al. 1995). Im Bereich dieser Wasserscheide, die durch ein sensibles Flowmeter lokalisiert werden kann, wird eine mittlere Pumpe mit sehr kleiner Förderrate installiert.

Vor allem im Zusammenhang mit der Erkundung von Grundwasserschadensfällen oder Altlasten werden sehr häufig Meßstellen eingerichtet, die getrennte kurze Filter in verschiedenen Tiefen aufweisen. Die Meßstellen werden entweder alle in ein großdimensioniertes Bohrloch eingestellt oder stehen einzeln in separaten, benachbarten Bohrungen (Abb. 7). Für die erste Version, das insbesondere bei sehr tiefen und meist kleinkalibrigen Grundwasserstandsmeßstellen eine Rolle spielende „Meßstellenbündel", sprechen vor allem finanzielle Gesichtspunkte. Da die Abdichtung der zu beprobenden Grundwasserhorizonte im Ringraum ein Problem sein kann, wird man daher eher für eine Probennahme in unterschiedlichen Niveaus verfilterten Einzelmeßstellen, der sog. „Meßstellengruppe", plädieren (DVWK 1996, Kritzner 1992, Toussaint 1989, 1991a, b).

Die vorstehenden Ausführungen machen deutlich, daß es erhebliche Probleme macht, wenn nach dem auf eine bestimmte Fragestellung bzw. eine bestimmte

Beprobungstechnik ausgerichteten Ausbau einer Grundwassermeßstelle das Erkundungskonzept wesentlich geändert wird. Auch ein nachträglicher großer technischer Aufwand ist keineswegs eine Garantie dafür, daß die Aussagekraft der Meßwerte zufriedenstellend ist oder ihre fachgerechte Interpretation nicht in Frage gestellt werden muß.

3.3   Elimination des Standwassers und Zeitpunkt der Probennahme

In der Regel ist in einer Meßstelle mit Standwasser zu rechnen; das gilt vor allem für kleine Nennweiten und kurze Filterstücke (DVWK 1992, 1996, Friege et al. 1989, Kritzner 1992). Da das abgestandene Wasser chemisch mehr oder weniger verändert ist, muß es vor der eigentlichen Probennahme eliminiert werden.

Hier erhebt sich die Frage nach der optimalen Abpumprate. Einerseits soll aus Gründen der Effizienz das Standwasser rasch abgepumpt bzw. das Einströmen von Grundwasser schnell aktiviert werden, wozu es der Verwendung einer leistungsstarken Pumpe bedarf. Zwecks Minimierung des Eingriffs in den Grundwasserleiter muß andererseits die Pumprate unbedingt an den hydrogeologischen Gegebenheiten orientiert sein; vor allem sollten kein immobiles Grundwasser und nicht die feste Phase gefördert werden, auch turbulentes Strömen des Grundwassers im Nahbereich der Meßstelle ist zu vermeiden. Es wird daher empfohlen, daß bei einer Förderleistung von 0,1-5 l/s die Absenkung des Grundwasserspiegels in der Meßstelle nicht mehr als 10% der Grundwassermächtigkeit (Friege et al. 1989, Leuchs u. Obermann 1991) bzw. in der Regel nicht mehr als 2 m beträgt (Landesanstalt für Umweltschutz Baden-Württemberg 1993, LAWA 1996). Das bedeutet auch, daß eine Probennahme im Zusammenhang mit dem Klarpumpen als letztem Schritt der Einrichtung einer Grundwassermeßstelle nicht zulässig ist.

Eine bestimmte Probennahmetechnik kann nur dann als qualifiziert bezeichnet werden, wenn der aus der zuflußgewichtet entnommenen Probe ermittelte Konzentrationswert die durchflußgemittelte Mischkonzentration c_m liefert, die gegeben ist durch (Barczewski u. Marschall 1990)

$$c_m = \frac{1}{T} \int_0^M c(z) \cdot kf(z)\, dz$$

wobei c(z) und kf(z) die vertikalen Konzentrations- und Durchlässigkeitsprofile im Bereich der Grundwassermeßstelle darstellen, während T die Transmissivität und M die grundwassererfüllte Mächtigkeit des Grundwasserleiters angeben. In diesem Zusammenhang sollte die Bemerkung erlaubt sein, daß die häufig von Behörden vorgegebene Meßstellennennweite von 125-150 mm unbedingt zu relativieren ist, zumal heute auf dem Markt technisch zuverlässige 2"- und 3"-Pumpen angeboten werden, die den Bau von gering dimensionierten Meßstellen DN < 100, die nur einen relativ kleinen Eingriff in den Grundwasserleiter darstellen, ermöglichen.

Jede Meßstelle reagiert hydraulisch unterschiedlich, so daß die Empfehlung, das mehrfache Rohrvolumen abzupumpen, nur pauschal sein kann (Barczewski u. Marschall 1989, Dehnert et al. 1996, Friege et al. 1989, LAWA 1993, Nielsen u. Yeates 1985, Schreiber et al. 1986, Toussaint 1991a, b). Bei einem Abpumpen von > 6-8 V gilt die Meßstelle als ungeeignet (Barczewski et al. 1993, DVWK 1996).

Der Bezug auf das (mehrfache) Rohrvolumen ist entgegen der in der Praxis häufigen Vorgehensweise allerdings nur statthaft, wenn sich die Pumpe oberhalb des Filterbereichs befindet (Abb. 8, oben), was insbesondere bei tiefen Meßstellen aus praktischen Gründen die Regel ist. In diesem Fall wird eine Einhängetiefe von 1-3 m unterhalb des abgesenkten Grundwasserspiegels (DVWK 1996, LAWA 1993, 1996) empfohlen.

Bei einer Einhängeposition im Filterbereich (Abb. 8, unten), üblich bei flachen Meßstellen, wird dagegen bereits unmittelbar nach der Inbetriebnahme der Pumpe zu einem hohen Prozentsatz Grundwasser gefördert (Dehnert et al. 1996), da nur ein relativ kleiner Teil des Standwassers entfernt werden muß. Eine Nichtberücksichtigung dieser Situation hat nicht nur unnötig lange Abpumpzeiten zur Folge, sondern bedeutet auch eine Verfälschung tiefenorientierter Proben.

Es ist sinnvoll, den vollständigen Austausch des abgestandenen Wassers durch nachströmendes Grundwasser zu kontrollieren, damit weder zu kurz (verbleibendes Standwasser, insbesondere in Meßstellen mit größerem Durchmesser) noch zu lang abgepumpt wird (Gefahr des Heranziehens von Grundwasser aus benachbarten Horizonten, speziell bei Meßstellen mit kleinerem Durchmesser). In der Praxis wird der Zeitpunkt der Probennahme von der Quasi-Konstanz einiger Leitparameter der Grundwasserbeschaffenheit abhängig gemacht. Da sich die Temperatur und der pH-Wert als zu unsensibel erwiesen haben (Dehnert et al. 1996, LAWA 1996), sollte die elektrische Leitfähigkeit bevorzugt werden. Eine Meßwertkonstanz gilt als gegeben, wenn innerhalb von 15 min die Änderung der Leitfähigkeit max. 1% des Endwertes beträgt (DVWK 1996, LAWA 1996).

Im Prinzip sollte der Beginn der Probennahme differenziert für jede Meßstelle durchgeführt werden. Dafür gibt es unterschiedliche Methoden wie z.B. der sog. „Gütepumpversuch" (Probennahme nach 2, 4, 6 und 8 Rohrvolumina, Analyse ausgewählter Grundwasserinhaltsstoffe und deren Vergleich mit den vorstehend genannten kontinuierlich gemessenen Feldparametern) oder das sog. „Zweiprobenverfahren", das vom Vergleich der Konzentrationen ausgewählter Inhaltsstoffe in mindestens zwei Proben ausgeht (Barczewski et al. 1993, Landesanstalt für Umweltschutz Baden-Württemberg 1993).

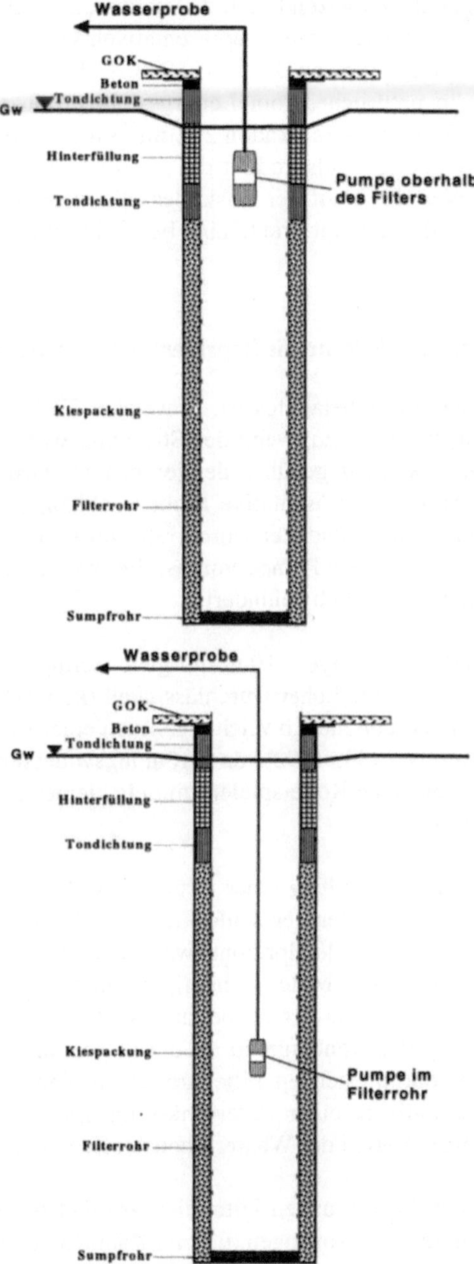

Abb. 8. Entnahmeöffnung einer Pumpe oberhalb (*oben*) und innerhalb (*unten*) des Filterrohres einer Grundwassermeßstelle

Neueste Untersuchungen haben gezeigt, daß die elektrische Leitfähigkeit auch vor dem Zeitpunkt für die Gewinnung einer repräsentativen Grundwasserprobe einen Plateauwert erreichen kann (Barczewski et al. 1993, Dehnert et al. 1996). Daher wird vorgeschlagen, die natürliche, vom Leitergestein produzierte Radonaktivitätskonzentration des Grundwassers (Radon 222 mit 3,8 d Halbwertszeit, entstanden aus Radium 226, einem Zerfallsprodukt des Uran 238) zu nutzen (Dehnert et al. 1996). Dieses Meßverfahren auf der Basis der Flüssigszintillationsspektrometrie ist allerdings aufwendig und nur praktikabel bei nicht durchgehend verfilterten Meßstellen.

3.4   Einfluß der Entnahmetiefe auf die Repräsentanz einer Grundwasserprobe

Die Vorstellung, daß es relativ belanglos ist, in welcher Tiefe eine Grundwasserprobe genommen wird, trifft nur zu, wenn der Strömungswiderstand im Meßstellenrohr vernachlässigbar klein gegenüber demjenigen im Grundwasserleiter ist. Nur in diesem Fall kann eine repräsentative Probe unabhängig vom Ort der Probennahme, der Art der Pumpe und der Förderrate gewonnen werden (Valentin 1987). Das setzt den Einsatz einer Pumpe voraus, die den Wasserfluß im verbleibenden Querschnitt nicht wesentlich behindert.

Bei Filterstrecken mit einer Länge > 10 m mit gleichzeitig geringem Durchmesser sowie bei Grundwasserleitern hoher Durchlässigkeit (kf > $5 \cdot 10^{-3}$ m/s) treten bei hoher Pumpleistung z.T. erhebliche Abweichungen von einer durchflußgemittelten Konzentration auf (Kaleris 1989, 1992), da Strömungswiderstände und Eintrittsverluste im Meßstellenrohr eine Rolle spielen; mittels kleiner Pumpraten läßt sich dieser Fehler minimieren.

Ist im Hinblick auf die Beurteilung einer Grundwasserbelastung bei einem geschichteten Porengrundwasserleiter der schlechter durchlässige Abschnitt stärker kontaminiert als der hochpermeable Horizont (was wegen höherer Sorptions- oder Residualkapazität von bindigem Material häufig vorkommt), sind große Fehler bezüglich der Schadstoffgehalte in der Probe zu erwarten. Ist z.B. der obere Teil des Grundwasserleiters stärker kontaminiert als der untere, führt die Probennahme im oberen Bereich der durchgehenden Filterstrecke zu einer Überschätzung der Konzentrationen, andernfalls zu einer Unterschätzung. Es wird somit nicht ohne weiteres eine Mischkonzentration der Wasserinhaltsstoffe in der Probe erhalten.

Aus den vorstehenden Ausführungen leitet sich ab, daß die Einhängetiefe der Pumpe und im übrigen auch die sonstigen, u.a. im Rahmen eines Gütepumpversuches ermittelten Bedingungen der Probennahme immer eingehalten werden müssen, um im Laufe des Untersuchungszeitraums in den Wasserproben festgestellte Schwankungen insbesondere von Schadstoffkonzentrationen eindeutig auf eine mögliche Änderung der In-situ-Gehalte im Grundwasser zurückführen zu können. Die Abweichungen nehmen mit dem Grad der Heterogenität zu, die größten Differenzen müssen bei starken Konzentrationsunterschieden der Grundwasserinhaltsstoffe in der Nähe von Schichten mit deutlich verschiedenen kf-Werten in Kauf genommen werden (Kaleris 1989, 1992).

3.5   Gewinnung der eigentlichen Grundwasserprobe

Erfahrungsgemäß wird viel zu wenig darauf geachtet, daß die Entnahme der eigentlichen Wasserprobe streng vom Entfernen des Standwassers getrennt werden muß. Nur wenn es gelingt, eine sehr kleine Teilmenge des durch das Filter in die Meßstelle einströmenden Grundwassers so an die Erdoberfläche als Ort der Probennahme zu transportieren, daß sich seine In-situ-Eigenschaften möglichst wenig ändern, liegt eine repräsentative Probe vor.

Jede Art von Saugpumpen und somit auch die bei Flurabständen bis ca. 9 m einsetzbare und wegen ihrer leichten Handhabung gern verwendete saugende Kreiselpumpe ist im Zusammenhang mit leichtflüchtigen Inhaltsstoffen kritisch zu sehen (DVGW 1988, DVWK 1992, Schreiber et al. 1986).

Die meistens verwendete Tauchmotorpumpe (andere Pumpensysteme wie Kolbenprober, Tiefsauger, Impulspumpe, Hubkolbenpumpe oder Tauchschwingkolbenpumpe werden in der Praxis relativ selten eingesetzt) muß für die Probennahme auf eine wesentlich geringere Leistung gedrosselt oder durch eine leistungsschwächere Pumpe ersetzt werden (Kritzner 1992, Landesanstalt für Umweltschutz Baden-Württemberg 1993, Schreiber et al. 1986), damit wegen des langsamen Strömens die Belüftung der Wasserprobe bzw. ein Ausgasen leichtflüchtiger Stoffe minimiert wird. Eine Pumprate von 0,1 l/min oder noch weniger wird als adäquat angesehen (Nielsen u. Yeates 1985), während für das routinemäßige Abpumpen von Meßstellen 1 l/s oder mehr üblich ist. Es kommen somit alle drückenden Kleinpumpen in Frage (Nielsen u. Yeates 1985, Schreiber et al. 1986).

Da das Grundwasser aus seiner natürlichen Umgebung entnommen wird, ändern sich die physikalischen Bedingungen. Unabhängig von der Entnahmetechnik wird das im Grundwasserleiter unter hydrostatischem Druck stehende Wasser bereits während der Förderung dem geringeren Luftdruck ausgesetzt. Bei Einsatz einer drückenden Tauchmotorpumpe bleiben die gasförmigen Inhaltsstoffe des Grundwassers weitgehend erhalten (DVWK 1992). Soll unter allen Umständen auf dem Weg von einer sehr großen Entnahmetiefe bis zum Ort der eigentlichen Probengewinnung eine Ausgasung flüchtiger Inhaltsstoffe vermieden werden, muß die Pumpe mit einem druckerhaltenden Probennahmegefäß gekoppelt werden.

Auch der Kontakt mit der Atmosphäre verstärkt die Tendenz der Ausgasung leichtflüchtiger Stoffe aus der Wasserprobe. Durch rasches Abfüllen und Kühlstellung der Probenbehälter (2-5 °C) kann man aber diesen Verlusten entgegenwirken. Sollte sich infolge einer nicht kompensierbaren Druckabnahme in der Probe im

Probennahmegefäß ein Gaspolster gebildet haben, muß dieses entweder analysiert oder durch Druckerhöhung wieder in Lösung gebracht werden.

Wegen der in engen Meßrohren gegebenen Abhängigkeit des Grundwasserzuflusses von verschiedenen Faktoren (s. Abschnitt 3.4) bestehen im Brunnen bzw. im Meßrohr unterschiedliche Mischungsweglängen, außerdem kann wegen des laminaren Fließens bei kleiner Pumprate und wegen des turbulenten Strömens bei hoher Pumprate ein völlig differenziertes Mischungsverhalten der Inhaltsstoffe der Grundwasserprobe auftreten. Da somit bei der Probengewinnung mit beträchtlichen Konzentrationsschwankungen zu rechnen ist, sollte ein Volumen von mindestens 2 l entnommen werden (Barczewski u. Marschall 1990).

3.6   Geohydraulischer Informationsgehalt einer gepumpten Grundwasserprobe

Bei der Interpretation von Meßwerten der Grundwasserbeschaffenheit muß man sich Rechenschaft darüber geben, welchem Teilbereich eines Grundwasserleiters man eine Wasserprobe zuzuordnen hat. Obwohl offensichtlich ist, daß das Einzugsgebiet einer nur sporadisch im Zusammenhang mit der Probennahme abgepumpten Meßstelle relativ gering dimensioniert ist, wird die Reichweite des zugeordneten Absenktrichters i. allg. immer noch überschätzt.

Eine überschlägliche Berechnung mittels der sog. Zylinderformel macht deutlich, daß z.B. bei einer üblichen Pumpleistung von 1-1,5 l/s ohne Berücksichtigung des Austauschs des Standwassers und des oberstromigen Zufließens von Grundwasser bei einstündigem Pumpen der Absenkradius eine Größenordnung von 1 m hat (wenn eine Wassersäule von 10 m sowie ein nutzbarer Hohlraumanteil von 20% angenommen werden). In einem heterogenen und anisotropen Aquifer ist der Trichter stark asymmetrisch, da die Absenkung im Bereich höherer kf-Werte weiter ausgreift als in den weniger durchlässigen Horizonten. Da die Meßstelle eine Kiespackung im Ringraum mit hoher Durchlässigkeit aufweist, wird in der Praxis ein vertikal gestreckter Entnahmebereich begünstigt, das Wasser fließt daher fast nur aus der unmittelbaren Nähe des Filters zu. Die auf eine Grundwassermeßstelle bezogenen Daten können somit letztlich nur als „Punktinformationen" angesehen werden, die durch Wiederholung der Messung bestenfalls „Linieninformationen" über den inzwischen fortbewegten Grundwasserstrom liefern.

Will man im Zusammenhang mit der Erkundung einer Grundwasserkontamination auf einem Meßprofil nicht unrealistisch viele Meßstellen in engem Abstand einrichten, müßte wegen der vorstehenden Aussage praxisfremd tagelang und/oder mit sehr hoher Entnahmeleistung abgepumpt werden, um z.B. eine Schadstoffahne zu detektieren, die ansonsten ggf. an einer Meßstelle unentdeckt vorbeiströmen würde. Um die Gefahr einer Zerstörung der Meßstelle zu vermeiden, ist allerdings auch bei einem ergiebigen Grundwasserleiter die Pumpleistung begrenzt.

Zusammenfassung

Das Grundwasser ist ein Gut, das vor allem präventiv zu schützen ist, im Falle einer Kontamination müssen die Schadstoffgehalte so weit wie möglich minimiert werden. Die Effizienz von Überwachungs-, Erkundungs- und Kontrollmaßnahmen und entsprechender Bewertungen beruht ganz wesentlich auf Strategien und Techniken, die repräsentative Grundwasserproben zum Ergebnis haben. Repräsentanz bedeutet in diesem Zusammenhang, daß sich in den resultierenden Meßwerten das In-situ-Verteilungsmuster und die Konzentrationen der Grundwasserinhaltsstoffe möglichst widerspiegeln sollten.

Leider ist das häufig nicht der Fall, da bei der Grundwasserprobennahme i.allg. nicht oder nicht ausreichend die Einflüsse auf die Meßwerte berücksichtigt werden, die sich aus dem Meßstellenausbau und den geohydraulischen Verhältnissen ergeben. Der Verfasser macht auf diese Defizite und damit verbundene Konsequenzen aufmerksam und aus hydrogeologischer Sicht bezieht Stellung zu einigen Kernfragen der Grundwasserbeprobung.

Literatur

Barczewski, B., Marschall, P. (1989) The influence of sampling methods on the results of groundwater quality measurements. IAHR Proceedings **3**, 33-39, Rotterdam (Jackema).

Barczewski, B., Marschall, P. (1990) Untersuchungen zur Probenahme aus Grundwassermeßstellen. Wasserwirtschaft **80**, 506-513, Stuttgart.

Barczewski, B., Grimm-Strele, J., Bisch, G. (1993) Überprüfung der Eignung von Grundwasserbeschaffenheitsmeßstellen. Wasserwirtschaft **83**, 72-78, Stuttgart.

Dehnert, J., Nestler, W., FReyer, K., Treutler, H. C., Neitzel, P. Walther, W. (1996) Bestimmung der notwendigen Abpumpzeiten von Grundwasserbeobachtungsrohren mit Hilfe der natürlichen Radonaktivitätskonzentration. Unterlagen zur DGG-Tagung „Grundwasser und Rohstoffe", 13.-17.5.1996, Freiberg/Sachsen, Freiberg.

DVGW (1988) DVGW-Merkblatt W **121** (Oktober 1988): Bau und Betrieb von Grundwasserbeschaffenheitsmeßstellen, Eschborn.

DVWK (1992) DVWK-Regeln zur Wasserwirtschaft, **128/1992** (November 1992): Entnahme und Untersuchungsumfang von Grundwasserproben, Hamburg.

DVWK (1996) DVWK-Regeln zur Wasserwirtschaft: Tiefenorientierte Probenahme aus Grundwassermeßstellen (E Januar 1996), Stuttgart.

Kaleris, V. (1989) Inflow into monitoring wells with long screens. IAHR Proceedings **3**, 41-50, Rotterdam (Jackema).

Kaleris, V. (1992) Strömungen zu Grundwassermeßstellen mit langen Filterstrecken bei der Gewinnung durchflußgewichteter Mischproben. Wasserwirtschaft **82**, 5-11, Stuttgart.

Knie, J., Leuchs, W., Fehlau, K.-P., Hoffman Friege, H., Berk van, W., Niessner, M., Bachhausen, P., Baiersdorf, U., Pagel, I.,, M., Randschus, M., Hein, D. (1989) Leitfaden zur Grundwasseruntersuchung bei Altablagerungen und Altstandorten. LWA-Materialien, **7/89**, Düsseldorf.

Kreisel, W. (1995) Probenahme, Stiefkind der Analytik? – Qualitätssicherungsmaßnahmen bei der Probenahme. Umweltplanung, Arbeits- und Umweltschutz **185** 53-61, Wiesbaden.

Kritzner, W. (1992) Verfahren und Techniken zur Entnahme repräsentativer teufenorientierter Grundwasserproben. Wasserwirtschaft **82**, 13-17, Stuttgart.

Landesanstalt für Umweltschutz Baden-Württemberg (1993) Grundwasserüberwachungsprogramm: Beprobung von Grundwasser – Literaturstudie, Karlsruhe.

LAWA (1993) Grundwasser-Richtlinien für Beobachtung und Auswertung, Teil 3 – Grundwasserbeschaffenheit, Essen (Woeste Druck + Verlag).

LAWA (1995) Grundwasser-Richtlinien für Beobachtung und Auswertung, Teil 4 – Quellen, Stuttgart (LAWA-Selbstverlag).

LAWA (1996) AQS-Merkblatt P-8/2 (Mai 1995): Probenahme von Grundwasser, Berlin (E. Schmidt).

Lerner, D. N., Teutsch, G. (1995) Recommendations for level-determined sampling in wells. J. Hydrol. **171**, 355-377, Amsterdam.

Leuchs, W., Obermann, P. (1991) Grundsätzliche Überlegungen zur Probenahme von Grundwasser insbesondere bei tiefenspezifischer Probenahme. LWA-Materialien **1/91**, 47-73, Düsseldorf.

Nielsen, D.M., Yeates, G.L. (1985) A comparison of sampling mechanisms available for small-diameter ground water monitoring wells. Ground Water Monitoring Review **5**, 83-99, Dublin/Ohio.

Nilsson, B., Jakobson, R., Andersen, L. J. (1995) Development and testing of active groundwater samplers. J. Hydrol. 171, 223-238, Amsterdam.

Schreiber G., Müller, G., Herrmann, L. (1986) Zur Entnahme repräsentativer Proben aus dem Grundwasser. Wasserwirtschaft-Wassertechnik **36**, 189-191, Berlin.

Teutsch, G., Ptak, T. (1989) The In-Line-Packer-System: A modular multi-level sampler for collecting undisturbed groundwater samples. IAHR Proceedings **3**, 455-456, Rotterdam (Jackema).

Toussaint, B. (1989) Anforderungen an den Bau von Grundwassermeßstellen aus hydrogeologischer Sicht. Oberrhein. geol. Abh. **35**, 111-128, Stuttgart.

Toussaint, B. (1991a) Einfluß der Probenahmetechnik auf die Ergebnisse qualitativer Grundwasseruntersuchungen unter besonderer Berücksichtigung von Grundwasserschadensfällen durch leichtflüchtige halogenorganische Verbindungen. Umweltplanung, Arbeits- und Umweltschutz **121**, 158-180, Wiesbaden.

Toussaint, B. (1991b) Probleme mit der Grundwasserbeprobung von Meßstellen. Dtsch. gewässerkdl. Mitt. **35**, 189-190, Koblenz.

Toussaint, B. (1995) Technik der Grundwasserbeprobung aus Sicht eines Hydrogeologen. Umweltplanung, Arbeits- und Umweltschutz **185**, 38-52, Wiesbaden.

Valentin, F. (1987) Strömung in Vertikalbrunnen. gwf-Wasser/Abwasser **128**, 275-280, München.

Mobile Grundwasseranalytik

Bernd Dremel

Ein weltweiter Trend in der Umweltanalytik ist der zunehmende Bedarf an Vor-Ort-Messungen. Während klassische laborgestützte analytische Methoden quantitative standardisierte Techniken verwenden, erlaubt die mobile Analytik kostengünstige schnelle halbquantitative/quantitative Messungen vor Ort.

Seit mehreren Jahrzehnten bekannt und inzwischen weit verbreitet sind einfache Testsätze oder Teststäbchen für die mobile Vor-Ort-Analytik, z.B. für die Bestimmung von pH, Nitrit, Nitrat oder Schwermetallen.

Abbildung 1 zeigt die Stellung der mobilen Vor-Ort-Analytik im Kontext mit anderen Analysenverfahren:

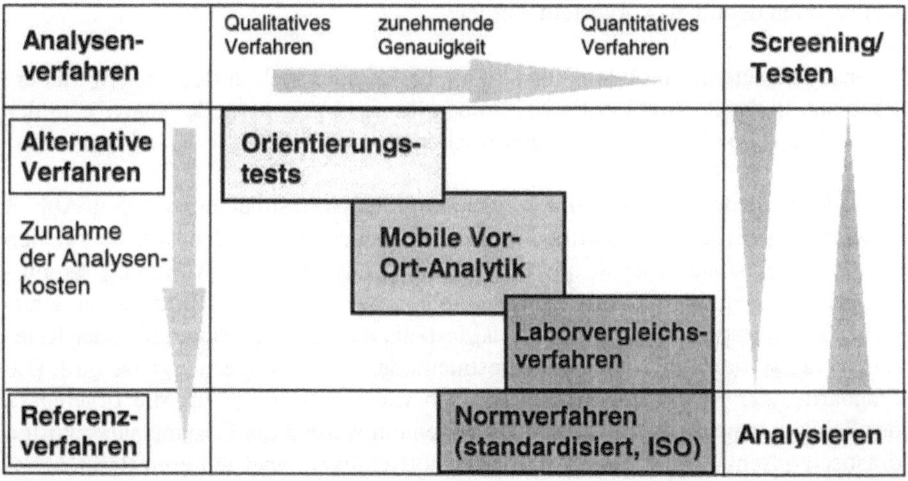

Analysenverfahren	Qualitatives Verfahren	zunehmende Genauigkeit	Quantitatives Verfahren	Screening/ Testen
Alternative Verfahren Zunahme der Analysenkosten	Orientierungstests	Mobile Vor-Ort-Analytik	Laborvergleichsverfahren	
Referenzverfahren		Normverfahren (standardisiert, ISO)		Analysieren

Abb. 1. Einteilung der Analysenverfahren

Ausgehend von den Orientierungstests (links oben) über die Methoden der mobilen Vor-Ort-Analytik (Bildmitte) bis hin zu den Laborvergleichsverfahren und standardisierten Normverfahren (Referenzverfahren) (links unten) beobachtet man eine Zunahme der Analysenkosten (von oben nach unten) und eine Zunahme der Genauigkeit (von links nach rechts aufgetragen), d.h. einen Übergang von qualitativen zu quantitativen Verfahren. Bei qualitativen Verfahren spricht man vom Screening oder Testen, während mit dem Analysieren allgemein quantitative Verfahren gemeint sind.

Zu den *Orientierungstests* gehören organoleptische Prüfungen (Geruch, Geschmack, Aussehen etc.). Vielseitig verwendet werden Indikatorstreifen und -lösungen (z.B. pH), die in verschiedenen Konzentrationsbereichen zur Verfügung stehen. Merck ist auf diesem analytischen Gebiet seit mehr als 25 Jahren erfolgreich tätig und kann auf ein breites Programm für die unterschiedlichsten Parameter zurückgreifen. Mit den Merckoquant-Tests können anorganische und einfache organische Substanzen im mg/l-Meßbereich gemessen werden, während die Tests Aquamerck, Aquaquant oder Microquant Bestimmungen sogar im µg/l-Meßbereich erlauben.

Für die mobile *Vor-Ort-Analytik* bietet Merck Teststäbchen mit eingebauter Referenz (chemische Mikrochips) für den mg/l-Meßbereich (Reflectoquant-System) und mobile Photometer (Spectroquant-Systeme) für den µg/l-Meßbereich mit einer breiten Testpalette für die unterschiedlichsten quantitativen analytischen Fragestellungen an.

Neu hinzugekommen sind die immunologischen Vor-Ort-Schnelltests D TECH® für den Nachweis organischer Umweltkontaminanten im Spurenbereich (µg/l), die weiter unten detailliert vorgestellt werden.

Einsatzgebiete der mobilen Vor-Ort-Analytik finden sich in der Grenzwertüberwachung, in der Auswahl kritischer Proben für die konventionelle Analytik, in der Prozeßkontrolle und in der Eigenüberwachung.

Die Vorteile der Grenzwertüberwachung mit Schnelltestmethoden sind in Abb. 2 gezeigt: Mögliche Grenzwertüberschreitungen werden mit der konventionellen Methode, sei es aus Kosten- oder Zeitgründen, u.U. nicht erfaßt. Erst die Kombination aus Referenz- und Schnelltestmethode gibt ein genaueres Bild der tatsächlichen Konzentration wieder. Wichtig ist festzuhalten, daß die Standard- oder Referenzmethode nicht durch die Schnelltestmethode ersetzt, sondern ergänzt wird. Die Standard- oder Referenzanalytik wird nach wie vor benötigt, um die Ergebnisse der Schnelltestmethode zu bestätigen. Allgemein werden die Gesamtanalysekosten drastisch gesenkt, da sich die Anzahl der notwendigen, aber teureren Referenzbestimmungen verringert.

In vielen Fällen haben die Methoden der mobilen Vor-Ort-Analytik bereits eine Genauigkeit erlangt, die bereits an die der Laborvergleichsmethoden heranreicht (Glessner 1995, Waters et al. 1995), wie die nachstehenden Beispiele für Nitrit und Nitrat (Abb. 3 und 4) zeigen. Die anorganischen Ionen werden üblicherweise mit klassisch-chemischen Reaktionen nachgewiesen.

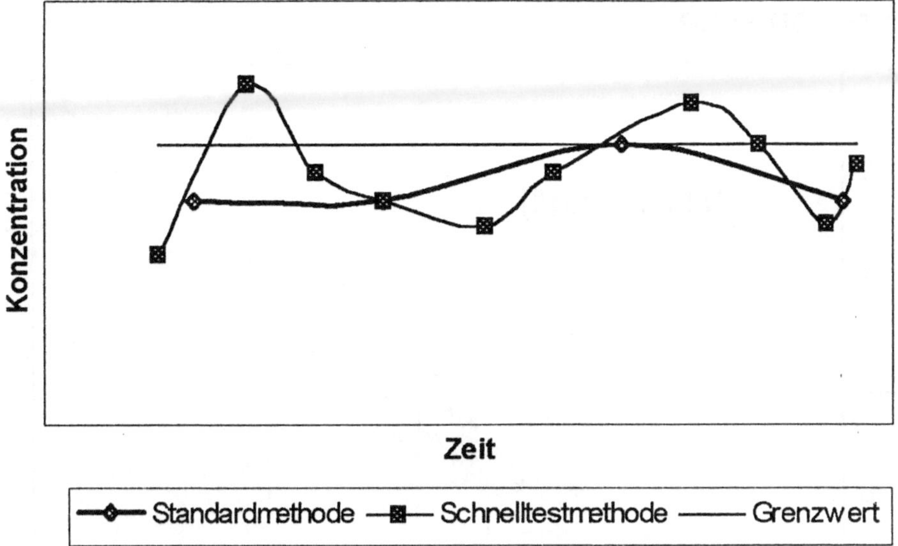

Abb. 2. Grenzwertüberwachung

Der Nachweis organischer Umweltkontaminanten im Spurenbereich in Gegenwart anderer organischer Verbindungen ist jedoch mit klassisch-chemischen Methoden ohne aufwendige chromatographische Auftrennung der Einzelsubstanzen i.allg. nicht möglich.

Die Natur ist vor das gleiche Problem gestellt: In Körperflüssigkeiten müssen organische Verbindungen hochspezifisch in Gegenwart von Millionen anderer organischer Verbindungen im Spurenbereich erkannt werden.

Im Laufe der Evolution wurden Antikörper, die Bestandteil des Immunsystems höherer Organismen sind, zu diesem Zweck herausselektiert. Antikörper sind hochspezifische Eiweißmoleküle, die nach dem Schlüssel-Schloß-Prinzip nur den passenden Analyten erkennen. Die Antikörper werden in der medizinischen Diagnostik zum Nachweis von Infektionskrankheiten, wie z.B. Aids oder Hepatitis, zum therapeutischen Medikamenten Monitoring, aber auch zum Nachweis von Hormonen (z.B. Steroide, Thyroide) oder Drogen (z.B. Kokain) seit vielen Jahren verwendet.

Das gleiche Detektionsprinzip steht nun zum Nachweis organischer Umweltkontaminanten im Spurenbereich zur Verfügung. Für die mobile Vor-Ort-Analytik hat Merck die D TECH®-Schnelltests entwickelt, die den Nachweis organischer Umweltkontaminaten im Spurenbereich in Wasser, Boden oder Abfallproben erlauben.

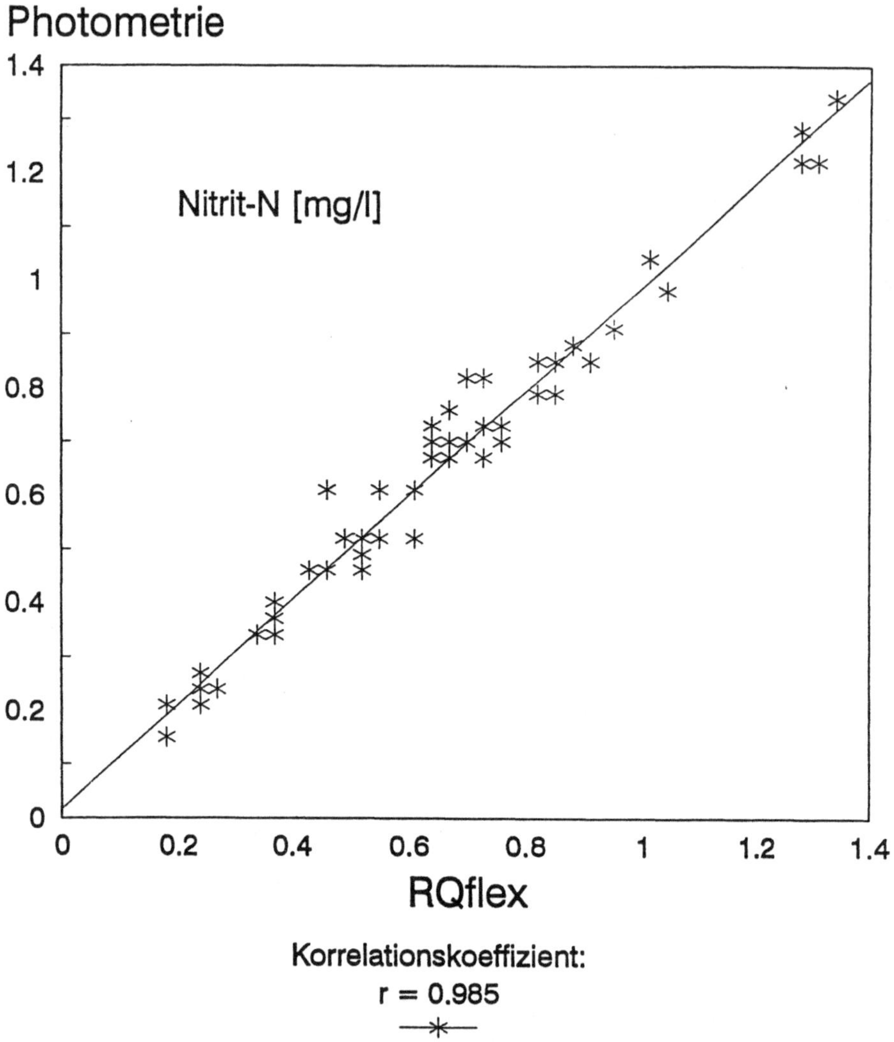

Abb. 3. Praxistest RQflex. Vergleichsuntersuchung Photometrie/RQflex, Parameter: Nitrit, Proben: Zulauf/Ablauf Kläranlage (Bearbeiter: externe Untersuchung)

Die Schnelltests zeigen gute Übereinstimmung mit Referenzmethoden. Negative Proben können mit mindestens 99%iger Sicherheit erkannt werden. Die D TECH®-Schnelltests für Benzol, Toluol, Ethylbenzol, Xylol (BTEX), polyaromatische Kohlenwasserstoffe (PAK), polychlorierte Biphenyle (PCB) sowie die Explosivstofftests TNT und RDX sind bereits von der Environmental Protection Agency (EPA), das ist die amerikanische Umweltbehörde, überprüft und anerkannt.

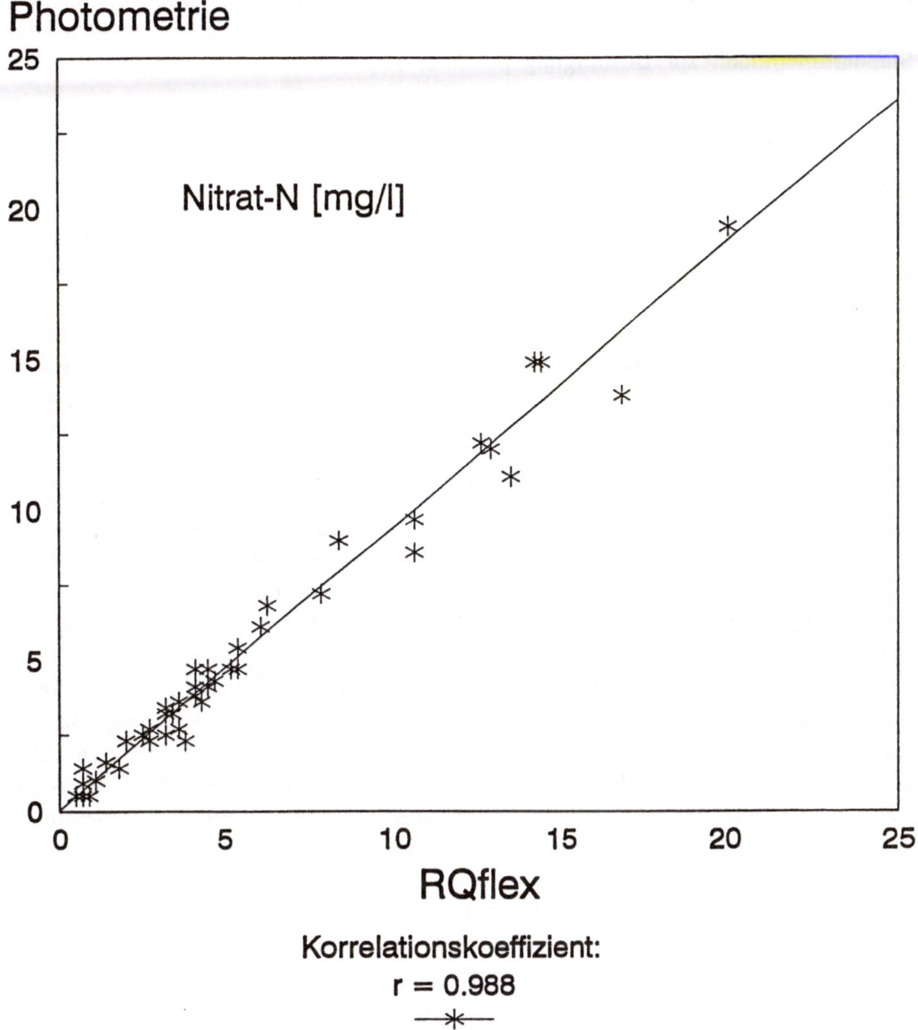

Abb. 4. Praxistest RQflex. Vergleichsuntersuchung Photometrie/RQflex, Parameter: Nitrat, Proben: Zulauf/Ablauf Kläranlage (Bearbeiter: externe Untersuchung)

Sie werden von der EPA offiziell für die Vor-Ort-Analytik empfohlen. Weitere D TECH®-Schnelltests für Mineralölkohlenwasserstoffe (MKW), Pentachlorophenol (PCP) und Tri-/Perchlorethylen (TCE/PCE) stehen in Kürze zur Verfügung.

Die Schnelltests haben sich auch als ein geeignetes und kostengünstiges Mittel zur Steuerung von Vor-Ort-Maßnahmen bei Grundwasseruntersuchung und Sanierung bewährt.

Die Schnelltests dienen vor Ort dem Screening, der Gefahrenabschätzung, der Grenzwertüberwachung und der Probenauswahl für die Laboranalyse, während die Standardmethoden zur Bestätigung positiver Ergebnisse und zur Einzelparameteranalyse benötigt werden.

Testprinzip und Testdurchführung

Die D TECH®-Schnelltests basieren auf dem Prinzip des kompetitiven ELISA (enzyme-linked immunosorbent assay).

In den D TECH®-Tests sind analytspezifische Antikörper an Latexpartikeln als Festphase gebunden. Zusammen mit einem Enzymkonjugat (alkalische Phosphatase an den Analyten gekoppelt) werden die Latexpartikel in kleinen Testgläsern gefriergetrocknet.

Während der Analyse wird der Analyt zunächst mit einem organischen Lösungsmittel aus der Bodenprobe extrahiert. Der Extrakt wird zweimal mit einem wäßrigen Puffer verdünnt, dann zu dem Inhalt des Testglases gegeben und 2-5 min (je nach Test) stehen gelassen. In dieser Zeit konkurrieren der Analyt und das Enzymkonjugat um die Bindungsstellen der Antikörper. Da die im Puffer suspendierten Latexpartikel sehr klein sind, steht eine sehr große Reaktionsfläche zur Verfügung. Die Reaktion ist nach 2-5 min praktisch vollständig abgeschlossen, und der Inhalt des Testglases wird in einen Filtertopf gegossen. Die Siebgröße der Filtrationsmembran ist so gewählt, daß die Latexpartikel sie nicht passieren können. Alle Komponenten, die nicht mit den Antikörpern reagiert haben und so an die Latexpartikel gebunden sind, werden durch die weiße Filtrationsmembran gewaschen.

Nun gibt man das Farbreagenz (Chromogen) hinzu. Innerhalb von 10 min setzt die alkalische Phosphatase das Chromogen zu einem blauen Farbstoff um. Die Konzentration des Analyten wird dann semiquantitativ durch Vergleich der gebildeten Farbe mit einer Farbkarte oder genauer mit dem DTECHTOR, einem Taschenreflektometer, bestimmt. Die Farbintensität ist umgekehrt proportional zur Analytkonzentration in der Probe. Das heißt, je höher die Analytkonzentration, um so heller ist die Farbe. Eine Referenz, die parallel zu jeder Probe mitgeführt wird, sorgt für eine hohe Nachweissicherheit und gleicht Einflüsse durch Temperatur und Handhabung aus.

Alle zur Testdurchführung benötigten Materialien sind in den Testpackungen enthalten. Die Reagenzien sind gebrauchsfertig. Ergebnisse liegen nach ca. 15 min vor Ort vor. Man muß also nicht mehr auf Laborergebnisse warten. Die Nachweisgrenzen liegen im ppb- und ppm-Bereich, also bei Konzentrationen, die für Vor-Ort-Entscheidungen benötigt werden.

Validierung

Wichtig für den Einsatz der Schnelltests ist die erwiesene Zuverlässigkeit. Deshalb wurden und werden zusätzlich zu den US- und US-EPA-Feldstudien (State of California Certification, No. 95-01-009, No. 95-01-013; US Certification Summary 1995/96) weitere Studien auf nationaler Ebene zur Validierung der Schnelltests als zuverlässiges kostensenkendes Instrument durchgeführt (Bongartz u. Gail-Eller 1995; Wollin, in Vorbereitung).

Mögliche Matrixeinflüsse wurden für alle D TECH® Schnelltests an mindestens 30 Oberflächen- und Grundwasserproben in Dreifachbestimmung (vom Pazifik bis zum Tafelwasser) bestimmt. Es wurden *keine falsch positiven Ergebnisse* unbelasteter Proben gefunden.

Zusätzlich wurden die Proben mit den entsprechenden Analyten gespikt (bei niedrigen, mittleren und hohen Konzentrationen im Nachweisbereich der Tests) und analysiert. Es wurden *keine falsch negativen Ergebnisse* belasteter Proben gefunden. Die kontaminierten Proben zeigten eine gute Korrelation mit Referenzmethoden (HPLC/GC). Die technischen Details sind Tabelle 1 zusammengefaßt:

Tabelle 1. D TECH® Schnelltests – technische Details

Parameter	Meßbereich im Wasser	Zuverlässigkeit	Variations-koeffizient
BTEX	0,6 - 10 mg/l	falsch negative Resultate < 1% falsch positive Resultate < 8%	± 10 %
PAK	8 - 250 µg/l	falsch negative Resultate < 1% falsch positive Resultate < 8%	± 12 %
PCB	-	keine Wasserapplikation erstellt	-
TNT	5 - 45 µg/l	falsch negative Resultate < 1% falsch positive Resultate < 4%	± 7 %
RDX	5 - 45 µg/l	falsch negative Resultate < 1% falsch positive Resultate < 4%	± 7 %

MKW-Applikationen für Treibstoffe (Benzin, Diesel, Kerosin und Heizöl) werden z.Z. erstellt.

Einsatzgebiete der D TECH®-Schnelltests

Immunologische Schnelltestverfahren sind ideal geeignet für die schnelle, zuverlässige und kostengünstige Erkundung von Verdachtsflächen, Identifizierung von

Hot-Spots, Steuerung von Sanierungsarbeiten, Risikoabschätzung, Vorselektion von Proben für die Standardanalytik oder auch zur Grenzwertüberwachung z.B. bei Deponien und Entsorgern.

Die Standardanalytik wird ergänzend zur Bestätigung positiver Proben und zur Einzelparameteranalyse benötigt.

Literatur

Bongartz, A. Gail-Eller, R. (1995) Validierung und Felderprobung eines TNT-Schnelltests anhand von Altlastenuntersuchungen auf dem Gelände einer ehemaligen Munitionsanstalt, UTA4/95, 364-373

Glessner, L. (1995) Reflectometry shows its colors as wastewater treatment screening tool, Environmental Solutions **8**, 24-25

State of California Certification (CAL-EPA) PCB Certification No. 95-01-009, Register 95, Vol 4-Z, 174-177

State of California Certification (CAL-EPA) BTEX Certification No. 95-01-013, Register 95, Vol 26-Z, 1023-1026

US Certification Summary; SW-846: The Current Status; Berry Lesnik and Ollie Fordham; Environmental Lab, Dec./Jan. (1995/1996), 22-24

Waters L.C., Counts R. W., Palausky A., Jenkins R. A. (1995) On-Site Analysis, American Environmental Laboratory **7**, 19-20

Wollin, K.-M. (in Vorbereitung) Schnelle Vor-Ort-Analytik mittels TNT-Immunoassay im Rahmen der orientierenden Untersuchung einer ehemaligen Munitionsanstalt in Nienburg, NLÖ Hildesheim

Messung anthropogener Spurenstoffe zum besseren Verständnis der Grundwasserfließdynamik und Grundwassergefährdung

Stefan Drenkard, Peter Schlosser

1 Einleitung

Zunehmende Industrialisierung führt zusammen mit dem raschen Bevölkerungswachstum zur Übernutzung der Trinkwasserreserven. Dieses Problem wird häufig durch zusätzliche Schadstoffeinträge in das Wasser verschärft. Sorgfältiges Management der Wasserressourcen wird immer dringender. Besonders in dichtbevölkerten oder hochindustrialisierten Gebieten ist die Versorgung mit sauberem Trinkwasser problematisch. Lokale Verunreinigungen können durch Unfälle oder geringe, aber lang andauernde Schadstoffeinträge (z.B. durch Sickerwässer von Deponien oder industriellen Altlasten) verursacht werden. Als Folge muß das von benachbarten Brunnen geförderte Wasser vor der Verteilung häufig intensiver vorbehandelt werden. Selbst in ländlichen Gegenden kann das Grundwasser durch Landwirtschaft oder unsachgemäße Müllablagerungen belastet sein.

Die Einschätzung der Grundwasserqualität und die Planung von Sanierungsmaßnahmen erfordern die detaillierte Kenntnis der Fließdynamik des Aquifers (Grundwasserfließpfade, Fließgeschwindigkeiten, mittlere Erneuerungszeiten und Mischung von Grundwässern mit unterschiedlicher Vorgeschichte). Üblicherweise basieren Grundwasserstudien auf Messungen von Pegelständen, Leitfähigkeiten sowie Pump- und Injektionstests, oftmals in Kombination mit Modellannahmen. Die Resultate dieser Studien beschreiben die tatsächliche Situation jedoch häufig nur unvollständig. Gründe hierfür liegen u.a. in Fehlern in der Bestimmung der Modellparameter.

Seit ca. 10 Jahren werden natürliche und anthropogene Spurenstoffe als zusätzliches Hilfsmittel zur Untersuchung von Grundwasserfließsystemen genutzt. Von besonderem Interesse sind hierbei solche Spurenstoffe, die – analog zu Farbstoffen – mit bekannter Rate und auf natürliche Weise durch Auswaschung aus der Atmosphäre ins Grundwasser gelangen. Zeitlich variable atmosphärische Spurenstoffgehalte oder bekannte radioaktive Zerfallsraten ermöglichen es, aus der gemessenen Konzentration des Spurenstoffs in einer Grundwasserprobe die Zeit zu bestimmen, die seit Abschluß des Grundwassers mit dem Luftaustausch am Grundwasserspiegel verstrichen ist. Die gemessenen Spurenstoffverteilungen dienen somit als Zeitmarker.

2   Die Spurenstoffmethode

2.1   Die Grundprinzipien

Spurenstoffe lassen sich auf dreierlei Art zur Ermittlung der Grundwasserfließdynamik nutzen:

1. Anwendung analog zu Farbstoffen: In dieser Anwendung wird das Eindringen von Spurenstoffen, die mit bekannter Rate dem Grundwasser zugeführt werden, in tiefere Schichten des Aquifers beobachtet. Die für diesen Zweck am häufigsten genutzten Spurenstoffe sind das radioaktive Wasserstoffisotop Tritium (^{3}H), die FCKW F 11 (CCl_3F), F 12 (CCl_2F_2) und F 13 ($CCl_2F\text{-}CClF_2$) oder das radioaktive Kryptonisotop ^{85}Kr. Die bekannte zeitabhängige atmosphärische Konzentration dieser Tracer (s. Abb. 1) zusammen mit der Kenntnis eventueller Senken, wie z.B. Abbauraten oder radioaktiver Zerfall, erlauben die Ableitung von Zeitinformationen.

2. „Radioaktive Uhren": Radioaktive Isotope erlauben die Bestimmung des Grundwasseralters auf zwei verschiedenen Wegen:

(a) Bestimmung des Gehaltes sowohl der radioaktiven Muttersubstanz als auch des Zerfallsprodukts (z.B. Tritium und ^{3}He). Aus dem Verhältnis der beiden Konzentrationen läßt sich die Zeit bestimmen, die seit der Isolierung des Wassers von der Atmosphäre bzw. der Bodenluft verstrichen ist.

b) Bestimmung der Aktivität eines radioaktiven Isotops, dessen anfängliche Aktivität am Grundwasserspiegel bekannt ist (z.B. Radiokohlenstoff ^{14}C oder ^{39}Ar). In diesem Fall kann aus der Differenz zwischen der anfänglichen und der gemessenen aktuellen Aktivität mit Hilfe der Zerfallskonstante die Fließzeit des Grundwassers vom Grundwasserspiegel zur Probenahmestelle bestimmt werden.

3. Spezielle Spurenstoffquellen: Konzentrationsmessungen einiger weiterer Spurenstoffe mit speziellen zeitabhängigen oder zeitlich konstanten Eintragsfunktionen können ebenfalls zur Bestimmung des Grundwasserflusses genutzt werden. Beispiele sind ^{40}Ar oder ^{4}He, wobei ^{4}He von der Erdkruste (oder auch dem Mantel) freigesetzt wird. Jedoch auch absichtlich oder fahrlässig freigesetzte Spurenstoffe (bevorzugt stabiler Natur) können unter bestimmten Umständen nützliche Informationen zur Fließdynamik von Grundwässern liefern.

2.2 Zeitskalen

Anthropogene Spurenstoffe wurden überwiegend in den letzten Jahrzehnten freigesetzt. Daher sind sie besonders nützlich für Studien junger Grundwässer. Tritium gelangte z.B. überwiegend während der oberirdischen Kernwaffentests zu Beginn der 60er Jahre in die Atmosphäre. Die FCKW-Produktion begann in den 30er und 40er Jahren. ^{85}Kr gelangte seit Ende der 50er Jahre in die Atmosphäre, hauptsächlich aus nuklearen Wiederaufarbeitungsanlagen. Alle genannten Spurenstoffe eignen sich daher zur Untersuchung von Grundwässern, die in den letzten 40-50 Jahren versickerten. Die Zeitauflösung nimmt dabei mit zunehmendem Alter ab. Der Schwerpunkt dieses Beitrags liegt auf der Anwendung von Spurenstoffen, die auf relativ kurzen Zeitskalen eingesetzt werden.

Für ältere Grundwässer werden meist natürliche Isotope benutzt, typischerweise Radiokohlenstoff mit einer Halbwertszeit von 5730 Jahren. Daraus ergeben sich Zeitinformationen für die letzten 30 000-40 000 Jahre mit einer Auflösung von ca. (1000 bis) 2000 Jahren. ^{39}Ar mit einer Halbwertszeit von 269 Jahren deckt den Zeitbereich zwischen den anthropogenen Spurenstoffen und ^{14}C ab (einige hundert Jahre). Die höchsten Alter werden durch die Spurenstoffe ^{4}He and ^{40}Ar erfaßt. Details der Spurenstoffe mit langen Zeitskalen werden in diesem Beitrag nicht behandelt.

3 Ableitung der Altersinformation

3.1 Tritium/^{3}He

Tritium (^{3}H), in Kombination mit seinem radioaktiven Zerfallsprodukt ^{3}He (einem Edelgas), ist vermutlich der nützlichste Spurenstoff zum Studium flacher Grundwässer. Tritium ist Teil des Wassermoleküls und somit ein idealer Marker der Wasserbewegung. Der Tritiumeintrag in die Stratosphäre und Troposphäre ist relativ gut bekannt. Die Tritiumkonzentration im Niederschlag als Funktion der Zeit kann mit Hilfe von Modellen rekonstruiert werden (basierend auf einem Netz von Tritiummeßstationen der IAEA – International Atomic Energy Agency) und der WMO – World Meteorological Organisation). Falls Tritium alleine als Spurenstoff verwendet wird, ist eine relativ dichte Probennahme erforderlich, um den Bombentritiumpeak von 1963 im Grundwasser mit genügender Auflösung zu identifizieren (Abb. 1). In solchen Fällen liefert der Peak, wie z.B. bei einer Untersuchung in Bocholt/ Westfalen (Abb. 2), einen absoluten Zeitmarker für Grundwässer, die in den frühen 60er Jahren versickerten.

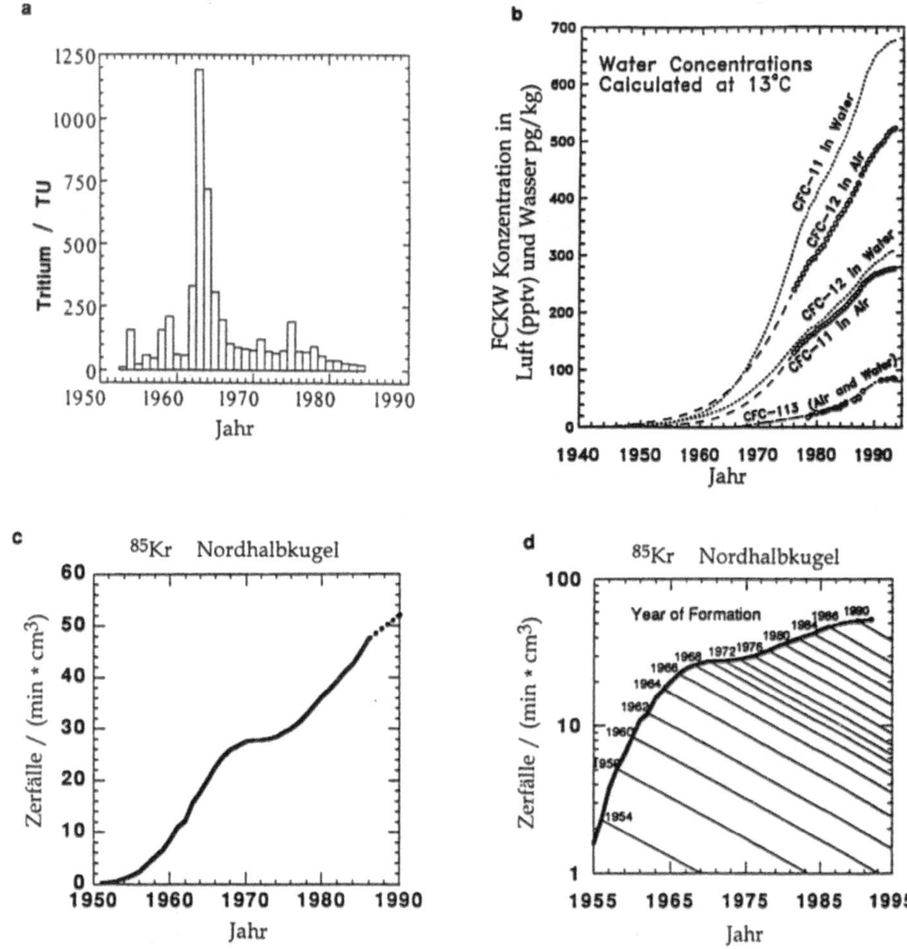

Abb. 1a. Mittlere Tritiumkonzentration im Niederschlag als Funktion der Zeit abgeleitet für Bocholt (Nordrhein-Westfalen; aus Schlosser et al. 1989), **b** Konzentration der FCKW F 11, F 12 und F 113 in Luft und Wasser (im Lösungsgleichgewicht bei 13 °C). Die *gestrichelten Kurven* wurden aus FCKW-Produktionsdaten abgeleitet, die *offenen Symbole* sind Messungen an mehreren Orten in USA, die denen in Europa vergleichbar sind (aus Szabo et al. 1996), **c** spezifische ⁸⁵Krypton-Aktivität (Verhältnis von ⁸⁵Kr zu stabilem Krypton in Zerfällen pro Minute und cm³ Krypton) in der Troposphäre der Nordhalbkugel (40-55 °N) als Funktion der Zeit (aus Ekwurzel et al. 1994), **d** gleiche Kurve wie in **c**, jedoch in semilogarithmischer Darstellung. Die *diagonalen Linien* repräsentieren den radioaktiven Zerfall, nachdem das Grundwasser von der Atmosphäre abgeschlossen ist (nach Smethie et al. 1992)

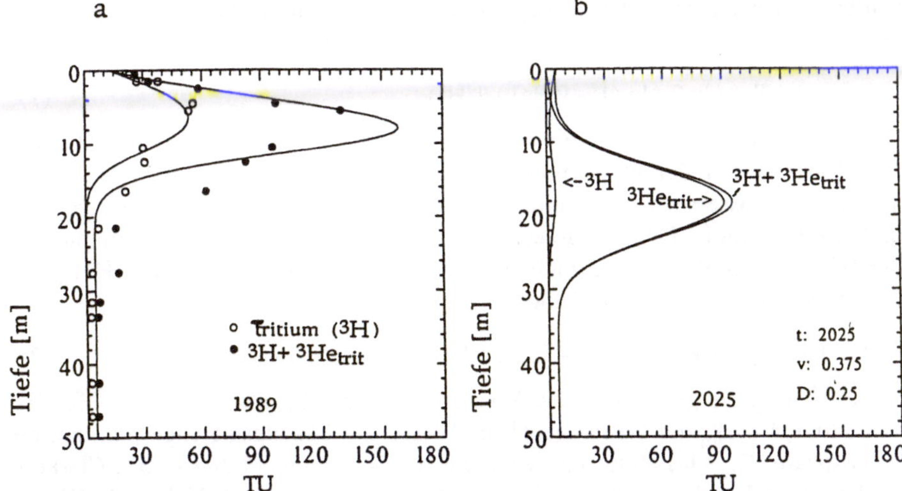

Abb. 2a. Tiefenprofile für Tritium (^{3}H, *offene Symbole*) und Tritium plus tritiogenem Helium (^{3}H+^{3}He$_{trit}$, *geschlossene Symbole*) für einen Multi-level-Brunnen bei Bocholt (Nordrhein-Westfalen) zusammen mit einer Modellsimulation (*durchgezogene Linien*), basierend auf einem einfachen Advektions-Dispersions-Modell (das sogenannte Vogel-Modell, aus Schlosser et al. 1989). Das Maximium für ^{3}H und ^{3}H+^{3}He$_{trit}$ ist sowohl für die Meß- wie auch die Modelldaten klar erkennbar. **b** Das Modell erlaubt die Berechnung der Lage und Höhe für beide Maxima im Jahr 2025. Aufgrund der Dispersion ist der ^{3}H + ^{3}He$_{trit}$-Peak verbreitert, jedoch klar erkennbar, während der ^{3}H-Peak deutlich reduziert und praktisch unbrauchbar ist. Der Großteil des ^{3}H ist bis 2025 zu ^{3}He$_{trit}$ zerfallen (**b**). Diese Simulation verdeutlicht, daß auch im Jahr 2025 eine ^{3}H-^{3}He-Datierung noch möglich sein wird, mehr als 60 Jahre nach dem Entweichen des Tritiums in die Atmosphäre während der oberirdischen Atombombentests um 1963

Radioaktiver Zerfall und Dispersion erschweren es aber zunehmend, den Bombenpeak zu identifizieren, was die alleinige Anwendbarkeit von Tritium als Tracer zur Bestimmung der Grundwasserzirkulation einschränkt. Dieses Problem kann jedoch durch gleichzeitige Messung des Zerfallsprodukts ^{3}He überwunden werden. Die kombinierte Bestimmung von Tritium und tritiogenem ^{3}He erweitert die aus einer alleinigen Tritiumbestimmung erhaltene Information auf zweierlei Weise:

Einerseits repräsentiert die Summe von Tritium und tritiogenem ^{3}He, [^{3}H] + [^{3}He]$_{trit}$, die anfängliche („stabile") Tritiumkonzentration, d.h. die Konzentration, die gemessen würde, wenn Tritium stabil wäre. Messungen von [^{3}H] + [^{3}He]$_{trit}$ ergeben ein viel deutlicheres Signal zur Positionsbestimmung des Bombenpeaks (Abb. 2). Modellsimulationen lassen erwarten, daß dieses kombinierte Signal noch Jahrzehnte nutzbar sein wird (z.B. Schlosser et al. 1989; zu Details s. Abschnitt 5).

Darüber hinaus erlaubt die simultane Bestimmung von Tritium und tritiogenem ^{3}He die Berechnung des Tritium-^{3}He-Alters τ gemäß:

$$\tau = T_{1/2} / \ln 2 \cdot \ln (1 + [^3\text{He}]_{\text{trit}}/[^3\text{H}]) \tag{1}$$

Dabei ist $T_{1/2}$ die Halbwertszeit von Tritium (12,43 Jahre), $[\text{He}]_{\text{trit}}$ die tritiogene ^{3}He Konzentration der Wasserprobe in TU (<u>T</u>ritium <u>U</u>nits; 1 TU entspricht einem Tritium-zu-Wasserstoff-Atomverhältnis von 10^{-18}) und $[^3\text{H}]$ die gemessene Tritiumkonzentration in TU. Zur Berechnung von τ muß zuerst $[^3\text{He}]_{\text{trit}}$ bestimmt werden. Enthält das Wasser lediglich Helium aus der Atmosphäre, kann $[^3\text{He}]_{\text{trit}}$ wie folgt berechnet werden (z.B. Schlosser et al. 1988):

$$[^3\text{He}]_{\text{trit}} = [^4\text{He}]_{\text{tot}} \cdot (R_{\text{tot}} - R_{\text{atm}}) + [^4\text{He}]_{\text{eq}} \cdot R_{\text{atm}} \cdot (1 - \alpha) \tag{2}$$

wobei $[^4\text{He}]_{\text{tot}}$ die gemessene ^{4}He Konzentration ist, R_{tot} das gemessene ^{3}He-^{4}He-Verhältnis, $[^4\text{He}]_{\text{eq}}$ der Heliumgehalt im Wasser im Lösungsgleichgewicht mit der Atmosphäre, R_{atm} das atmosphärische ^{3}He-^{4}He-Verhältnis ($1,384 \cdot 10^{-6}$; Clarke et al. 1976), und α die Isotopendiskriminierung bei Lösung von Helium in Wasser (0,983; Benson and Krause 1980).

Manchmal, insbesondere bei tieferen Grundwässern, enthält das gemessene Helium auch Anteile, die aus der Erdkruste stammen oder als α-Teilchen beim Uran-/ Thoriumzerfall entstehen (im weiteren zusammenfassend „terrigenes" Helium genannt). Zur Berechnung von $[^3\text{He}]_{\text{trit}}$ bedarf es der Messung eines weiteren Spurengases, das neben der Atmosphäre keine zusätzlichen Quellen hat. Neon erfüllt diese Bedingung und läßt sich am einfachsten zusätzlich zu Helium messen. Aus den gemessenen Neon($[\text{Ne}]_{\text{tot}}$)- und Helium($[^4\text{He}]_{\text{tot}}$)-Konzentrationen und dem gemessenen Heliumisotopenverhältnis R_{tot} läßt sich $[^3\text{He}]_{\text{trit}}$ wie folgt bestimmen (z.B. Schlosser et al. 1989):

$$[^3\text{He}]_{\text{trit}} = [^4\text{He}]_{\text{tot}} \cdot R_{\text{tot}} - ([^4\text{He}]_{\text{tot}} - [^4\text{He}]_{\text{terr}}) \cdot R_{\text{atm}} \tag{3a}$$

$$+ [^4\text{He}]_{\text{eq}} \cdot R_{\text{atm}} \cdot (1 - \alpha) - [^4\text{He}]_{\text{terr}} \cdot R_{\text{terr}}$$

und

$$[^4\text{He}]_{\text{terr}} = [^4\text{He}]_{\text{tot}} - ([\text{Ne}]_{\text{tot}} - [\text{Ne}]_{\text{eq}}) \cdot [^4\text{He}]_{\text{atm}}/[\text{Ne}]_{\text{atm}} - [^4\text{He}]_{\text{eq}} \tag{3b}$$

wobei $[^4\text{He}]_{\text{tot}}$, R_{tot} $[^4\text{He}]_{\text{eq}}$, R_{atm} und α wie in Gleichung (2) definiert sind sowie $[^4\text{He}]_{\text{terr}}$ und R_{terr} die „terrigene" (d.h. radiogene und/oder Krusten-) ^{4}He-Komponente und dessen ^{3}He-^{4}He-Verhältnis sind (letzteres läßt sich meist mit etwa $5 \cdot 10^{-8}$ abschätzen). $[\text{Ne}]_{\text{eq}}$ ist der Neongehalt im Wasser im Lösungsgleichgewicht mit der Atmosphäre und $[\text{Ne}]_{\text{tot}}$ der in der Probe gemessene Neongehalt.

Typischerweise sind die Korrekturen für terrigenes Helium klein und können zum Teil sogar vernachlässigt werden (z.B. im flachen Grundwasser sandiger Aquifere). Karst- und Kluftaquifere dagegen können einen signifikanten Anteil von Krusten- oder sogar Mantelhelium enthalten, das in manchen Fällen eine vernünftige Altersbestimmung der Proben tieferer Schichten verhindert (z.B. im Falle des Mirror-Lake-Kluftaquifers in New Hampshire, USA; Drenkard et al. 1996, Torgersen et al. 1994, 1995). Ebenfalls problematisch für Routine-Tritium-^{3}He-Altersbestimmungen sind Aquifere, die deutlich mit Tritium belastet sind (z.B. unterhalb oder in unmittelbarer Nähe von Nuklearanlagen mit signifikanten Leck-raten tritiumbelasteter Abwässer in das Grundwassersystem).

3.2   FCKW

Die Anstieg der FCKW in der Atmosphäre seit den 30er Jahren ist relativ gut dokumentiert (z.B. McCarthy et al. 1977, CMA 1992, Busenberg and Plummer 1992, Elkins et al. 1993, Fisher and Midgley 1993; Abb. 1).

Konzentrationsmessungen von FCKW, typischerweise F 11, F 12 und F 113, in Grundwasserproben erlauben die Berechnung der atmosphärischen FCKW-Konzentration zum Zeitpunkt der Gleichgewichtseinstellung am Grundwasserspie-gel. Unter der Annahme vollständiger Gleichgewichtseinstellung mit der Bodenluft während der Versickerung und vernachlässigbarer Vermischung von Grundwäs-sern mit unterschiedlichen FCKW-Konzentrationen entlang des Fließpfades, läßt sich das Jahr der Versickerung bestimmen. Hierzu vergleicht man die aus der Mes-sung berechnete FCKW-Konzentration in der Gasphase mit den atmosphärischen FCKW-Konzentrationen der letzten Jahrzehnte. Für sandige Aquifere konnte ge-zeigt werden, daß die so gewonnenen FCKW-Alter mit den auf anderen Methoden basierenden Altern übereinstimmen (z.B. mit Tritium-^{3}He-Alter (s. Abb. 4): Ek-wurzel et al. 1994; Tritumeintrag in das Grundwasser: Dunkle et al. 1992; Grund-wasserflußmodellierung: Reilly et al. 1994, Szabo et al. 1996).

Trotz dieser ermutigenden Befunde erfordert die Auswertung der FCKW-Daten große Sorgfalt. Eine Reihe von Prozessen können zu Abweichungen zwischen den gemessenen FCKW-Konzentrationen und den auf dem Lösungsgleichgewicht mit der Bodenluft und dem nachfolgenden passiven Transport im Aquifer basierenden erwarteten Konzentrationen führen (Russel and Thompson 1983, Khalil and Ras-mussen 1989, Lovley and Woodward 1992, Plummer et al. 1995):

a) FCKW sind unter anoxischen Bedingungen nicht unbedingt stabil; sie können z.B. mikrobiell abgebaut werden.

b) Lokale FCKW-Verunreinigungen des Bodens, des Grundwassers oder der Umgebungsluft (insbesondere in urbaner oder industrieller Umgebung) erhöhen die im Wasser gelösten Konzentrationen und führen zu scheinbar jüngeren Altern.

c) Adsorption von FCKW, z.B. von F 113 an Tonpartikel, führen zu scheinbar erhöhten Altern.

3.3 ^{85}Kr

Das Prinzip der Verwendung von ^{85}Kr ist dem der FCKW sehr ähnlich. Der erwartete ^{85}Kr-Gehalt im Grundwasser im Lösungsgleichgewicht mit der Atmosphäre kann aus der bekannten, zeitabhängigen atmosphärischen ^{85}Kr-Konzentration (Weiss et al. 1983, 1986, Smethie et al. 1992; Abb. 1) und der Löslichkeit von Krypton in Wasser (Weiss u. Kayser 1978) berechnet werden. Der Vergleich der gemessenen ^{85}Kr-Konzentration mit der berechneten ergibt das Jahr der Grundwasserversickerung analog zu den Ausführungen über die FCKW.

4   Praktische Gesichtspunkte

Vor einer Entscheidung zur Anwendung eines der genannten Spurenstoffe für Grundwasserfließstudien sind Aspekte der methodischen Grenzen und der Kosten zu berücksichtigen.

4.1   Tritium/^{3}He

Tritium/^{3}He liefert nützliche Informationen für viele hydrogeologische Fragestellungen, auch wenn die Separation des tritiogenen ^{3}He-Anteils von der totalen, in der Probe gemessenen ^{3}He-Konzentration teilweise etwas kompliziert sein kann (s. oben). Die Probennahme ist relativ einfach, und die Probenmenge für eine kombinierte Tritium-^{3}He-Analyse ist mit ≤ 2 l (inkl. Spülen der Probenbehälter) unproblematisch. Die (massenspektrometrische) Analytik ist zwar relativ komplex, wurde jedoch mittlerweile zur Routine entwickelt (z.B. Bayer et al. 1989). Weltweit können derzeit etwa 10 Labors, davon 3-4 im deutschsprachigen Raum, routinemäßig größere Probensätze analysieren, wobei die Kosten pro Probe in der Größenordnung von 500 US$ liegen. Diese Kosten erscheinen durchaus gerechtfertigt, da die Tritium-^{3}He-Datierung, zumindest in Abwesenheit einer großen terrigenen Heliumkomponente, die zuverlässigsten Altersinformationen für Grundwasserstudien liefert.

4.2   FCKW

FCKW werden gaschromatographisch und mit Hilfe eines Elektroneneinfangdetektors (ECD) gemessen. Probennahme und Analysetechniken wurden zur Routine entwickelt (z.B. Busenberg u. Plummer 1992), wobei jedoch bei der Probennahme der Kontakt mit FCKW-adsorbierenden Materialien, wie z.B. Kunststoff- oder Gummischläuche und -dichtungen, strikt vermieden werden muß. FCKW-Proben können mit hohem Probendurchsatz bei relativ geringen Kosten (etwa 5- bis 10mal billiger als Tritium/^{3}He) gemessen werden. Daher wären FCKW die Spurenstoffe der Wahl für Grundwasserstudien, wenn sie sich unter allen Bedingungen konservativ verhielten. Wie jedoch bereits beschrieben, können die FCKW-Gehalte im Grundwasser durch eine Reihe von Prozessen erhöht oder erniedrigt werden. Dies erfordert in den meisten Fällen eine Kontrolle der FCKW-Daten durch Vergleich mit den Ergebnissen eines weiteren konservativen Spurenstoffs (und in jedem Fall der Ergebnisse von F 11, F 12 und F 113 untereinander). Normalerweise werden ausgewählte Tritium-^{3}He-Doppelanalysen zum Cross-check benutzt.

Da Tritium/^{3}He und FCKW eine sehr unterschiedliche Eintragsfunktion (s. Abb. 1) in das Grundwasser haben, bieten simultane Messungen beider Tracer nützliche Informationen über im Aquifer ablaufende Wassermischungsprozesse. Daher sollten FCKW- und Tritium-^{3}He-Messungen, wann immer möglich, kombiniert werden. Prinzipiell können auch z.B. FCKW- und ^{85}Kr-Messungen in ähnlicher Weise kombiniert werden. Wie im folgenden näher erläutert, sind jedoch ^{85}Kr-Analysen etwas komplizierter und benötigen größere Wasserprobenmengen (etwa 100 l). Dies limitiert die praktische Nutzung von ^{85}Kr als Spurenstoff in Grundwasserstudien.

4.3 ^{85}Kr

^{85}Kr ist ein Edelgas und verhält sich daher im Grundwasser konservativ, mit dem radioaktiven Zerfall (Halbwertszeit 10,76 Jahre) als einzige Senke. Daher ist ^{85}Kr prinzipiell ein idealer Tracer für Grundwasserstudien. Allerdings wird zur ^{85}Kr-Analyse eine Probenwassermenge von etwa 100 l benötigt, was oftmals erhebliche logistische Probleme im Feld mit sich bringt. Zusätzlich ist die Messung von ^{85}Kr in speziellen Miniatur-Low-Level-Proportionalzählern relativ komplex, und weltweit sind nur wenige Labors für solche Messungen ausgestattet. Beides begrenzt die Einsetzbarkeit von ^{85}Kr in der Praxis.

5   Ausgewählte Ergebnisse von Fallstudien

Das erste Fallbeispiel demonstriert an einem Multi-level-Brunnen bei Bocholt (Nordrhein-Westfalen) die Vorteile kombinierter Tritium-[^{3}He]$_{trit}$-Analysen, verglichen mit reinen Tritiummessungen.

Die Summe aus Tritium plus tritiogenem ^{3}He, [^{3}H]+[^{3}He]$_{trit}$, ist im Gegensatz zum Tritiumsignal, unbeeinflußt vom radioaktiven Zerfall und kann daher quasi als „stabiler" Spurenstoff betrachtet werden (zumindest für die üblichen Fälle vernachlässigbarer Ausgasung von [^{3}He]$_{trit}$). Aufgrund dieser Tatsache kann der Bombentritiumpeak auch noch in einigen Jahrzehnten von heute als absoluter Zeitmarker identifiziert werden (Abb. 2). Gleichzeitig können aus den [^{3}H]- und [^{3}He]$_{trit}$-

Signalen gemäß Gleichung (1) Tritium-^{3}He-Alter berechnet werden (zu weiteren Details inkl. der Modellsimulation s. Schlosser et al. 1989).

Das zweite Fallbeispiel untermauert die Korrelation zwischen Wasseraltern aus Spurenstoffdaten und Fließzeiten (basierend auf Pegelmessungen und Fließpfadanalysen) für einen geschichteten, sandigen Aquifer in New Jersey (Abb. 3, zu Details s. Szabo et al. 1996).

Der Korrelationskoeffizient für die aus den Fließpfadanalysen erhaltenen Wasseralter und der ^{3}H/^{3}He(bzw. FCKW)-Datierung war 0,94 (bzw. 0,88). Der kleine Unterschied zwischen FCKW- und ^{3}H-^{3}He-Altern kann auf Dispersion zurückgeführt werden.

Das dritte Fallbeispiel demonstriert die Korrelation, aber auch die mögliche Abweichung zwischen Wasseraltern, die auf Messungen der Spurenstoffe ^{3}H/^{3}He, FCKW und ^{85}Kr basieren (Ekwurzel et al. 1994).

Für diese Studie wurden mehr als 35 Brunnen unterschiedlichster Bauart und Tiefe im Sediment der Delmarva-Halbinsel, etwa 100 km nordöstlich von Washington, USA, beprobt. Diese Untersuchung war Teil des „National Water Quality Assessment Projekts", das die Sicherheit der Trinkwasserversorgung zum Ziel hat. Insgesamt stimmen die auf den Messungen der 3 Spurenstoffe basierenden Alter sehr gut überein (s. Abb. 4 zur Korrelation zwischen FCKW- und ^{3}H-^{3}He-Altern). Kombinierte Spurenstoffmessungen liefern zusätzliche Information über Mischung, Advektion und Dispersion entlang des Fließpfades im Aquifer ebenso wie über lokale (meist FCKW-)Spurenstoffkontamination oder -abbau.

Die gepunkteten Linien in Abb. 4 sind Berechnungen für verschiedene, angenommene Dispersionskoeffizienten im Rahmen eines einfachen Advektions-Dispersions-Modells. Dispersion kann zur Abschätzung der Streuung von mit dem Grundwasser transportierten Schadstoffen sehr wichtig sein. FCKW-Alter, die deutlich jünger sind als die zugehörigen ^{3}H-^{3}He-Alter, deuten auf eine lokale FCKW-Kontamination hin oder eine Mischung von > 2 Wasserfraktionen, die beide nach dem Bombenpeak (etwa 1963) versickerten. FCKW-Alter deutlich älter als zugehörige ^{3}H-^{3}He-Alter deuten meist auf eine Mischung von altem (deutlich vor 1960 versickertem), (fast) FCKW- und tritiumfreiem Wasser mit jüngerem Wasser, das nach 1963 versickerte. Lokale FCKW-Kontaminationen sowie FCKW-Abbau und Sorption können häufig durch den Vergleich der F 12-, F 11- und F 113-Daten erkannt werden, da die drei FCKW in unterschiedlichem Maße betroffen sind. Unter aeroben Bedingungen ist ein FCKW-Abbau generell unwahrscheinlich.

Im vierten Fallbeispiel wurden Spurenstoffmessungen zur Abschätzung der Beeinträchtigung eines überwiegend gespannten Aquifers durch die Erweiterung einer benachbarten Hausmülldeponie untersucht. An vorhandenen Kontrollpegeln wurden Tiefenprofile des Redoxpotentials und der elektrischen Leitfähigkeit über die gesamte Aquifermächtigkeit (ca. 13-53 m) gemessen. Es ergab sich eine horizontale Schichtung des Aquifers in 2 Zonen, getrennt durch eine Übergangszone (Abb. 5a). Zusätzlich wurden Wasserproben zur ^{14}C- und ^{3}H-^{3}He-Altersdatierung aus den beiden Schichten genommen, etwa 5 m unterhalb des Wasserspiegels und 10 m über dem Aquiferboden. Die Datierungen ergeben einen überwiegend horizontalen Grundwasserfluß mit geringer vertikaler Mischung durch die Übergangszone. Die Wasseralter der oberen Zone liegen bei ≤ 14 Jahren und die der tieferen Zone bei überwiegend > 600 Jahren. In der tieferen Zone wurden auch Spuren von ^{3}H (und ^{3}He) gefunden, wobei diese jungen Wasseranteile möglicherweise erst durch die Profilmessungen und Probennahme in die Tiefe gebracht wurden (Abb. 5b).

Die hier beschriebenen sowie weitere Studien belegen das Potential und die Wichtigkeit von Spurenstoffuntersuchungen und Datierungstechniken. Diese können insbesondere auch dort angewendet werden, wo alternative, konventionelle Methoden zum Studium der Grundwasserfließdynamik kaum zum Erfolg führen.

Derzeit laufen mehrere Untersuchungen von Aquiferen in Karst- und Kluftgestein, z.B. zur Sicherung der Trinkwasserversorgung einer Stadt, in der mehrere Brunnen periodisch mit partikulären organischen Stoffen hoch belastet sind. Erste Ergebnisse deuten auf eine Zumischung von belastetem Flußwasser hin, das bei Hochwasser durch Versickerungsstellen das Grundwasser erreicht und schließlich durch Klüfte zu verschiedenen Zeiten einige Brunnen (Plummer et al. 1995).

Diese Studie sowie auch andere laufende Projekte (Aeschbach-Hertig et al. 1996, Drenkard et al. 1996) zeigen, daß Spurenstoffe nützliche Hilfsmittel zum Studium der Zirkulation von Grundwasser in klüftiger hydrogeologischer Umgebung sind.

Zusammenfassung

Die genaue Kenntnis der Grundwasserfließdynamik ist eine notwendige Voraussetzung zur Abschätzung der Grundwasserverfügbarkeit und -gefährdung, zur standortgerechten Genehmigung grundwassergefährdender Anlagen oder zur Wahl geeigneter Gegenmaßnahmen im Falle einer Verschmutzung. Neben den klassischen hydrogeologischen Methoden (Messungen des hydraulischen Gradienten, ggf. kombiniert mit Pump- oder Injektionstests) bieten sich Messungen anthropogener und natürlicher Spurenstoffe zur Untersuchung von Grundwasserleitern an.

a

SITE 2B
SITE 2A
NEW YORK
PENNSYLVANIA
NEW JERSEY
COASTAL PLAIN
ATLANTIC OCEAN
FALL LINE
UPDIP EXTENT OF KIRKWOOD FORMATION
CAMDEN
GLOUCESTER
SITE 2
SALEM
SITE 1
CUMBERLAND
DELAWARE BAY
DELAWARE
0   8 MILES
0   8 KILOMETERS
SITE 1
Feuchtgebiete
Potentiallinien
Oberflächenwasserscheide
Grundwasserscheide
Modellierter Querschnitt
Brunnengruppe
Wasserspiegelmessung

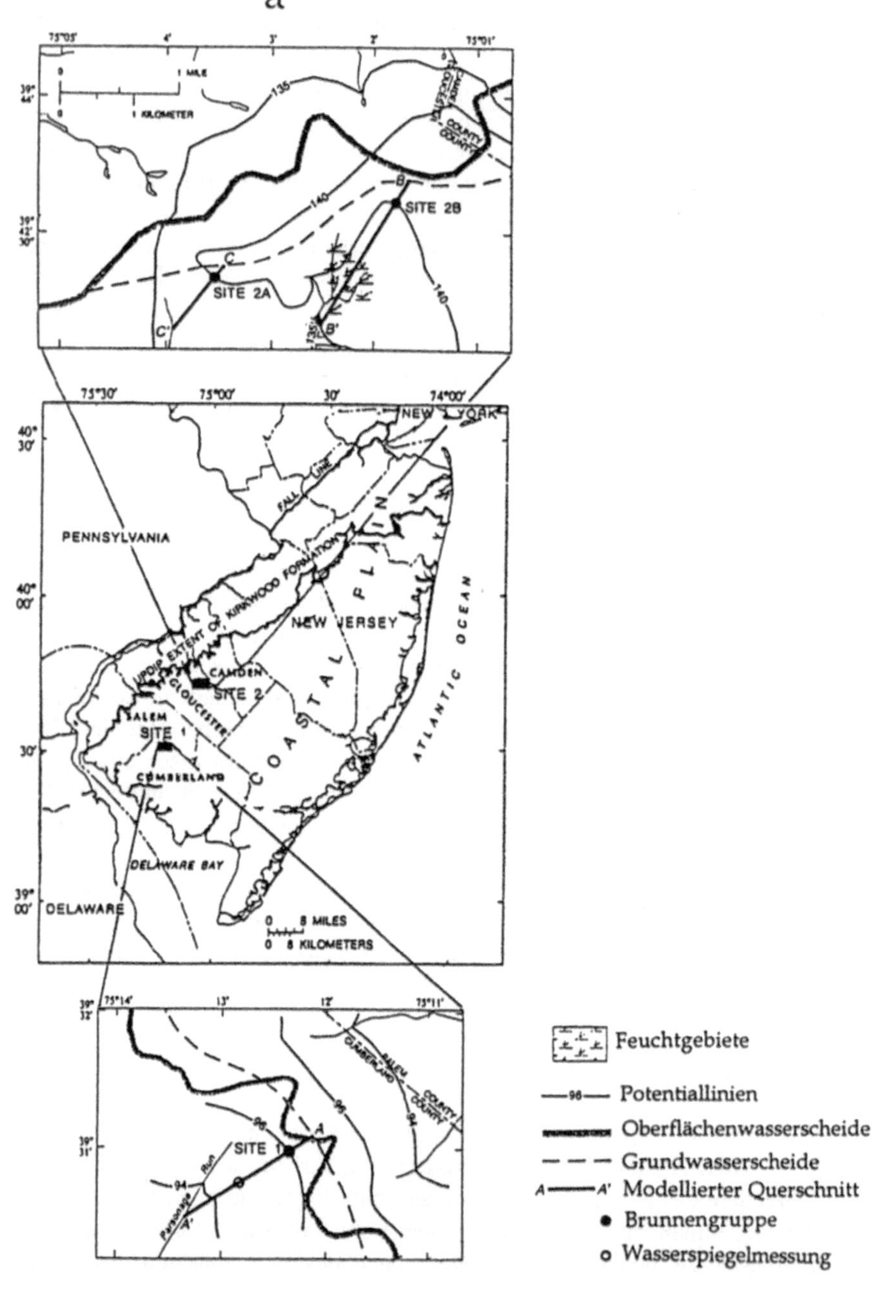

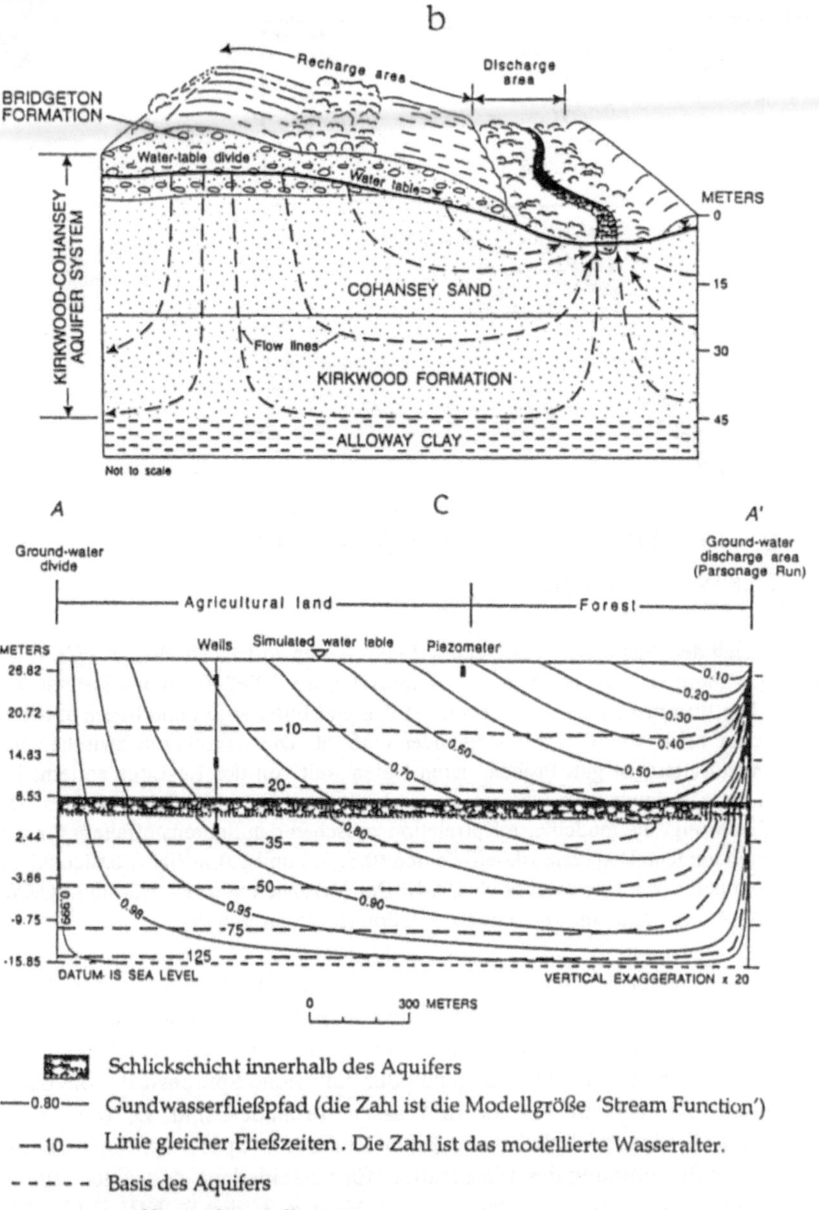

Schlickschicht innerhalb des Aquifers

—0.80— Gundwasserfließpfad (die Zahl ist die Modellgröße 'Stream Function')

—10— Linie gleicher Fließzeiten . Die Zahl ist das modellierte Wasseralter.

- - - - - Basis des Aquifers

❙ verfiltertes Intervall

Abb. 3a-c. Lage des Standorts, der Brunnengruppen, der modellierten Querschnitte und Äquipotentiallinien des Kirkwood-Cohansey-Aquifer (südliche Küstenebene in New Jersey, südlich von New York) im Juli 1991 (aus Szabo et al. 1996); **a** geologisches System und **b** Modellinien gleicher Fließzeiten und Fließpfade für einen der 3 simulierten Querschnitte; **c** die berechneten Fließzeiten stimmen mit den FCKW- bzw. ^{3}H-^{3}He-Altern innerhalb der Fehler überein mit Korrelationskoeffizienten von 0,88 bzw. 0,94. FCKW- und ^{3}H-^{3}He-Alter korrelieren ebenfalls sehr gut (Korrelationskoeffizient 0,98; nicht gezeigt)

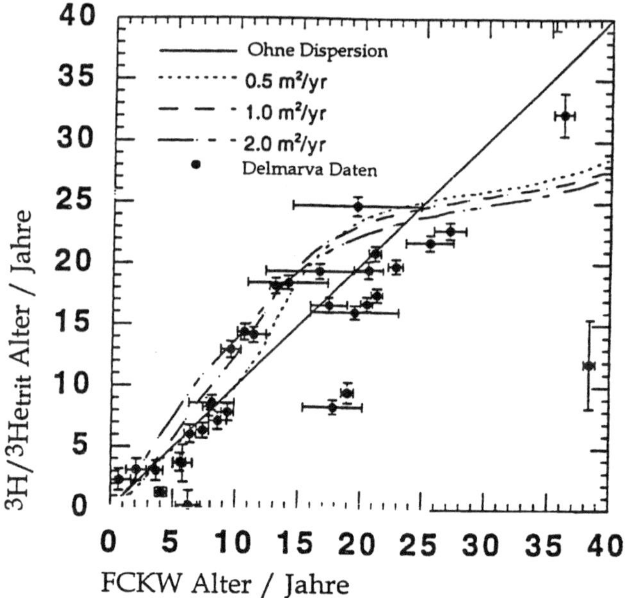

Abb. 4. Vergleich der Wasseralter basierend auf den Spurenstoffen ^{3}H/^{3}He und FCKW für einen sandigen Aquifer auf der Delmarva-Halbinsel etwa 100-200 km nordöstlich von Washington. Die Brunnen haben verschiedene Tiefen und Filterlängen und liegen teilweise in Gruppen oder mehr als 100 km voneinander entfernt. Die Korrelation zwischen den beiden Spurenstoffaltern ist gut. Proben, deren Daten weit von der 1:1-Linie entfernt liegen, konnten als Mischungen von Wässern verschiedener Alter identifiziert werden. Die *gestrichelte Linie* zeigt die modellierte Korrelation zwischen den Spurenstoffaltern für verschiedene angenommene Dispersionskoeffizienten (0,5, 1,0 und 2,0 m²/Jahr) basierend auf dem „Vogel-Modell" (aus Ekwurzel et al. 1994). Der Vergleich von ^{3}H-^{3}He- und FCKW-Altern mit ^{85}Kr-Altern zeigt eine ähnliche Korrelation (nicht dargestellt)

Ein hilfreicher Parameter bei solchen Studien ist das „Wasseralter" einer Probe, d.h. die Zeit, die zwischen Versickerung (Luftabschluß) des Wassers und der Probennahme verstrichen ist. Je nach Größenordnung des zu erwartenden Wasseralters eignen sich verschiedene anthropogene oder natürliche Spurenstoffe, die durch Eintrag über die Atmosphäre bereits im Wasser vorhanden sind. Es werden die Eigenschaften und Einsatzmöglichkeiten einer Reihe von Spurenstoffen beschrieben, die sich zur Bestimmung des Wasseralters für verschiedene Zeitskalen eignen: Tritium und sein radioaktives Zerfallsprodukt Helium-3, die FCKW F 11, F 12 und F 113 und Krypton-85 für Wasseralter $\leq$ 30-50 Jahre und Radiokohlenstoff (^{14}C) für Alter zwischen etwa 1000 und maximal 40 000 Jahren. Die Eintragsfunktionen sowie die Vor- und Nachteile der verschiedenen Tracer zur Datierung junger Wässer werden diskutiert, ergänzt durch Fallbeispiele aus der Praxis. Dabei wird auch das Potential kombinierter Spurenstoffuntersuchungen erläutert.

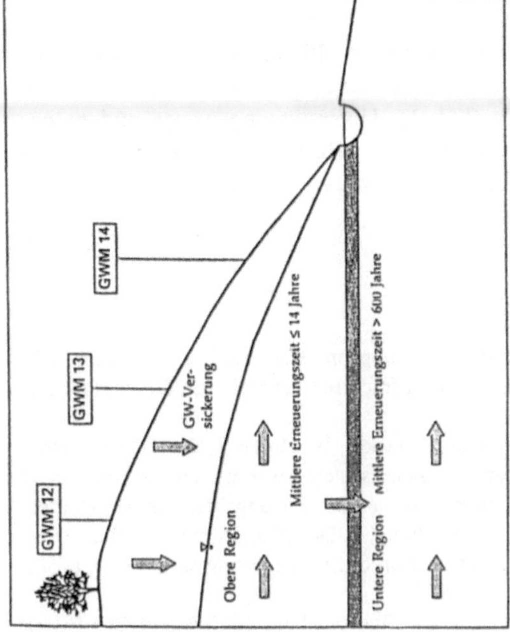

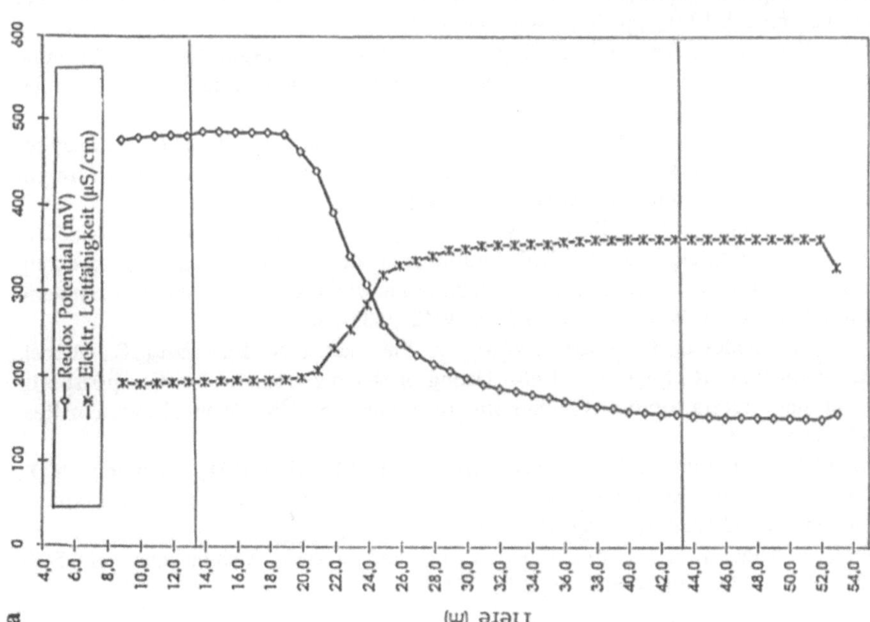

Abb. 5a. Typisches Tiefenprofil des Redoxpotentials und der elektrischen Leitfähigkeit für einen Aquifer nahe bei Usingen/Taunus. Beide Parameter deuten auf 2 geschichtete, kaum mischende Fließregime. Daraufhin wurden mehrere Brunnen für ^{3}H-^{3}He- and ^{14}C-Analysen beprobt, und zwar etwa 5 m unterhalb des Wasserspiegels und etwa 10 m über dem Aquiferboden, jeweils in der Schichtenmitte (wie durch die *Linien* in **a** angedeutet). Die Altersanalyse bestätigt die Unabhängigkeit der beiden Fließregime. Dies ist in **b** für einen typischen Querschnitt durch die 3 Meßstellen GWM 12, 13 und 14 gezeigt: Das obere Fließregime besteht überwiegend aus jungem Wasser (≤ 4 Jahre) und das untere Fließregime überwiegend aus altem Wasser (> 600 Jahre). Beide Schichten sind durch eine weniger durchlässige Zwischenzone getrennt (aus Dörr et al. 1995)

Dank

Dankbar anerkannt seien die Diskussionen mit L. N. Plummer und E. Busenberg (FCKW-Messungen) sowie mit M. Stute. S. Drenkard wurde unterstützt durch die Deutsche Forschungsgemeinschaft (Dr 227 -1), Unterstützung wurde zudem gewährt durch das Columbia University Strategic Research Initiative Program (Beitrag 5514 des Lamont-Doherty Earth Observatory of Columbia University, New York).

Literatur

Aeschbach-Hertig, W., Schlosser, P., Stute, M., Simpson, H.J., Ludin, A., Clark, J.F. (1996) A ^{3}H/^{3}He study of groundwater flow in a fractured bedrock aquifer (verfaßt zur Einreichung bei Groundwater)

Bayer, R., Schlosser, P., Bönisch, G., Rupp, H., Zaucker, F., Zimmek, G. (1989) Performance and blank components of a mass spectrometer system for routine measurements of helium isotopes and tritium by the ^{3}He ingrowth method. Sitzungsberichte der Heidelberger Akademie der Wissenschaften, 5. Abhandlung, S. 241-279, Springer-Verlag

Benson, B.B., Krause, D. (1980) Isotopic fractionation of helium during solution: A probe for the liquid state, J. Solution. Chem. **9**, 895-909

Busenberg, E., Plummer, L.N. (1992) Use of chlorofluorocarbons (CCl_3F and CCl_2F_2) as hydrologic tracers and age-dating tools – The alluvium and terrace system of central Oklahoma, Water Resourources Research **28**, 2257-2283

Clarke, W.B., Jenkins, W.J., Top, Z. (1976) Determination of tritium by mass spectrometric measurement of ^{3}He, Int. J. Appl. Radiat. Isot. **27**, 515-522

CMA (Chemical Manufacturers Association) (1992) Alternative fluorocarbons environmental acceptability study. Production and atmospheric release data for CFC-11 and CFC-12 (through 1991), pp. 34 ff, Washington, DC

Dörr, H., Werner, U., Drenkard, S., Bayer, R., Schlosser, P. (1995) The use of isotope methods in ground water protection studies, Isotopes Environ. Health Studies (früher Isotopenpraxis) **31**, 47-59

Drenkard, S., Schlosser, P., Stute, M., Torgersen, T., Busenberg, E., Plummer, N., Shapiro, A. (1996) Tracer ages in the Mirror Lake basin: implications for groundwater flow (in Vorbereitung zur Einreichung bei Water Resources Res.)

Dunkle, S.A., Plummer, L.N., Busenberg, E., Phillips, P.J., Denver, J.M., Hamilton, P.A., Michel, R.L., Coplen, T.B. (1993) Chlorofluorocarbons (CCl_3F and CCl_2F_2) as dating tools and hydrologic tracers in shallow groundwater of the Delmarva Peninsula, Atlantic Coastal Plain, USA, Water Resources Res. **29/12**, 3837-3860

Ekwurzel, B., Schlosser, P., Smethie, W.M., Jr., Plummer, L.N., Busenberg, E., Michel, R.L., Weppernig, R., Stute, M. (1994) Dating of shallow groundwater: Comparison of the transient tracers tritium/^{3}He, chlorofluorocarbons, and ^{85}Kr, Water Resources Res. **30/6**, 1693-1708

Elkins, J.W., Thompson, T.M., Swanson, T.H., Butler, J.H., Hall, B.D., Cummings, S.O., Fisher, D.A., Roffo A.G. (1993) Decrease in the growth rates of atmospheric chlorofluorocarbons 11 and 12, Nature **364**, 780-783

Fisher, D.A., Migdley, P.M. (1993) The production and release to the atmosphere of CFC's 113, 114, and 115, Atmos. Environ. **27A**, 271-276

Khalil, M.A.K., Rasmussen, R.A. (1989) The potential of soils as a sink of CFCs and other man-made chlorocarbons, Geophys. Res. Lett. **16**, 679-682

Lovley, D.R., Woodward, J.C. (1992) Consumption of Freon CFC-11 and CFC-12 by anaerobic sediments and soils, Environ. Sci. Tech. **26**(5), 925-929

McCarthy, R.L., Bower, F.A., Wade, R.J. (1977) The fluorocarbon-ozone theory. I. Production and release; world production and release of CCl_3F and CCl_2F_2 (CFC 11 and 12) through 1975, Atmos. Environ. **11**, 491-497

Plummer, L.N., Busenberg, E., McConnel, J.B., Drenkard, S., Schlosser, P., Ekwurzel, B., Michel, R.L. (1995) Tracing und dating of river water seepage through sinkholes into the upper Floridan Aquifer at Valdosta, Georgia, USA, Proceeding des GSA-Meeting, New Orleans, November 1995

Reilly, T.E., Plummer, L.N., Phillips, P.J., Busenberg, E. (1994) The use of simulation and multiple environmental tracers to quantify flow in a shallow aquifer, Water Resources Res. **30**, 421-433

Russell, A.D., Thompson, G.M. (1983) Mechanisms leading to enrichment of the atmospheric fluorocarbons CCl_3F and CCl_2F_2 in groundwater, Water Resources Res. **19**(1), 57-60

Schlosser, P., Stute, M., Dörr, H., Sonntag, C., Münnich, K.O. (1988) Tritium/^{3}He age dating in shallow groundwater, Earth Planet. Sci. Lett. **99**, 353-362

Schlosser, P., Stute, M., Sonntag, C., Münnich, K.O. (1989) Tritiogenic helium-3 in shallow groundwater, Earth Planet. Sci. Lett. **94**, 245-256

Smethie, W.M., Solomon, D.K., Schiff, S.L., Mathieu, G.G. (1992) Tracing groundwater flow in the Borden aquifer using krypton-85, J. Hydrol. **130**, 279-297

Szabo, Z., Rice, D.E., Plummer, L.N., Busenberg, E., Drenkard, S., Schlosser, P. (1996) Age dating of shallow groundwater with chlorofluorocarbons, tritium/helium-3, and flow path analysis, southern New Jersey coastal plain, Water Resources Res. **32**(4), 1023-1038

Torgersen, T., Drenkard, S., Farley, S., Schlosser, P., Shapiro, A. (1994) Mantle helium in ground water of the Mirror Lake Basin, New Hampshire, USA. In: Matsuda, J. (ed.) Nobel gas geochemistry and cosmochemistry, pp. 279-292, Terra Pub., Tokyo

Torgersen, T., Drenkard, S., Stute, M., Schlosser, P., Shapiro, A. (1995) Mantle helium in ground waters of eastern North America: Time and space constraints on sources. Geology **23**(8), 675-678

Weiss, R.F., Kayser, T.K. (1978) Solubility of Krypton in water and seawater. J. Chem. Eng. Data **23**, 69-72

Weiss, W., Sittkus, A., Stockburger, H., Sartorius, H. (1983) Large-scale atmospheric mixing derived from meridional profiles of krypton-85, J. Geophs. Res. **88**, 8574

Weiss, W., Stockburger, H., Sartorius, H., Roszanski, K., del Milagro Perez Garcia, M., Ostlund, H.G. (1986) Mesoscale transport of krypton-85 originating from European sources, Nucl. Instrum. Methods Phys. Res. **B17**, 571-574

Satellitenfernerkundung in der Grundwasserexploration

Franz Jaskolla

1 Einleitung und Hintergrund

Seit Jahren werden Fernerkundungsverfahren erfolgreich für die Erkundung von Grundwasservorkommen verwendet. Dabei haben sowohl Luft- als auch Satellitenbilder ihren großen Wert bei verschiedensten Einsätzen in der ganzen Welt nachgewiesen.

Mit der folgenden Darstellung soll anhand eines Beispiels aus den Vereinigten Arabischen Emiraten aufgezeigt werden, welche Möglichkeiten bestehen, aber auch welche Grenzen, die zu beachten sind.

Die vorgestellten Erkenntnisse wurden im Rahmen eines Gemeinschaftsprojekts der Daimler-Benz Aerospace AG (Dasa)und der Gesellschaft für Technische Zusammenarbeit mbH (GTZ) gewonnen. Seitens der Dasa sind 3 Produktbereiche involviert, die die nachstehenden Schwerpunkte bearbeiten:

- Dornier System Consult GmbH ⇒ technische Projektleitung und
  Hydrogeologie
- Dornier Satellitensystem GmbH ⇒ verantwortlich für die Beschaffung,
  digitale Verarbeitung und Interpretation
  der Satellitendaten
- Dasa Infrastruktur ⇒ Betrieb des Bodenradars zum Auffinden
  oberflächennaher Grundwasserhorizonte

Das Gesamtprojekt, das im Herbst 1995 begann und als Phase I bis Frühjahr 1997 dauern wird, umfaßt als Schwerpunkte:

- Sammlung bestehender Informationen und Aufbereitung in einer Grundwasserdatenbank,
- Erkundung mittels Satellitenfernerkundung und Bodenradar,
- auf der Basis dieser Ergebnisse Durchführung von 10 Verifikationsbohrungen,
- Training von Mitarbeitern des Auftraggebers in den verschiedensten Techniken (Grundwasserdatenbank, Fernerkundung, Bohrtechnik etc.).

2   Grundlagen

Wenn vom Einsatz irgendwelcher Fernerkundungsdaten im eigentlichen Sinne gesprochen wird, so muß man sich generell folgender Tatsache bewußt sein:

Fernerkundungsdaten als solche sind
<u>*nicht*</u>
in der Lage, Grundwasservorkommen direkt aufzuzeigen.

Die Methode Fernerkundung ist durchaus bestens geeignet, mittels reflektierter oder emittierter elektromagnetischer Strahlung Zustände an der Erdoberfläche hinreichend genau zu beschreiben, ermöglicht jedoch nicht den „direkten" Blick in die Erdtiefe, wo die entsprechenden Aquifere zu suchen sind.

Die Stärke der Fernerkundung liegt jedoch genau in der Erfaßbarkeit der Oberflächenzustände, da diese als Sekundärinformationen sehr wertvolle Hinweise auf Grundwasservorkommen geben können. Diese Sekundärinformationen sind:

- *Erfassung der oberflächigen Ausbisse unterschiedlicher Gesteinsarten*
  Speziell in ariden und semiariden Gebieten sind Fernerkundungsdaten besonders geeignet, die Oberflächenausbisse der verschiedenen Gesteine zu erfassen und damit bereits eine erste Erkenntnis über potentielle Grundwasserleiter zu bekommen.

- *Erfassung der Oberflächentektonik*
  Neben der Lithologie spielt in vielen Gebieten die Lagerung der Gesteine (Tektonik) eine herausragende Rolle bei der Grundwasserexploration; neben der Orientierung der Gesteine im Raum spielen diese Daten eine sehr wichtige Rolle bei der Erfassung von tektonischen Störungslinien, die häufig im Gelände aufgrund unterschiedlichster Ursachen nicht oder nur kaum zu identifizieren sind.

- *Erfassung der Geomorphologie*
  Die Kartierung der Geomorphologie ist ebenfalls ein wichtiges Kriterium für die Ableitung potentieller Gebiete mit Grundwasservorkommen; hier ist vor allem auch die 3. Dimension (Geländehöhe) von Bedeutung; spezielle Fernerkundungstechniken (Photogrammetrie etc.) erlauben die Generierung von sogenannten Digitalen Geländemodellen, die eine exakte dreidimensionale Geländebeschreibung und vor allem Modellierung ermöglichen.

- *Erfassung der Vegetation und ihrer Zustände als Sekundärindikator*
  Es ist bekannt, daß besonders die natürliche Vegetation sehr sensibel auf die das jeweilige Grundwasserangebot reagiert; tritt speziell Wasserstress durch längere Dürreperioden auf, so lassen sich aus den Fernerkundungsdaten Zonen unterscheiden, die auf ein höheres Wasserangebot und damit ein Grundwasserpotential hindeuten.

In der Regel wird ein erfolgreicher Einsatz von Fernerkundungsdaten dann erfolgen, wenn deren Auswertung kombiniert die oben skizzierten Indikatoren betrachtet.

Berücksichtigt man die Tatsache, daß es nur noch wenige Regionen der Erde gibt, die als „weiße Flecken" zu bezeichnen sind, und ferner, daß bei Entwicklungsmaßnahmen auch noch andere, klassisch-terrestrische Erkundungsmethoden zum Einsatz kommen, so wird es offensichtlich, daß der größte Erfolg auch aus ökonomischer Sicht erzielt wird, wenn eine sinnvolle Kombination der verschiedenen Verfahren erfolgt.

3 Optimiertes Vorgehen bei der Grundwasserexploration

Aufgrund des bisher Ausgeführten wird es offensichtlich, daß eine optimale Grundwasserexploration folgendem Vorgehen folgen wird:

- *Sammlung und Aufbereitung der bestehenden Informationen*
  Hierzu gehören alle Informationen, die über ein Gebiet zur Verfügung stehen, von topographischen und thematischen Karten über Messungen an bestehenden Brunnen bis hin zur Berücksichtigung der überlieferten Erfahrungen der Menschen im Gebiet.

- *Einsatz von Fernerkundungsaufnahmen*
  Neben der Möglichkeit, die häufig punktuell bestehenden Informationen in die Fläche zu interpolieren, liefern speziell Satellitendaten weitere Vorteile über großräumige Zusammenhänge der Geologie und Vegetationsarten und Zustände.

- *Detailexploration*
  Das Ergebnis der Auswertung der Fernerkundungsdaten wird in der Regel zur Ausweisung von speziellen Gebieten führen, die auf der Grundlage der genannten Indikatoren als besonders höffig für die weitere Exploration mit klassisch-terrestrischen Methoden zu bezeichnen sind.

4 Der Einsatz von Satellitendaten

Obwohl es unbestritten ist, daß operationelle Satellitendaten gegenüber herkömmlichen Luftaufnahmen ein wesentlich schlechteres Auflösungsvermögen besitzen, empfiehlt sich der Einsatz dieser Daten aufgrund folgender Tatsachen:

- Sie zeigen die relevanten Gebiete in einem synoptischen Blick, so daß wesentlich einfacher räumliche Zusammenhänge leicht erfaßt werden können.

- Sie liefern Informationen aus Spektralbereichen, die dem menschlichen Auge nicht zugänglich sind – vom Infrarot bis in den Mikrowellenbereich – und die sowohl für die lithologischen als auch vegetationsrelevanten Unterscheidungen von eminenter Bedeutung sind.
- Darüber hinaus sind die Daten deutlich preisgünstiger als Luftaufnahmen und können auch kurzfristiger erhoben und bereitgestellt werden.

Für die oben skizzierten Aufgaben der Erhebung von Sekundärinformationen für die Grundwasserexploration stehen heute operationelle Satellitensysteme zur Verfügung, die in Tabelle 1 mit den wesentlichen Spezifikationen genannt sind; dabei haben die Erfahrungen gezeigt, daß insbesondere Daten des U.S.-amerikanischen Landsatsatelliten aufgrund der Verfügbarkeit von Spektralbändern im kurzwelligen und thermalen Infrarot von großer Bedeutung sind.

- Daneben spielen in zunehmenden Maße die Radardaten des europäischen bzw. kanadischen Satelliten ERS bzw. RADARSAT eine große Rolle, da sie eine neue Dimension von Informationen über die Oberflächen bereitstellen (physikalische Parameter wie Oberflächenrauhigkeit und dielektrische Parameter) und bei trockenen Bodenverhältnissen eine sog. Eindringtiefe besitzen, d.h. man erhält Aussagen aus dem „Untergrund" (Eindringtiefe je nach Bodenfeuchte 2-3 m).

5   Auswertung der Satellitendaten

Da die Satellitendaten wertneutrale, physikalische Meßgrößen der reflektierten oder emittierten elektromagnetischen Strahlung darstellen, bedarf es in der Regel noch bestimmter Verfahren, um die jeweils gewünschte Information optimiert darzustellen und zu erfassen.

Hierbei hat sich ein Verfahren bewährt, wie es in Abb. 1 zusammengefaßt ist. Der Kernpunkt ist dabei, daß Methoden der digitalen Bildverbesserung dazu eingesetzt werden, um verbesserte Unterlagen für die visuelle Interpretationen durch einen erfahrenen Fachmann zu erzeugen. Dieser wird aufgrund seiner Erfahrungen und unter Berücksichtigung der zugänglichen Zusatzinformationen die gewünschte Ausweisung von potentiellen Grundwasservorkommen durchführen.

Bezüglich der digitalen Bildverbesserung sei an dieser Stelle angemerkt, daß es kein generelles „Kochrezept" gibt, das garantiert, daß eine optimale Präsentation der gewünschten Indikatoren erfolgt. Vielmehr werden in Abhängigkeit der regionalen Situation und aktuellen Bedingungen während der Datenerhebung unterschiedliche Methoden einzusetzen sein.

Tabelle 1. Derzeit verfügbare Satellitenaufnahmesysteme

	Landsat TM (5)	SPOT3	IRS-1C	MOMS 2P	ERS	RADARSAT
Einsatz seit	1985 -	1993 -	1995 -	1996 -	1991 -	1996 -
Höhe (km)	705	832	817	400	720	720
Inklination (1)	SS	SS	SS	51.6°	SS	SS
Wiederholrate (2)	16	26	24		16	16
Spektralbereiche(3)	VIS/NIR/ SWIR/ TIR	VIS/NIR	VIS/NIR/ SWIR	VIS/NIR	RADAR C-Band	RADAR C-Band
Auflösung (m) (4)	30	P10 / M20	P06 / M23	P06 / M18	25	12
Streifenbreite (km)	185	60	140	80	100	50 - 500
Stereofähigkeit (5)	nein	ja	ja	ja	InSAR	InSAR
Bandgerät	ja	ja	ja	ja	nein	ja

(1) Inklination: die meisten Systeme liefern Daten aus einem sonnensynchronen Orbit mit einer Inklination von ca.97°

(2) Wiederholrate: auf der Basis der sog. Pointingfähigkeit der meisten zukünftigen Systeme ist die Wiederholrate < 3 days

(3) Spektralbereiche: VIS = Sichtbar; NIR = Nashes Infrarot, SWIR = Short Wave Infrarot; TIR =,Thermal-Infrarot

(4) Auflösung: P = panchromatisches Band; M = multispektrale Bänder

(5) Stereofähigkeit: besonders die zukünftigen Sensoren werden sowohl "in track" als auch "cross track" Stereodaten liefern

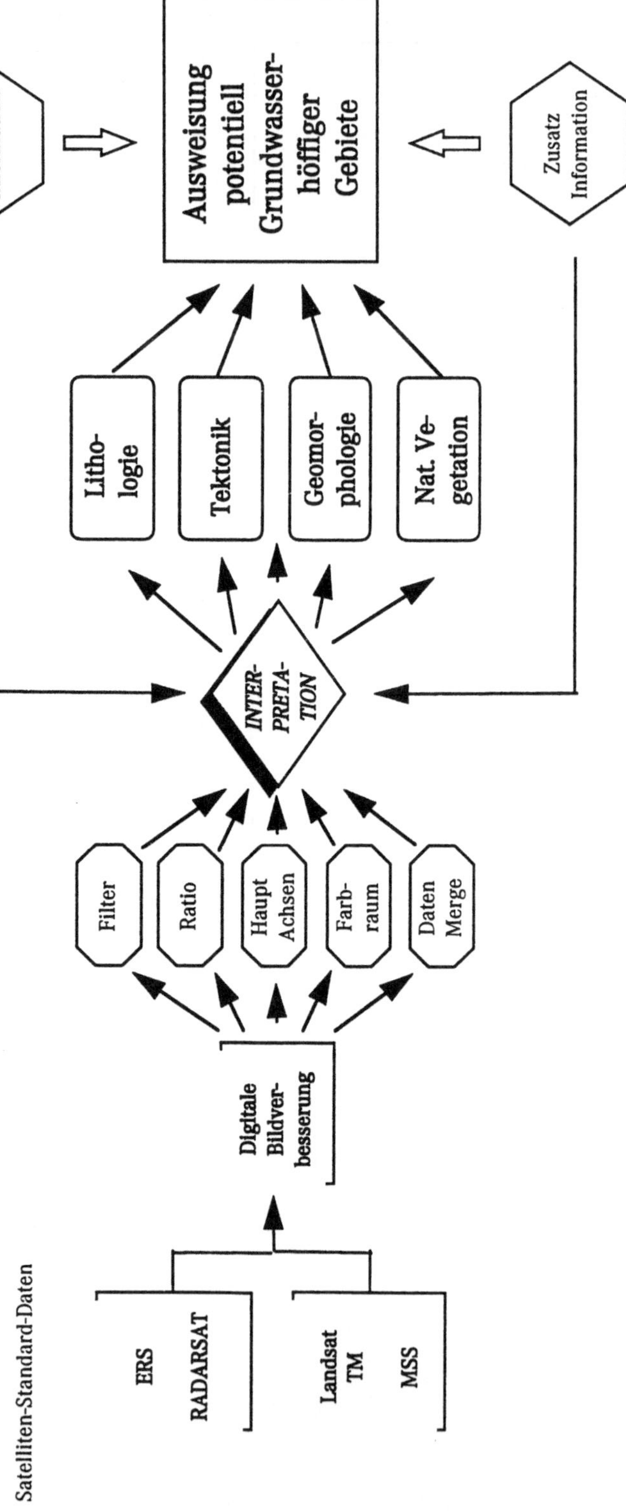

Abb. 1. Vorgehen bei der Interpretation von Satellitendaten

6   Schlußbemerkung

Mit dem vorgestellten Vorgehen beim Einsatz von speziell satellitenerhobenen Fernerkundungsdaten ist eine größtmögliche Verbesserung der Exploration auf Grundwasservorkommen sowohl in inhaltlicher als auch ökonomischer Sicht zu erzielen.

In dem eingangs zitierten Projekt in den Vereinigten Arabischen Emiraten wurde dieser methodische Ansatz in dem Team aus Dasa und GTZ bisher so erfolgreich durchgesetzt, daß bereits die 2. Verifikationsbohrung erfolgreich war und eine erste Ergiebigkeit von ca. 100 m^3 Wasser pro Stunde erbrachte, wobei das geförderte Wasser von hervorragender Qualität ist.

Einsatzmöglichkeiten und Grenzen von numerischen Grundwassermodellen in der hydrogeologischen Praxis

Bernd Hanauer

1 Einleitung

Die Anwendung numerischer GwModelle in der hydrogeologisch-geohydrauli-schen Praxis hat in den vergangenen Jahren ständig zugenommen. Dieses Instru-mentarium wird immer häufiger zur Klärung grundwasserwirtschaftlicher Fragen und zur Planung von GwSanierungsmaßnahmen eingesetzt.

Numerische GwModelle werden eingeteilt in GwStrömungsmodelle und Trans-portmodelle, die i.w. wie folgt eingesetzt werden können:

- **GwStrömungsmodelle:**
  - Hydrogeologische Erkundung,
  - Interpretation von beobachteten GwStänden,
  - Berechnung von Brunneneinzugsgebieten,
  - Bestimmung von GwBilanzen,
  - Quantifizierung des GwUmsatzes,
  - Vorhersage von GwAbsenkungen,
  - Grundlagen für die Betrachtung des Stofftransports;

- **Transportmodelle:**
  - Interpretation von Konzentrationsdaten,
  - Vorhersage von Schadstoffausbreitungen,
  - Risikoabschätzungen bei Standortgutachten.

Die Notwendigkeit einer Modellanwendung hat meist folgende Gründe:

1. Die für wasserwirtschaftliche und ökologische Fragestellungen interessanten Größen wie GwFließgeschwindigkeit oder GwAbfluß sind (i.d.R.) nicht direkt meßbar. Sie müssen indirekt aus den meßbaren Größen wie Piezometerhöhen bestimmt werden. Das numerische Modell vermittelt zwischen meßbaren und benötigten Größen.

2. Das Strömungs- und Transportgeschehen in GwLeitern ist in der Regel so langsam, daß großskalige Naturexperimente häufig nicht zielführend sind oder nur mit sehr großem Aufwand realisierbar sind. Deshalb sind theoretische Prognosemethoden erforderlich.

2   Modellgebiet, Randbedingungen, Vorgehensweise bei der Modellierung

Die praktische GwModellierung erfordert die Festlegung bzw. Abgrenzung des Modellgebietes (bzw. des Modellraumes) nach hydrogeologisch-geohydraulischen Kriterien bzw. unter Berücksichtigung der Randbedingungen.

- Randbedingungen der 1. Art (DIRICHLET-Bedingungen) schreiben die Piezometerhöhen am Rand vor.
- Randbedingungen der 2. Art (NEUMANN-Bedingungen) schreiben den Zu- oder Abfluß auf dem Rand vor. Ein Spezialfall dieser Randbedingung ist der undurchlässige Rand bzw. die Randstromlinie ($Q_{Rand} = 0$).
- Randbedingungen der 3. Art (CAUCHY-Bedingungen) stellen eine Kombination der Randbedingungen der 1. und der 2. Art dar (Leakage-Randbedingungen).
- Für instationäre Modellrechnungen ist zudem die Definition von Anfangsbedingungen erforderlich.

Ein numerisches Strömungsmodell stellt im Ergebnis eine räumlich und zeitlich diskretisierte Wasserbilanz eines Gebietes dar. Finite-Differenzen-Modelle und Finite-Elemente-Modelle sind die am häufigsten benutzten numerischen Verfahren. In jedem Fall ist eine räumliche und – bei instationären Berechnungen – auch eine zeitliche Diskretisierung erforderlich.

Bei der Erstellung und Anwendung eines numerischen GwStrömungs- oder Transportmodells ist in der Regel schrittweise wie folgt vorzugehen:

- Wahl des Modelltyps (z.B. zweidimensional/dreidimensional; stationär/ instationär),
- Wahl der Lösungsmethode (Finite-Differenzen-/Finite-Elemente-Verfahren; Gleichungslöser; Programmauswahl bzw. -erstellung etc.),
- Definition des Modellgebietes und der Randbedingungen, Umsetzung der relevanten Schichtgeometrien, Festlegung der Strategie und der Zielgrößen für die Modelleichung, einschließlich Sensitivitäts- und Plausibilitätsanalyse,
- Eichung (Kalibrierung): Anpassung der unbekannten Modellparameter und Modelldaten mit Hilfe von gemessenen GwStänden, Abflüssen, Untergrundpassagezeiten, Stoffkonzentrationen etc. Die Modelleichung ist ein iterativer

Prozeß, der so lange fortgesetzt wird, bis eine möglichst gute Übereinstimung zwischen Beobachtung und Rechnung erzielt wird. Die Eichung stellt häufig bereits eine Interpretation (Wertung) der vorhandenen Eingabedaten dar.

- Überprüfung der Aussagesicherheit: Anwendung des geeichten Modells auf Eingabedaten, die nicht zu Eichung verwendet wurden („Modellvalidierung"),
- Sensitivitätsbetrachtungen: Eingrenzung der Belastbarkeit des Rechenansatzes bei Veränderung einzelner Modellparameter,
- Modellanwendung: Rechnerische Simulation von hydrogeologisch-geohydraulisch relevanten Prozessen und/oder Maßnahmen: Durchspielen verschiedener Maßnahmen zur Ermittlung von Handlungsalternativen.

3   Hydrogeologisches Modell

Wesentliche Grundlage für ein belastbares numerisches GwModell ist das hydrogeologische Modell. Die Erstellung des hydrogeologischen Modells beinhaltet im Regelfall folgende Arbeitsschritte:

- Darstellung der wesentlichen (modellrelevanten) Komponenten des GwUmsatzes:
  - Einschätzung der Fließraten,
  - Dynamik des GwUmsatzes,
  - Vorflutverhältnisse;
- Definition der relevanten hydrostratigraphischen Einheiten (GwLeiter, Trennhorizonte);
- hydrogeologisch-geohydraulisch begründete Festlegung des Modellgebietes und der Randbedingungen;
- Definition von Homogenbereichen, z.B. für:
  - GwNeubildungsraten (räumliche Verteilung, Zuordnung zu hydrostratigraphischen Einheiten),
  - geohydraulische Kennwerte (k_f-Werte, Transmissivitäten etc.);
- Bewertung der geohydraulischen Wirksamkeit eventueller Störungen im Untergrund, Beurteilung der geohydraulischen Relevanz der Aquifergenese;
- Bewertung der Erkundungstiefe, Darstellung der hydrogeologisch bedingt möglichen Variationsbreiten von Kennwerten, Randbedingungen etc. und daraus resultierende Vorgaben für die Sensitivitäts-/Plausibilitätsanalyse.

Die Präzision des hydrogeologischen Modells entscheidet mit über die Einsatzmöglichkeiten und die Grenzen eines numerischen GwModells. Defizite im hydrogeologischen Modell können kaum durch modelltechnische Maßnahmen bei der numerischen Modellierung kompensiert werden. Nur bei sehr guter Datenlage werden Defizite des hydrogeologischen Modellansatzes im Rahmen der numerischen Eichung signifikant. Unschärfen im hydrogeologischen Modell setzen die Aussagefähigkeit des numerischen Modells i.d.R. erheblich herab.

4   Fallbeispiele

Anhand verschiedener Fallbeispiele sollen die Inhalte eines hydrogeologischen Modells als Grundlage für die numerische Modellierung sowie die Einsatzmöglichkeiten und Grenzen von numerischen GwModellen aufgezeigt werden:

1. Beispiel: Hydrogeologisches Modell
Darstellung des Aufbaus und der Inhalte eines hydrogeologischen Modells am Fall eines GwRegimes bestehend aus 2 wasserwirtschaftlich genutzten GwLeitern mit zwischengeschaltetem Trennhorizont im mittelfränkischen Sandsteinkeuper.

2. Beispiel: Prognose hydraulischer Sicherungsmaßnahmen: Abfangbrunnen
Berechnung der Wirksamkeit von Abfangbrunnen zur hydraulischen Sicherung eines Industriestandortes.

3. Beispiel: Prognose hydraulischer Sicherungsmaßnahmen: Dichtwandlösungen
Berechnung der dauerhaften Wirksamkeit von Dichtwandumschließungen zur hydraulischen Sicherung einer Altdeponie und einer betriebenen Deponie.

4. Beispiel: Prognose von GwAbsenkungen
Planung einer GwHaltungsmaßnahme für den Bau einer Dichtwandumschließung einer Altdeponie mittels instationärer GwModellrechnungen.

5. Beispiel: Berechnung einer Schadstoffausbreitung mit dem GwStrom
Prognose der Ausbreitung einer LHKW-Fahne im Grundwasser mittels eines mehrschichtigen GwStrömungs- und Transportmodells.

6. Beispiel: Berechnung der GwStrömung in einem extrem dynamischen System
Darstellung eines instationären, mehrschichtigen GwStrömungsmodells.

Literatur

Anderson, M.P., Woessner, W.W. (1991) Applied Groundwater Modeling – Simulation of Flow and Advective Transport, Academic Press, San Diego
Kinzelbach, W., Rausch, R. (1995) Grundwassermodellierung – Eine Einführung mit Übungen, Gebr. Bornträger, Berlin, Stuttgart

Reinigung stark belasteter Grundwässer mittels Elektronenstrahltechnik (ELTRONDEC®)

Heidrun Lorenzl

1 Kurzer Abriß der geschichtlichen Entwicklung

Bereits seit den 50er Jahren werden hochenergetische Elektronenstrahlen kommerziell genutzt. Erste großindustrielle Anwendungen lagen in der Polymerisierung zur Herstellung von Kunststoffen und zur Ummantelung von Kabeln. Heute steht eine weite Palette an spezialisierten Beschleunigern und das notwendige Fachwissen zur Verfügung, um wirtschaftlich und zuverlässig arbeitende Systeme einsetzen zu können. Die Anwendung hat sich seitdem auf folgende Bereiche ausgeweitet:

- Im Bereich der Metallverarbeitung werden unterschiedlichste Varianten zum Schweißen und Härten von Legierungen verwendet,
- Haltbarmachung von Lebensmitteln,
- im Bereich der Medizintechnik werden Elektronenstrahlen eingesetzt, um chirurgische Instrumente zu sterilisieren,
- spezielle Elektronenbeschleuniger werden für therapeutische Zwecke genutzt.

Heute sind in über 25 Ländern mehrere hundert Elektronenbeschleuniger für industrielle Anwendungen im Einsatz. Diese Anwendungen unterscheiden sich durch die Verfahrensparameter der Strahlleistung und der Beschleunigungsspannung. In Tabelle 1 sind die Einsatzbereiche gegenübergestellt.

Als Novum wird das Anwendungsgebiet der Umwelttechnik seit den 80er Jahren durch eine wissenschaftliche Forschergruppe um das Professorenteam W.J.E. Cooper, C.N. Kurucz und T.D. Waite in Miami bearbeitet.

Nach ersten positiven Studien über die generelle Durchführbarkeit des Verfahrens wurde an einem der Klärwerke der Stadt Miami eine Behandlungsanlage zur Durchführung der weiteren Untersuchungen aufgebaut. An dieser Anlage wurden die wissenschaftlichen Grundlagen für den industriellen Einsatz der ELTRON-DEC®-Technologie zur Reinigung von organisch belasteten Wässern und Schlämmen gelegt. Im Rahmen eines Programms der Environmental Protection Agency

(EPA, vergleichbar dem Umweltbundesamt) wurde das ELTRONDEC®-Verfahren inzwischen der US-amerikanischen Öffentlichkeit als geprüfte und empfehlenswerte Technologie vorgestellt.

Tabelle 1. Einsatzbereiche der Elektronenstrahl(ES)-Technologie

Einsatzbereich	Verfahrensparameter	
Stand: Nov. 95	Strahlleistung [kW]	Beschleunigungs-spannung [kV]
ES-Metallurgie, ES-Schweißen	2500	< 100
ES-Lackhärten, ES-Lithographie, ES-Kunststoffkonfigurierung, (ES-Dünnschichtbehandlung)	0,01...25	< 50
ES-Produktsterilisation, ES-Molekülvernetzung	...10	...4500
ES-Desinfektion, ES-Sterilisation	...45	> 250
ES-Wasser- und Schlamm-behandlung	80 ...200	500...1500

2   Technikbeschreibung

Das Prinzip der Strahlerzeugung läßt sich stark vereinfacht wie folgt darstellen: Durch einen elektrischen Strom wird ein Draht im Vakuum stark erhitzt. Dabei treten einzelne Elektronen aus dem Draht aus. Durch das Anlegen einer sogenannten Ziehspannung werden die Elektronen vom Draht weg in das starke elektrische Feld des eigentlichen Beschleunigers bewegt. Beim Durchlaufen dieses Beschleunigungsfeldes, erzeugt durch die Beschleunigungsspannung U_B, erreichen die Elektronen nahezu Lichtgeschwindigkeit.

Je nach Einsatzgebiet des jeweiligen Beschleunigers können hierbei Elektronenenergien von einigen MeV (Megaelektronenvolt) und Strahlleistungen von einigen 100 kW erreicht werden. Aufgrund der Ladung der Elektronen kann deren Flugbahn durch elektrische und magnetische Felder beeinflußt werden. Somit ist es möglich, eine gezielte Flugbahn vorzugeben (Prinzip entsprechend der Fernsehbildröhre). Für den wirtschaftlichen Einsatz von Elektronenbeschleunigern im

ELTRONDEC®-System bieten sich Geräte mit einer Beschleunigungsspannung von 500 keV bis zu 1,5 MeV und einer Strahlleistung von 80-200 kW an. Anlagen dieser Ausführung lassen sich noch relativ leicht handhaben und mit vergleichsweise geringem Aufwand betreiben.

3   Einsatz von Elektronen zur Reinigung organisch befrachteter Medien

Die Reinigungsleistung der ELTRONDEC®-Technologie basiert auf dem Einbringen der hochenergetischen Elektronen in das zu reinigende wässerige Medium. Durch die Energie der Elektronen wird im Wasser eine Vielzahl von chemischen Reaktionen eingeleitet. Die Elektronen brechen sowohl Wasser als auch Schadstoffmoleküle auf. Die so entstehenden Bruchstücke sind verschiedenartige Radikale, die reduzierende und oxidierende Eigenschaften aufweisen.

$$H_2O \rightarrow [2,7]\ OH^{\bullet} + [2,6]\ e^{-}_{aq} + [0,6]\ H^{\bullet} + [0,7]\ H_2O_2 + [2,6]\ H_3O^{+} + [0,45]\ H_2$$

Die Zahlen in Klammern geben die pro 100 eV absorbierter Energie erzeugten Spezies an. Die reaktivsten Produkte dieser chemischen Reaktion sind die oxidierenden Hydroxylradikale ($OH^{\bullet}$) und die reduzierenden solvatisierten Elektronen (e^{-}_{aq}) und die Hydrogenradikale ($H^{\bullet}$). Das Vorhandensein von reduzierenden und oxidierenden Bestandteilen in nahezu gleichen Konzentrationen in wässeriger Lösung ist einmalig für diesen Prozeß und unterscheidet ihn von anderen Oxidationstechniken (z.B. Ozon/UV). Durch diese Konstellation werden unselektiv sämtliche Schadstoffmoleküle in Sekundenbruchteilen umgesetzt und zerlegt. Die Prozeßführung kann je nach Anforderungsprofil so ausgelegt werden, daß ein Schadstoffabbau bis hin zu Kohlendioxid, Wasser und Salzen erfolgt.

Dieses Wirkprinzip verdeutlicht, daß die ELTRONDEC®-Technologie unabhängig von der Beschaffenheit des zu reinigenden Mediums hinsichtlich Färbung und Trübung eingesetzt werden kann. Auch Feststoffe in der Flüssigkeit mit einem Anteil von bis zu 8% beeinflussen die Reinigungsleistung nicht. Hohe Salzfrachten und Metallgehalte sind ebenfalls weitgehend ohne Effekt auf die Leistungsfähigkeit der Anlage. Aufgrund der spezifischen Wirksamkeit der hochenergetischen Elektronen zur Initiierung von Abbaureaktionen wird ein deutlicher unselektiver Schadstoffabbau mit nur geringem Energieeintrag erreicht. Die Eingangstemperatur für das zu behandelnde Medium ist für die Effektivität des Reinigungsprozesses nicht von Bedeutung.

Damit stellt sich die ELTRONDEC®-Technologie als leistungsfähiges Verfahren dar, um Wässer mit hohen Belastungen durch Schadstoffe wie z.B. PAK, PCB, BTEX, CKW und Pestizide etc. zu reinigen, wobei Giftstoffe vollkommen abgebaut werden können. Zusätzlich erfolgt eine Hygienisierung des behandelten Materials. Eine wirtschaftliche Lösung zur Entsorgung von toxischen und hoch-kontaminierten Medien bietet die Verfahrenskombination der ELTRONDEC®-Technologie mit einer biologischen Nachbehandlung. Durch die vorgeschaltete Elektronenstrahlbehandlung werden die Schadstoffmoleküle in niedermolekulare organische Säuren zerlegt. Diese Säuren bilden für kläranlagentypische Mikroorganismen ein Grundsubstrat und sind somit gut zu verwerten.

4   ELTRONDEC®-Anlagenausführungen

Die in Miami realisierte Anlage ist mit einem 1,5-MeV-Beschleuniger ausgerüstet, so daß sämtliche Untersuchungen im großtechnischen Maßstab mit einer Durchsatzleistung von bis zu 20 m³/h durchgeführt werden können. Diese Anlage steht der HVEA-D GmbH zur Durchführung von wissenschaftlichen Tests zur Verfügung.

Auf Initiative der HVEA-D GmbH hin wurde zudem eine vollmobile Anlage zur Durchführung von Voruntersuchungen entwickelt und gebaut. Diese Anlage wird in Deutschland direkt beim Kunden eingesetzt. Diese leistungsschwächere Anlage (20 kW Strahlleistung) ist komplett auf einem Tieflader montiert. Da alle für den Betrieb notwendigen Komponenten (Beschleuniger, Pumpen, eigene Energieversorgung) integriert sind, ist ein Transport zu entsprechenden Einsatzorten problemlos möglich (Abb. 1).

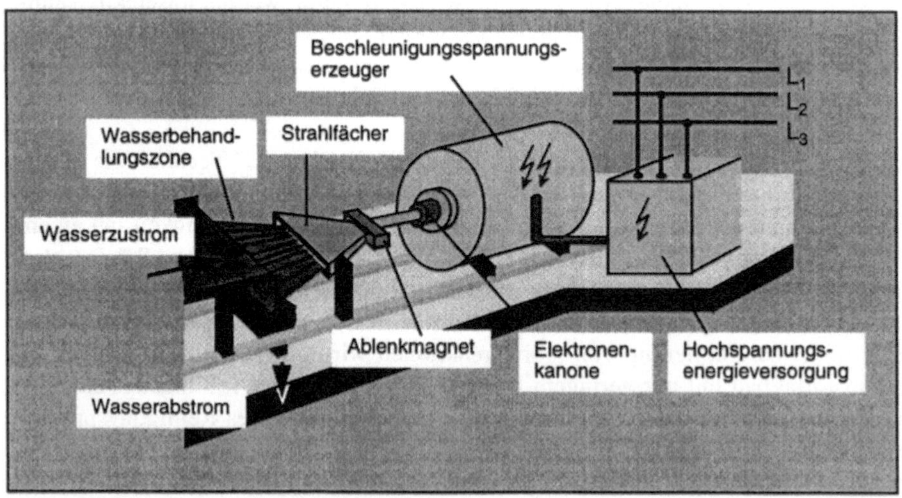

Abb. 1. Technisches Prinzip der ELTRONDEC®-Anlage

Neben der Großforschungsanlage in den USA und der vollmobilen Anlage ist eine weitere Anlagenausführung entwickelt worden. Diese als semimobile Anlage bezeichnete Ausführung vereinbart den Vorteil der Mobilität mit einer höheren Leistungsfähigkeit (80 kW Strahlleistung). Diese bietet eine marktgerechte Lösung und wird ab Ende 1996 in Deutschland zur Verfügung stehen.

Somit sind drei Anlagenvarianten verfügbar:

* *Vollmobile Anlagenausführung* auf einem Tieflader komplett montiert: Diese Anlage wird zur Durchführung von Vorstudien direkt beim Kunden eingesetzt und dient insofern nur als Demonstrationsanlage.
* *Semimobile Anlage* in Containerbauweise: Diese Anlagenvariante kann innerhalb kurzer Zeit bei dem Kunden aufgebaut werden und betriebsbereit sein. Die modulare Bauweise erlaubt es, die Anlagen auf den jeweiligen Bedarf abzustimmen und auch nachträglich noch zu erweitern.
* Für Aufgaben, die einen Betrieb über einige Jahre erkennen lassen, kann eine *stationäre Anlagenvariante* erstellt werden, die vor Ort verbleibt.

Sowohl die semimobile Anlage als auch die stationäre Anlage können neben dem Betrieb zum Reinigen von Wässern auch zur Behandlung von Schlämmen etc. eingerichtet werden.

5   Einsatzbereiche der ELTRONDEC®-Technologie

Neben den herkömmlichen Einsatzgebieten in der Klärschlammentwässerung, in der Sterilisierung und in der Trinkwasseraufbereitung ist ein erfolgreicher Einsatz in der Altlastensanierung zur Aufbereitung von kontaminierten Grundwässern sowie von Waschwässern aus der Bodenreinigung nachweislich gegeben. Derzeit konzentrieren sich die Anwendungsgebiete zunehmend auf die Behandlung von Deponiesickerwässern und industriellen Prozeßwässern. Die in Tabelle 1 aufgeführten Substanzen wurden bislang als Einzelstoff oder als Chemikaliengemisch mit der ELTRONDEC®-Technologie erfolgreich getestet.

6   Grundwasseraufbereitung mit der ELTRONDEC®-Technologie

6.1   Verfahrenstest Espenhain

Wie bereits im Verfahrenstest „Lochau" wurde die mobile 500-keV-ELTRONDEC®-Anlage eingesetzt, die eigens für die Erstellung von Machbarkeitskeitsstudien in Zusammenarbeit mit der HVEA Inc, Miami, konstruiert und erbaut wurde (s. Abb. 1).

Tabelle 1. Mit der ELTRONDEC®-Technologie erfolgreich getestete Substanzen

Acenaphten*	Dodecan
Acenaphthylen*	DDD
Acetat*	DDE
Aceton*	DDT
Acetaldehyd*	Decan
Anilin	Dibenzo(a/h)anthracen
Anthracen*	Dibromchlormethan*
Aroclor	1,2-Dibrom-3-chlorpropan (DBCP)
Atrazin	1,2-Dibromethan (EDB)
	1,2-Dichlorbenzol*
Benzol*	1,3-Dichlorbenzol*
Benzo(a)anthracen*	1,4-Dichlorbenzol*
Benzo(a)fluoranthen*	2,2´-Dichlorbiphenol
Benzo(k)fluoranthen*	4,4´-Dichlorbiphenol
Benzo(a)pyren*	1,1-Dichlorethan*
Benzo(g/h/i)perylen*	1,2-Dichlorethan*
Biphenyl*	1,2-Dichlorpropan*
Bromdichlormethan*	1,3-Dichlorpropan*
Bromoform	1,1-Dichlorethylen*
2-Butanon (MEK)*	cis-1,2-Dichlorethylen
Butylacetat	trans-1,2-Dichlorethylen*
tert. Butylbenzol	2,4-Dichlorphenol
Butyraldehyd*	2,6-Dichlorphenol
	2,4-Dichlorphenoxyessigsäure (2,4-D)
Carbazol	cis-1,3-Dichlorpropylen
Chlorbenzol*	trans-1,3-Dichlorpropylen
2-Chlorbiphenyl	Dieldrin
3-Chlorbiphenyl	Diethylmethylphosphonat (DEMP)
4-Chlorbiphenyl	m-Dihydroxyphenol
Chloroform*	o-Dihydroxyphenol
2-Chlorphenol	p-Dihydroxyphenol*
3-Chlorphenol	Diisopropylbenzol
4-Chlorphenol	Diisopropylmethylphosphonat (DIMP)
Chrysen*	Dimethylether
o-Cresol	
m-Cresol	Ethylbenzol*
p-Cresol	Endrin
Cumolhydroperoxid*	
	Fluoranthen*
Dimethylethylbenzol	Fluoren*
Dimethylmethylphosphonat (DMMP)	Formaldehyd*
2,4-Dimethylphenol	Formiat*
1,4-Dioxane	

Glyoxal*

α-HCH
β-HCH
δ-HCH
γ-HCH (Lindan)
2,2´,3,4,4´,5,5´-Heptachlorbiphenyl
Heptamethyldecan*
Hexachlorbenzol*
2,2´,4,4´,5,5´-Hexachlorbiphenyl
2,2´,3,4,4´,5´-Hexachlorbiphenyl
Hexachlor-1,3-butadien
Hexachlorethan
Hexamethyldecan*

Indeno(1,2,3-cd)pyren

Methanol*
Methylchlorid*
2-Methyldecan*
Methylglyoxal
Methylhydoperoxid*
4-Methylphenol*
Methylphosphonat
Methylstyrol

Naphthalin*
Nitrobenzol*
Nitrocellulose
Nitroguanidin
2-Nitrophenol
3-Nitrophenol
4-Nitrophenol
Nonadecan*

Octacosan*

2,2´,4,5,5´-Pentachlorbiphenyl
Pentachlorphenol
Phenanthren*
Phenol*
Propionaldehyd*
Pyren
Pyridin

RDX

Simazin
Styrol

1,2,3,5-Tetrachlorbenzol*
1,2,4,5-Tetrachlorbenzol*
2,2´,5,5´-Tetrachlorbiphenyl
1,1,1,2-Tetrachlorethan*
Tetrachlorethylen (PCE)*
Tetrachlorkohlenstoff*
Tetramethyldecan
Tetramethylbenzol
Tetramethyl-Heptaoctan
Toluidin
Toluol*
1,2,4-Trichlorbenzol*
2,4,4´-Trichlorbiphenyl
1,1,1-Trichlorethan*
1,1,2-Trichlorethan*
Trichlorethylen (TCE)*
Trichlormethan*
Trimethyldodecan
Trinitrotoluol

Vinylchlorid

m-Xylol*
o-Xylol*
p-Xylol*

Stand: 23.01.96

Die Ergebnisse, die mit dieser Anlagenvariante erzielt werden, geben erste Hinweise auf die prinzipielle Behandelbarkeit der angelieferten Medien und dienen der Kostenabschätzung für die Behandlung mit der leistungsstärkeren, industriellen Ausführung, der semimobilen ELTRONDEC®-Anlage.

Als Standort wurde das Gelände der MUEG, Betriebsteil Espenhain, ausgewählt. Für die Versuche standen insgesamt 27 Probewässer zur Verfügung. Darunter waren neben kontaminierten Grund- und Oberflächenwässern auch Prozeßwässer aus der chemischen Industrie, Spül- und Waschwässer, Deponiesickerwässer und organisch belastete Schlämme vertreten. Im folgenden wird die Aufbereitung von drei unterschiedlich belasteten Wässern dargestellt (Tabelle 2). Dabei handelt es sich um zwei Grundwässer (Wasser I und II) und ein als Wasser III bezeichnetes hochgradig HCH-haltiges Wasser, das bei der Aufbereitung von HCH-Abprodukten anfällt.

Tabelle 2. Charakterisierung ausgewählter Testwässer

Parameter	Wasser I (Grundwasser)	Wasser II (Grundwasser)	Wasser III (HCH-haltiges Wasser)
CSB [mg/l]	920	137	8260
BTEX [µg/l]	–	**15 850**	–
Phenole [µg/l]	–	–	–
Benzol [µg/l]	**2000**	–	–
Chlorbenzol [µg/l]	**9100**	–	–
AOX [µg/l]	8700	**53 500**	**39 100**
Summe LHKW [mg/l]	–	**14 090**	
Trichlormethan [µg/l]	140	13 670	–
Tetrachlormethan [µg/l]	5000	–	–
Trichlorethen [µg/l]	–	230	–
1,2-Dichlorethan [µg/l]	930	–	–
Summe HCH [µg/l]	–	**4**	**7567,9**

Für die Behandlung wurde die Verfahrensalternative der Rezirkulierung gewählt, um je nach Anforderungsprofil die beste Abbaubarkeit zu dokumentieren. Das Versuchsprogramm umfaßte verschiedene Verfahrensschritte mit unterschiedlichen Behandlungsintensitäten, wobei pro Testbereich Proben für die analytische Auswertung gezogen wurden.

6.2   Darstellung der Ergebnisse

Da den Auftraggebern eine vertrauliche Behandlung der Analysedaten zugesichert wurde, werden die Belastungen nur auszugsweise und anonymisiert dargestellt. Die drei hier beispielhaft vorgestellten Wässer werden aus diesem Grund mit Wasser I, II und III gekennzeichnet.

Wasser I

Bei diesem Material handelte es sich um Grundwasser mit einem pH-Wert von 6,7, das besonders stark mit Chlorbenzol (bis zu 5,4 mg/l) sowie LHKW wie 1,2-Dichlorethen (bis zu 2,1 mg/l) kontaminiert ist. Die Analysenergebnisse sind in Tabelle 3 und in Abb. 2 und 3 dargestellt.

Tabelle 3. Analysenergebnisse zur Behandlung von Grundwasser II

Schadstoffe[a]	Testbereich[b]						Abbaurate
	0	0,7	3	5	7	9	[%]
CSB [mg/l]	920	885	845	845	770	805	12,50
AOX [mg/l]	8,7			3,6		2,6	70,10
Chlorbenzol [µg/l]	9100	3900	1250	250	300	20	> 99,99
Benzol [µg/l]	2000	1200	20	25	0	0	> 99,99
Tetrachlormethan [µg/l]	5000	2700	1010	270	20	0	> 99,99
Dichlorethan-1,2 [µg/l]	930	480	0	0	0	0	> 99,99
Trichlormethan [µg/l]	140	75	45	30	15	10	99,93

[a] Unter „Schadstoffe" werden auch Summenparameter aufgeführt; Werte unterhalb der Nachweisgrenze werden mit „0" dargestellt.
[b] Der Testbereich „0" entspricht der Belastung vor Behandlung.

Anhand des Summenparameters AOX läßt sich nach dem 5. Testbereich eine Abnahme um 60%, nach Beendigung des Versuchs um 70% feststellen. Somit ist eine Behandlung des Wassers zu einem einleitfähigen AOX-Gehalt zu gewährleisten.

Wasser II

Hinter Wasser II verbirgt sich eine Altlast, die durch hochgradig mit Aromaten und halogenierten Kohlenwasserstoffen belastetes Grundwasser gekennzeichnet ist. Die halogenorganischen Kontaminationen setzen sich überwiegend aus bromierten und chlorierten leichtflüchtigen Kohlenwasserstoffen zusammen. Daneben wurden Verunreinigungen durch BETX und HCH detektiert. Die Analysenergebnisse sind in Tabelle 4 dargestellt.

Bereits nach dem ersten Testbereich ist eine Abnahme an AOX um 56% des Ausgangswertes und nach Abschluß des Versuchs um 97,57% zu verzeichnen. Die Konzentrationen an LHKW verringern sich nach dem ersten Testbereich um ca. 81% auf 99,6% nach Versuchsende. Eine zusätzliche Verunreinigung durch BETX mit Ausgangsgehalten von 15,9 mg/l werden zu 97,4%, durch HCH (als Summe analysiert) bis zur Nachweisgrenze abgebaut. Dieses Grundwasser ist mit einer entsprechend ausgelegten ELTRONDEC-Anlage im Durchflußverfahren bis zu den geforderten B-Werten der Niederländischen Liste zu reinigen.

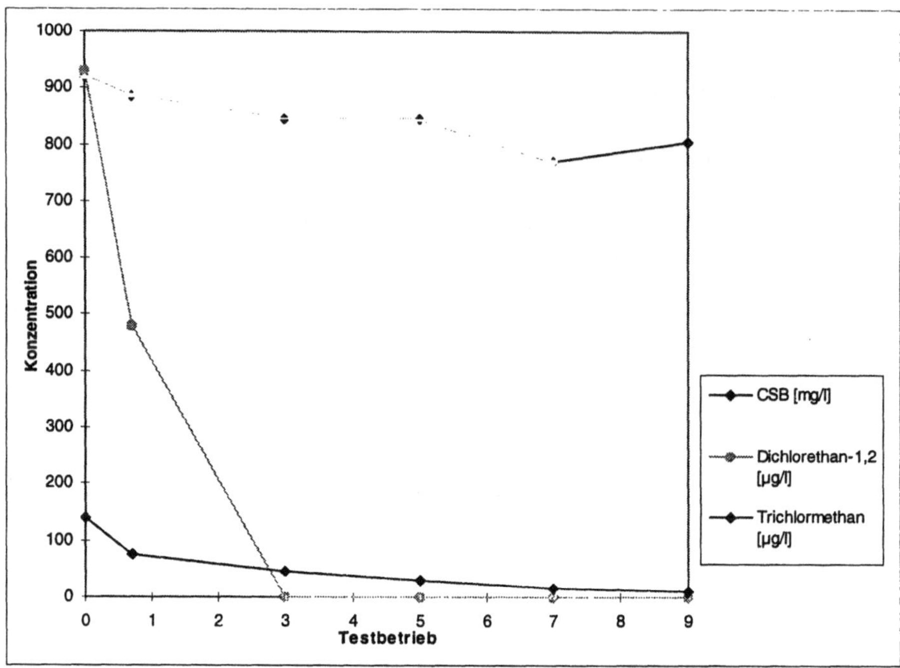

Abb. 2. Konzentrationsverlauf CSB, 1,2-Dichlorethan und Trichlormethan

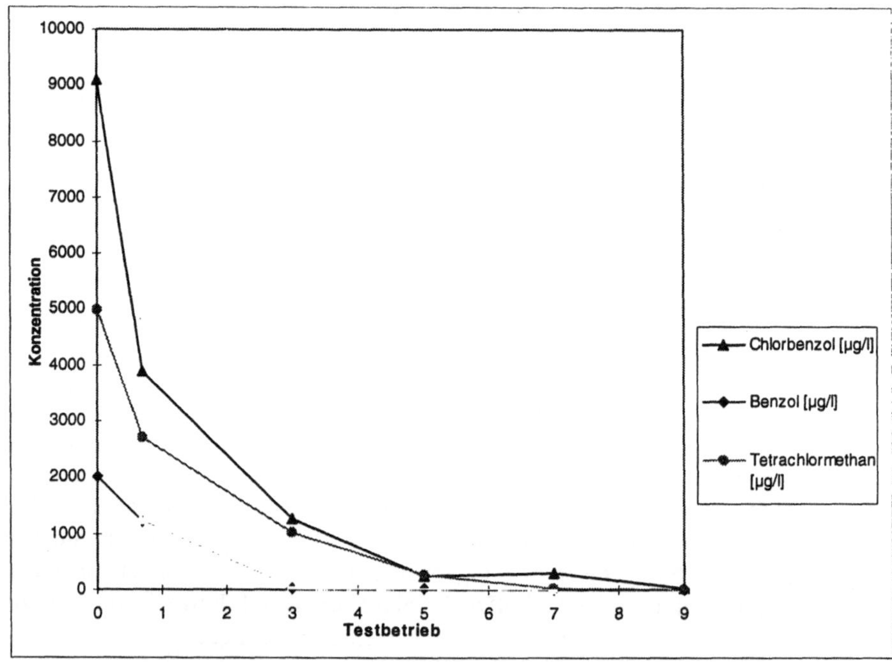

Abb. 3. Konzentrationsverlauf Benzol, Chlorbenzol, Tetrachlormethan

Tabelle 4. Analysenergebnisse zur Behandlung von Wasser II

Schadstoffe[a] [mg/l]	Testbereich[b]						Abbaurate [%]
	0	0,7	3	5	7	9	
CSB	137	132	139	98,5	60	75	45,26
AOX	53,5	23,5		4,4		1,3	97,57
BTEX	15,85			4,1		0,41	97,41
Summe LHKW	14,09	2,693		0,464		0,059	99,58
Trichlormethan	13,668	2,415		0,31		0,002	99,99
1,2-Dichlorpropan	0,051	0,029		0,0095		0,002	96,08
Trichlorethen	0,23	0,02		0,003		0,001	99,57
Summe HCH	0,004			0		0	> 99,99

[a] Unter „Schadstoffe" werden auch Summenparameter aufgeführt;
Werte unterhalb der Nachweisgrenze werden mit „0" dargestellt.
[b] Der Testbereich „0" entspricht der Belastung vor Behandlung.

Wasser III

Bei der Synthese des Pflanzenschutzmittels γ-Hexachlorcyclohexan (HCH) fallen in gleichen Mengen die Isomere des γ-HCH als Nebenprodukt an. Eine zufriedenstellende Aufbereitung dieser Abprodukte ist bislang nicht dokumentiert worden. Mit dem ELTRONDEC®-Verfahren ist eine Behandlung dieser Abprodukte in flüssiger Form mit einem vielversprechenden Ergebnis durchgeführt worden.

Da PSM eine zunehmende Bedrohung für Grund- und Trinkwasser darstellen, werden im Rahmen dieses Beitrags kurz die Ergebnisse zusammengefaßt.

Das Ziel dieses Versuchs war es, erste Aussagen zur generellen Behandelbarkeit dieser toxischen Abprodukte machen zu können. Während des Tests konnte eine Verringerung auf 74,38% des Anfangs-CSB erreicht werden. Einhergehend war eine ca. 50%ige Abnahme an AOX sowie eine ca. 92,7%ige Abnahme der Organochlorpestizide HCH zu verzeichnen. Die bereits mit der mobilen Testanlage erlangten sehr guten Abbauraten zeigen die generelle Behandelbarkeit dieses Problemwassers (Tabelle 5).

Das ELTRONDEC®-Verfahren bietet gerade bei der Behandlung von schwerstabbaubaren und hochkontaminierten Medien eine Verfahrensalternative. Wässer des hier dargestellten Belastungsgrades mit dem Isomerengemisch von Hexachlorcyclohexanen lassen sich in der entsprechend ausgelegten industriellen Ausführung aufbereiten.

Tabelle 5. Analysenergebnisse des Wassers III

Schadstoffe[1] [mg/l]	Testbereich				Abbaurate [%]
	0	0,6	3	5	
CSB	8260			6144	25,62
BSB$_5$	2660			3490	-
AOX	39,1			20,1	48,59
beta-HCH	1,141	0,5923	0,128	0,1057	90,74
gamma-HCH (Lindan)	0,7296	0,4297	0,0398	0,0453	93,79
delta-HCH	0,349	0,2673	0,0224	0,0293	91,60
HCH-Isomer	0,341	0,179	0,0213	0,0226	93,37
Summe HCH	7,5679	1,6648	1,0388	0,5477	92,76
pH-Wert:	6,9			6,4	

[a] Unter „Schadstoffe" werden auch Summenparameter aufgeführt; Werte unterhalb der Nachweisgrenze werden mit „0" dargestellt.

[b] Der Testbereich „0" entspricht der Belastung vor Behandlung.

Zusammenfassung

Die auszugsweise dargestellten Analysenergebnisse des Verfahrenstests Espenhain im Juli/August 95 bestätigen die Leistungsfähigkeit der ELTRONDEC®-Technologie in der Aufbereitung von kontaminierten Grundwässern.

Eine Reduktion der organischen Gesamtbelastung (CSB) sowie von einzelnen Summenparamtern wie BETX, LHKW, HCH, AOX u.a. ist nachweislich gegeben. Dabei ist hervorzuheben, daß die Testergebnisse auf der Leistungsfähigkeit der mobilen 500-kV-Anlage beruhen. Die mit dieser Anlage erlangten Daten münden in eine Anlagenkonzeption ein, die auf die jeweilige Aufgabenstellung zugeschnitten ist. Mit der industriell einsetzbaren, semimobilen Anlage stehen höhere Durchsatzvolumina und Elektronenenergien zur Verfügung, so daß die hier beispielhaft dargestellten Wässer zu einer einleitfähigen Kondition gebracht werden.

Literatur

Cooper, W.J., Cadivid, E., Nickelsen, M.G., Lin, K., Kurucz, C.N., Waite, T.D. (1993) Removing THMs from drinking water using high-energy electron-beam irradiation, J. Am. Water Works Assoc. **85**, 106

Cooper, W.J., Meacham, D.E., Nickelsen, M.G., Lin, K., Ford, D.B., Kurucz, C.N., Waite, T.D. (1993) An innovative treatment process for the removal of trichloroethylene (TCE) and tetrachloroethylene (PCE) from aqueous solution using high energy electrons, J. Air Waste Management Assoc. **48**, 1358

Kurucz, C.N., Waite, T.D., Cooper, W.J. (1995) The Miami electron beam research facility: A large-scale wastewater treatment application, Radiat. Phys. Chem. Vol. **45**, No. 2, 299-308

Kurucz, C.N., Waite, T.D., Cooper, W.J., Nickelsen, M.G. (1995) Empirical models for estimate the destruction of toxic organic compounds utilizing electron beam irradiation at full scale Radiat. Phys. Chem. Vol. **45**, No. 5, 805-816

Nickelsen, M.G., Cooper, W.J., Lin, K., Kurucz, C.N., Waite, T.D. (1994) High energy electron beam generation of oxidants for the treatment of benzene and toluene in the presence of radical scavengers Water Res. **28**, 1227

Wang, T., Waite, T.D., Kurucz, C.N., Cooper, W.J. (1994) Oxidant reduction and biodegradability improvement of paper mill effluent by irradiation, Water Res. Vol. **28**, No. 1, 237-241

Grundwasserreinigung eines kontaminierten Kokereigeländes – Abbau von PAK mittels Membranbiofilmreaktor

Matthias M. Kniebusch

Einleitung

Als Folge der Industrialisierung existieren in der Bundesrepublik Deutschland und in anderen Ländern eine große Anzahl kontaminierter Standorte, die ein weitgefächertes Spektrum an Kontaminationen aufweisen. Hierbei haben wir es neben alten Produktionsstandorten der chemischen Industrie und der Mineralölindustrie u.a. auch mit Kokereien und Deponien zu tun. Die vorkommenden Kontaminationen können sowohl anorganischer als auch organischer Natur sein. Vielfach liegen sogenannte Mischkontaminationen vor, die häufig auch Schwermetalle und ihre organischen Verbindungen enthalten. Unter den Emissionspfaden einer Altlast (Abb. 1) gehört der wässerigen Phase verstärkte Aufmerksamkeit, da vielfach eine Gefährdung von Trinkwasserreservoirs und Oberflächenwässern besteht oder nicht sicher ausgeschlossen werden kann.

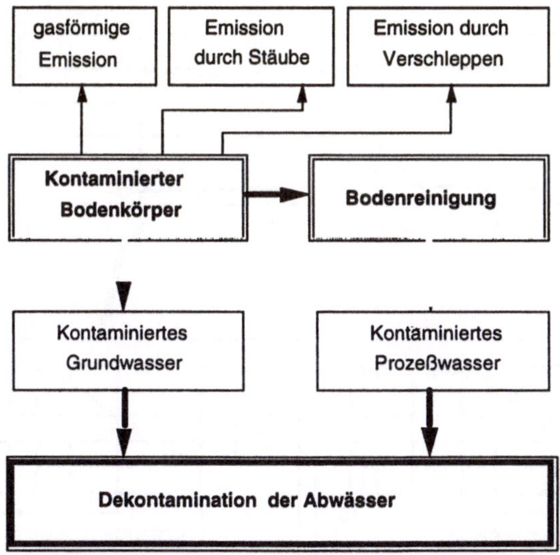

Abb. 1. Emissionspfade kontaminierter Bodenkörper unter besonderer Berücksichtigung der Abwässer

Im Fall des hier untersuchten Kokereigeländes mit einem nahen Oberflächenwasser liegt eine Kontamination aus dem organischen Bereich vor. Der Anteil an Schwermetallen befindet sich im Spurenbereich, so daß ausschließlich organische Kontaminationen zu beachten sind. Unter dem Aspekt des Kokereibetriebes unter Einbeziehung einer Nebengewinnung von verschiedenen Teerölfraktionen liegt im wesentlichen eine Kontamination mit polyzyklischen aromatischen Kohlenwasserstoffen (PAK) vor. Im Verlauf der beginnenden Sanierung wurden zunächst Sicherungsmaßnahmen durchgeführt und gezielt über Brunnen Grundwasser aus dem relevanten Grundwasserleiter entnommen, um diese nach einer vorgeschalteten Flockung über Aktivkohlesäulen zu reinigen. Vor dem Hintergrund der hohen Betriebskosten durch Austausch der Aktivkohle und ihrer Entsorgung wurde vorgeschlagen, unter Einbeziehung einer biologischen Reinigungsstufe die Standzeiten der Aktivkohlesäulen zu verlängern oder auf diese vollständig zu verzichten.

Grundwasser und Modellabwässer

Die Durchführung der Arbeiten beinhaltete neben der Untersuchung von Abwässern mit gelöst vorliegenden PAK auch Untersuchungen von Emulsionen, wie sie bei der Sanierung des Bodenmaterials z.B. durch Bodenwäsche im späteren Verlauf der Sanierung anfallen könnten. Untersuchungen an Modellemulsionen zeigten, daß diese ohne Verwendung von Hilfsstoffen stabil hergestellt werden können und vergleichbar den Emulsionen sind, wie sie bei Dekontaminationsverfahren auftreten können (Abb. 2). Weiterhin zeichnen sich die Emulsionen durch hohe Schadstoffgehalte aus (1000-10 000 mg C_{org}/l).

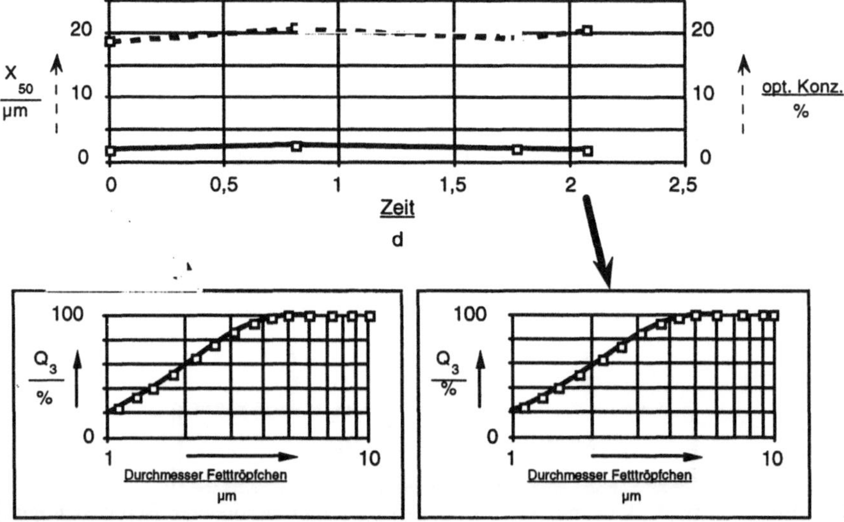

Abb. 2. Die Stabilität von Öl-Wasser-Emulsionen

Die Versuche erstreckten sich im Labor auf Modellabwässer mit gelöstem Naphthalin, Modellemulsionen aus Wasser, n-Hexadekan und Pyren sowie das reale Grundwasser (s. Abb. 3). Im Technikum wurden sowohl Modellabwässer mit gelöstem Naphthalin als auch das reale Grundwasser untersucht.

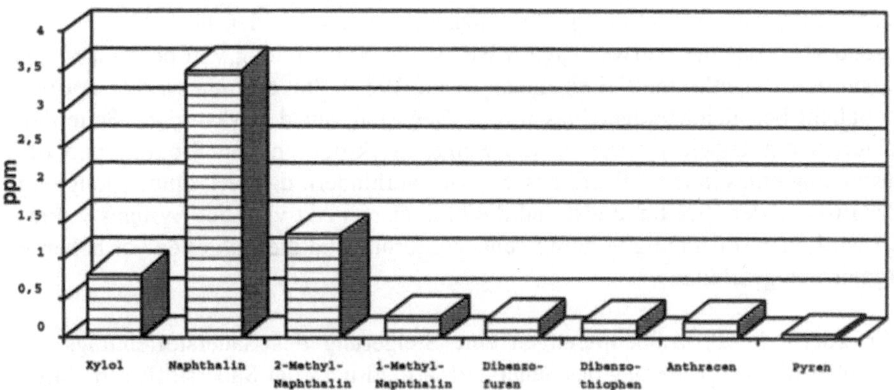

Abb. 3. Hauptbestandteile des untersuchten Grundwassers

Membranbiofilmreaktor – Aufbau und Funktion

Die Dekontamination sollte mit Hilfe einer aeroben biologischen Reinigungsstufe erfolgen und dabei die Abbaufähigkeiten von Bakterien für eine große Zahl organischer Kontaminationen nutzen. Im besonderen für PAK sind in den vergangen Jahren Abbauwege untersucht und beschrieben worden (Heitkamp et al. 1988, Kästner et al. 1991, 1993).

Der Einsatz herkömmlicher Reaktoren aus der Abwasserbehandlung ist mit einer Reihe von Problemen behaftet. Die Zufuhr von Sauerstoff erfolgt in der Regel über Blasenbelüftung. Hierdurch kann durch Strippen ein Verlust an flüchtigen Kontaminationen auftreten, der eine Abgasreinigung erforderlich machen würde. Ein blasenfreier Sauerstoffeintrag über Membranen würde dieses Problem lösen (Müller 1986). Weiterhin ist die Wachstumsrate von Bakterien mit PAK als alleiniger Kohlenstoffquelle so gering, daß beispielsweise die aktive Biomasse aus kontinuierlich betriebenen Rührkesselreaktoren leicht ausgewaschen wird. Immobilisierungstechniken auf fluidisierten Partikeln oder in Festbettreaktoren würden das Problem lösen.

Die Verbindung beider Lösungsansätze führt auf den hier untersuchten Membranbiofilmreaktor (MBR), in dem eine Membran die Gasphase zur Sauerstoffversorgung von der Grundwasserphase trennt (Abb. 4). Gleichzeitig dient die Membran auf der Wasserseite als Aufwuchsfläche (Substratum) für die Bakterien, die den über die Membran permeierenden Sauerstoff direkt für den aeroben Stoffwechsel zum Abbau der PAK nutzen (Kniebusch et al. 1990).

Die Bakterien bilden auf der Membranoberfläche einen Biofilm, der sich in einen festen Basisfilm und einen Oberflächenfilm unterscheiden läßt (Abb. 5). Die Besonderheit des hier verwendeten MBR ist die Verwendung von porösen Membranen aus Polyetherimid (Peinemann et al. 1987). Ihr asymmetrischer Aufbau ermöglicht bei gleichzeitiger blasenfreier Begasung auf der wässerigen Seite den Bakterien ein Hineinwachsen in die Poren (Makroporen von 3-6 µm) und die Ausbildung eines inneren Biofilmes. So wird verhindert, daß sich durch Sloughing oder Erosion der Biofilm ablöst und die biologische Aktivität des Systems verringert wird oder vollständig verloren geht. Weiterhin sind die Bakterien vor höheren Organismen geschützt.

Erfordern die Prozeßbedingungen eine Steigerung des Sauerstoffeintrags, so kann über die Vergrößerung des Sauerstoffpartialdrucks der Sauerstoffstrom durch die Membran vergrößert werden. Entstehendes CO_2 wird entweder über die Membran gasförmig abgeführt oder gelöst bzw. in Form von Karbonat mit der wässerigen Phase aus dem Reaktor entfernt.

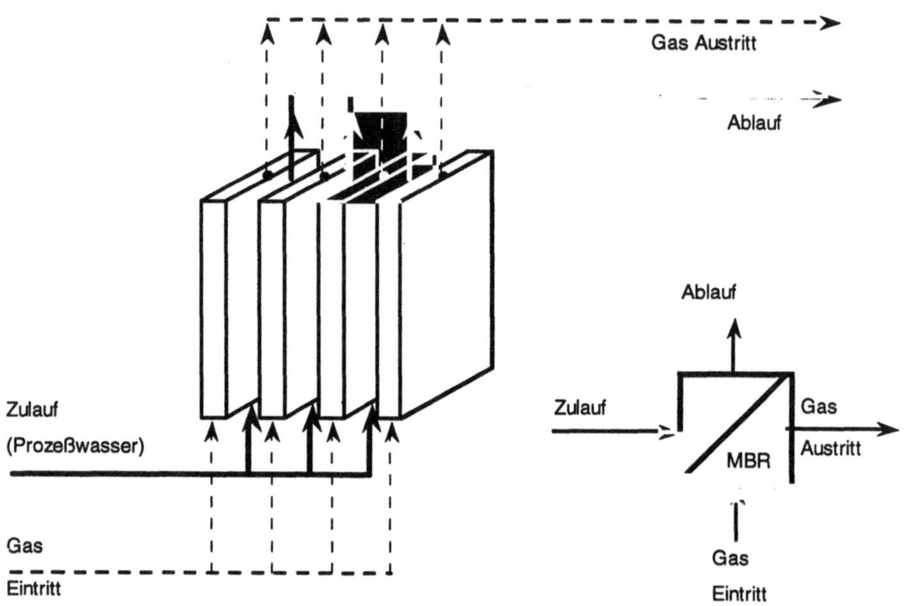

Abb. 4. Prinzip des Membranbiofilmreaktors (MBR)

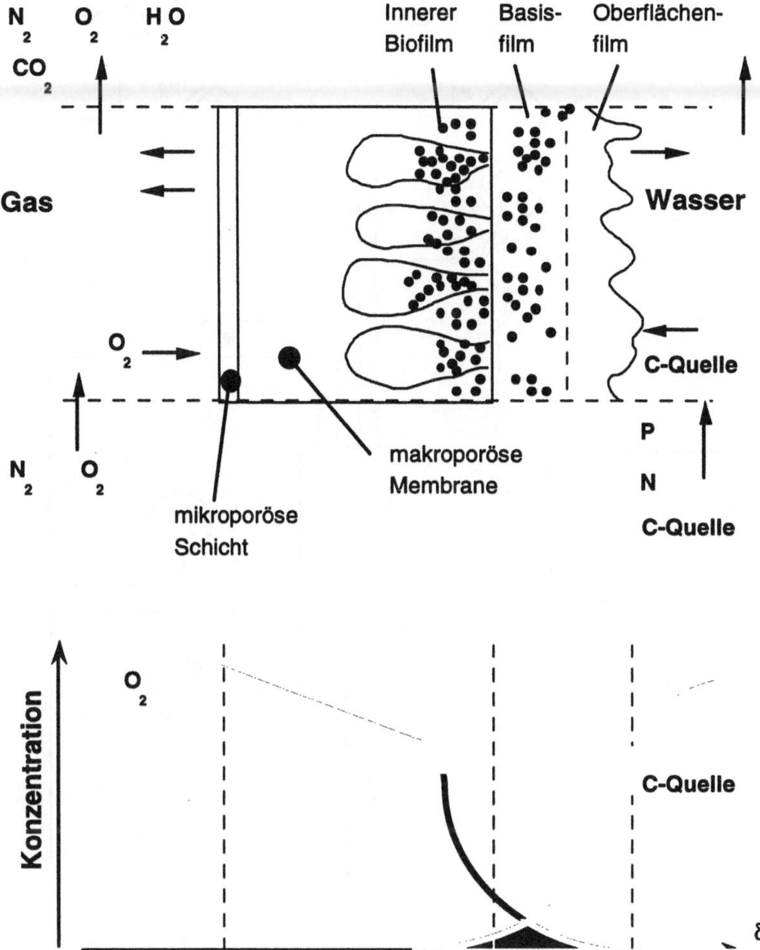

Abb. 5. Biofilm auf porösen gaspermeablen Membranen – Massenströme und Transportbereiche

Abbildung 6 zeigt die Anordnung des MBR im Fließbild. Der Betrieb erfolgt halbkontinuierlich in der sogenannten SBR-Betriebsweise (Sequencing Batch Reactor). Nach dem Füllen des Reservoirs findet die Elimination der Kontaminanten statt. Der anschließenden aeroben Behandlungsphase folgt die Entnahme des gereinigten Grundwassers. Je nach Milieubedingungen können Nährstoffe in Form von Mineralsalzen oder zusätzlichen Kohlenstoffquellen für einen kometabolischen Abbau dosiert werden. Im vorliegenden Fall konnte sowohl die Dosierung von Nährsalzen als auch die ebenfalls optionale Dosierung von Pufferlösungen zur pH-Wertstabilisierung unterbleiben.

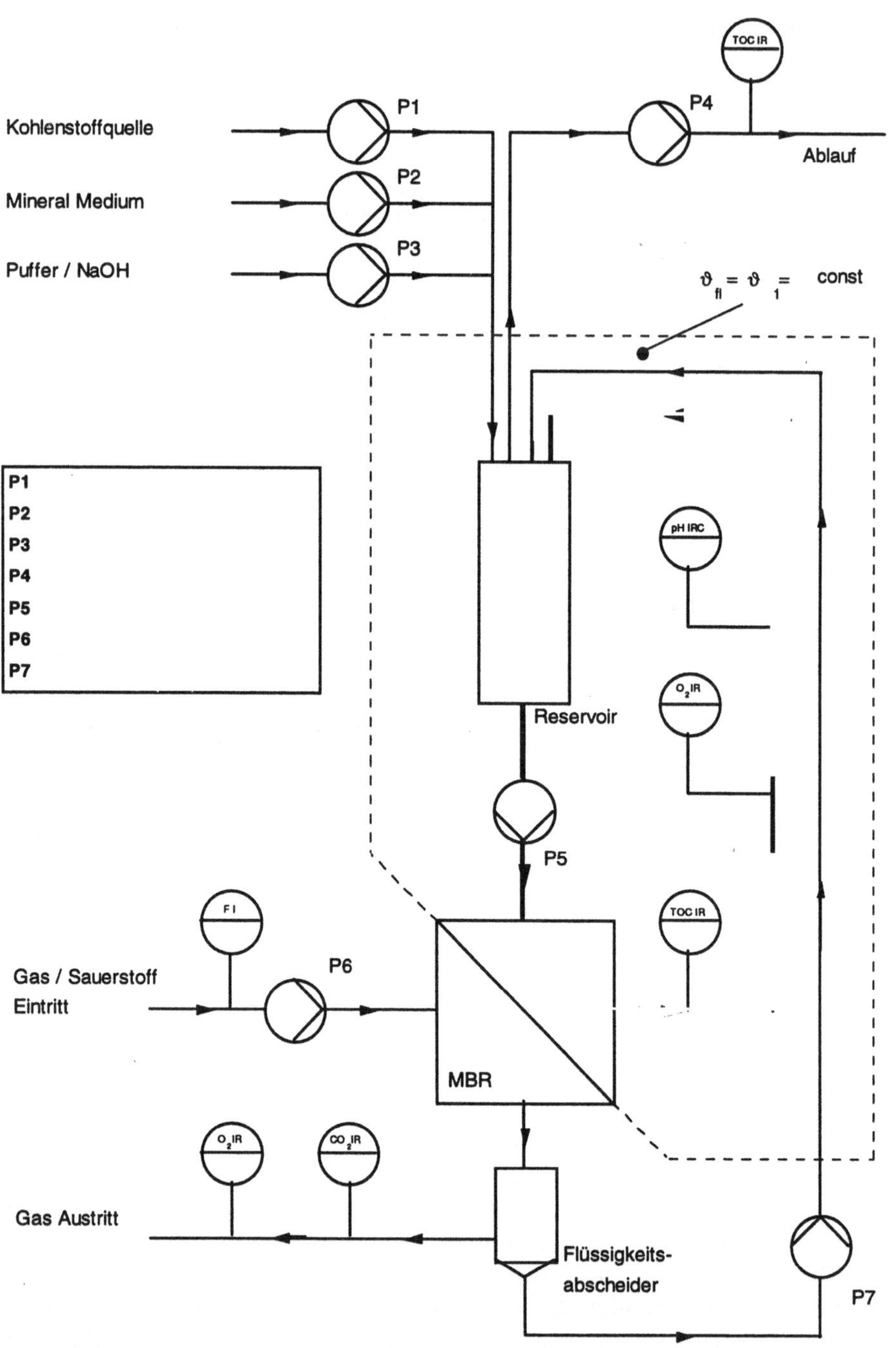

Abb. 6. Fließbild des MBR-Systems

Ergebnisse

Es konnte gezeigt werden, daß keine flüchtigen Substanzen aus den Grundwässern oder Modellabwässern in die Gasphase des Reaktors gelangen. Bereits aus früheren Untersuchungen war diese Eigenschaft des MBR-Systems für chlorierte organische Verbindungen bekannt (Kniebusch 1990).

Am Beispiel des Naphthalin konnte bei konstanter Betriebstemperatur von 20 °C die Abhängigkeit der Geschwindigkeit des biologischen Abbaus von den Strömungsverhältnissen über der Membran gezeigt werden. Abbildung 7 zeigt die Abhängigkeit der maximalen Abbaugeschwindigkeit für Naphthalin in Abhängigkeit von der Reynolds-Zahl des Reaktors mit unbewachsener Membran. Zugrundegelegt wurde eine Monod-Kinetik für den Abbau. Eine Steigerung der Reynolds-Zahl auf Werte > 400 führte zu keiner weiteren Steigerung der Abbaugeschwindigkeit. Diese Ergebnisse konnten für die eingesetzten wässerigen Modellemulsionen mit n-Hexadekan und Pyren als Kohlenstoffquelle bestätigt werden.

Die Untersuchung der Modellemulsionen in bezug auf den Temperatureinfluß ergab eine optimale Betriebstemperatur von 30 °C (Abb. 8). In der verwendeten Modellemulsion repräsentiert das Alkan die Gruppe der biologisch leicht abbaubaren Substanzen, während Pyren den Vertreter der biologisch schwer abbaubaren Stoffe darstellt. Folglich können für die Kinetikkonstanten der beiden Substanzen unterschiedliche Größenordnungen beobachtet werden.

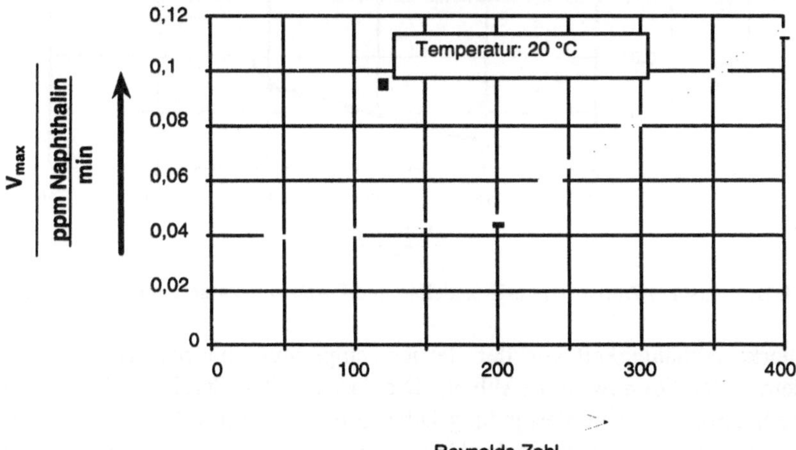

Abb. 7. Biologischer Abbau von gelöstem Naphthalin im MBR (Technikum mit 1 m^2 Membranfläche)

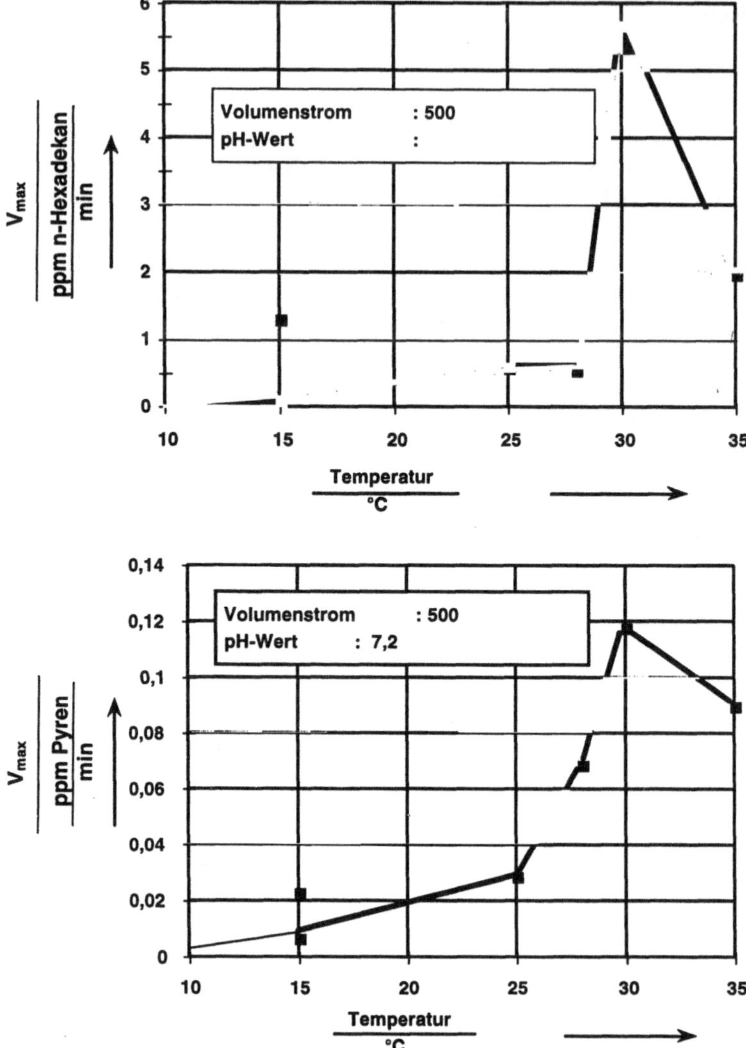

Abb. 8. Biologischer Abbau von n-Hexadekan und Pyren aus wässerigen Emulsionen

Die starke Abhängigkeit von der Betriebstemperatur untermauern die Versuche mit dem realen Grundwasser (Abb. 9). Die dargestellten Ergebnisse der Eliminati-on der heterozyklischen Verbindung Dibenzofuran und des Anthracen zeigen zu-gleich eine extreme Erhöhung der Verweilzeit des Grundwassers im Reaktionssy-stem, um eine Elimination bis unter die Nachweisgrenze zu erreichen.

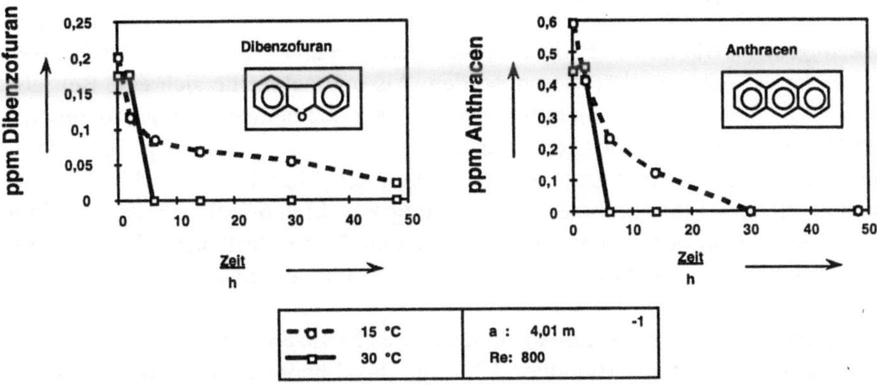

Abb. 9. Elimination von ausgewählten Bestandteilen des Grundwassers mit einer technischen MBR-Anlage

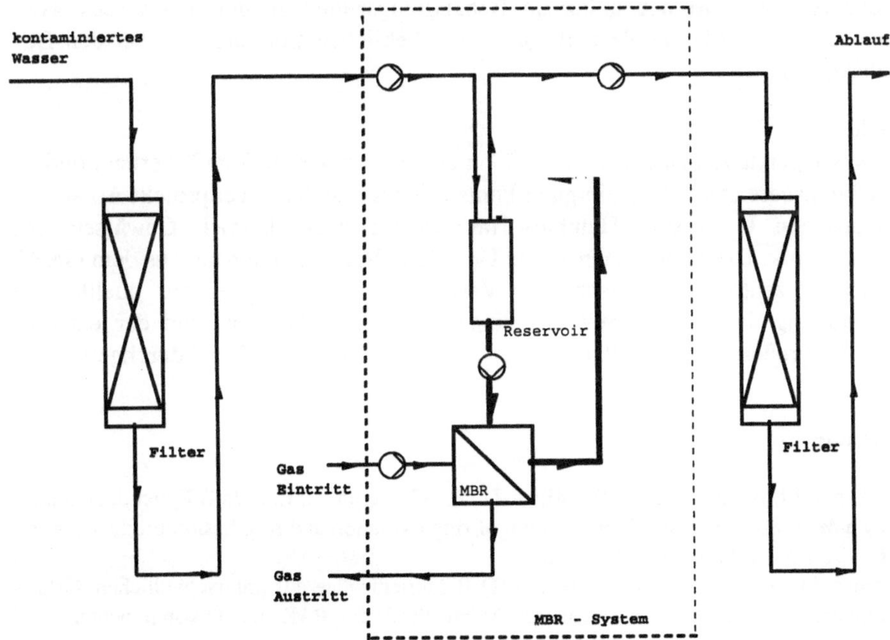

Abb. 10. Fließbild einer MBR-Hybridanlage im technischen Maßstab

Zusammenfassung

Der erfolgreiche Abbau von PAK in Modellsystemen und dem realen Grundwasser einer Kokerei konnte nachgewiesen werden. Als optimal stellte sich eine Betriebstemperatur von 30 °C bei einem pH-Wert von 6,8-7,2 heraus. Der hierzu entwickelte Membranbiofilmreaktor konnte erfolgreich aus dem Labor in das Technikum übertragen werden. Dabei kam als Pilotreaktor ein Modul basierend auf Flachmembranen zum Einsatz. Eine Vergrößerung der Membranfläche ist vor dem Hintergrund der in der Trenntechnik bereits weit fortgeschrittenen Modultechnik realisierbar, die eine Übertragung in die Reaktortechnik ermöglicht.

Aufgrund des modularen Aufbaus läßt sich das MBR-System leicht in bestehende Anlagen integrieren. Abbildung 10 zeigt das Fließbild einer MBR-Hybridanlage, in der das eigentliche MBR-System einem Filter nachgeschaltet wird. Hiermit sollen partikuläre Substanzen bereits im Vorwege aus dem Grundwasser entfernt werden. Um die Behandlungszeiten möglichst kurz zu halten, wird hier dem MBR-System eine Aktivkohlesäule nachgeschaltet, um verbliebene organische Substanzen aus dem Wasser zu entfernen. Möglicherweise aus dem MBR ausgetragene Biomasse kann in einem weiteren Filter abgeschieden werden. Eine solche Anlage führt neben kurzen Behandlungszeiten zu deutlich verbesserten Standzeiten der Aktivkohle und somit zu erheblichen Einsparungen bei den Betriebskosten.

Dank

Die vorliegende Arbeit entstand im Rahmen des von der DFG geförderten Sonderforschungsbereichs 188 „Reinigung kontaminierter Böden", Teilprojekt A6 an der Technischen Universität Hamburg-Harburg im Arbeitsbereich Gewässerreinigungstechnik. Die Membranen stellte Dr. Klaus-Victor Peinemann aus dem GKSS Forschungszentrum Geesthacht zur Verfügung. Die Analysen zur qualitativen Bestimmung der Inhaltsstoffe des eingesetzten Grundwassers und der entsprechenden Proben aus dem MBR wurden im Zentrallabor der TUHH durchgeführt.

Literatur

Heitkamp, M. A., Freeman, J. P., Miller, D. W., Cerniglia, C. E. (1988) Pyren degradation by a *Mycobacterium* sp.: Identification of ring oxidation and ring fission products, Appl. Environ. Microbiol. **54**, 2556-2565

Kästner, M., Breuer, M., Mahro, B. (1991) Bakterienisolate aus unterschiedlichen Altlast-Standorten zeigen ein vergleichbares Abbau-Profil für PAK und Ölkomponenten, gwf Wasser Abwasser **132**, Nr. 4, 253-255

Kästner, M., Mahro, B., Wienberg, R. (1993) Biologischer Schadstoffabbau in kontaminierten Böden unter besonderer Berücksichtigung der Polyzyklischen Aromatischen Kohlenwasserstoffe, Hamburger Berichte Bd. **5**, Economica Verlag, Bonn

Kniebusch, M.M., Wilderer, P.A., Behling, R.-D. (1990) Immobilization of cells at gas permeable membranes, in: *Physiology of Immobilized Cells* (de Bont, J.A.M., Visser, J., Mattiasson, B., Tramper, J., Eds.), pp. 149-160, Elsevier Science Publ., Amsterdam

Müller, N. (1986) Berechnungsgrundlagen und Anwendungsbeispiele zum Sauerstoffeintrag in Wasser und Abwasser über porenfreie Membrane, Dissertation, TU Hamburg-Harburg

Peinemann, K.-V., Ohlrogge, K., Wind, J., Behling, R.-D. (1987) Polyetherimidmembranen für die Gastrennung, Jahresbericht 1987 der GKSS Forschungszentrum Geesthacht GmbH

Die Wirkungsweise des Turbobrunnens am Beispiel einer TCE-Sanierung in Neubrandenburg

Rüdiger Kobert

Bei dem Turbobrunnenverfahren handelt es sich um ein patentiertes in situ Strip-verfahren, mit dem leichtflüchtige Schadstoffe wie LCKW, BTX und AKW aus dem Grundwasser entfernt werden können.

Bevor auf die Besonderheiten des Turbobrunnenverfahrens eingegangen wird, möchte ich die prinzipielle Wirkungsweise der In-situ-Stripverfahren erläutern.

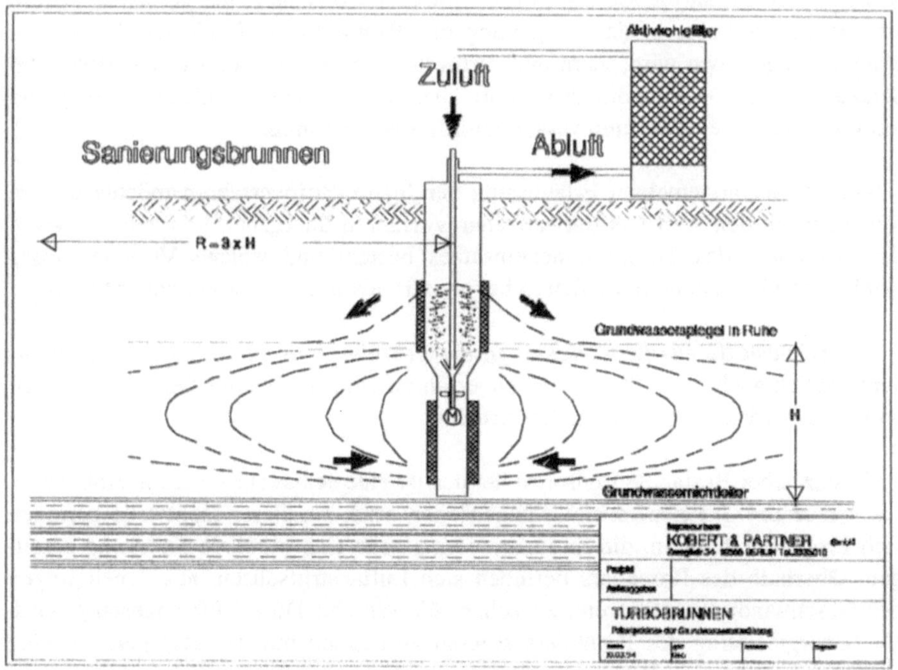

Abb. 1. Prinzipskizze der Grundwasserumwälzung

Allen In-situ-Verfahren ist gemeinsam, daß ein Sanierungsbrunnen bis zum Lie-gendstauer des Grundwasserleiters bzw. bis zum unteren Ende des kontaminierten Bereichs abgeteuft wird.

Ebenfalls gleich ist bei allen Verfahren, daß die Sanierungsbrunnen zwei verfilterte Bereiche besitzen, einen am unteren Ende für den Eintritt des kontaminierten Grundwassers und einen im Bereich des Grundwasserspiegels als Ablauffilter.

Da in den meisten Fällen die ungesättigte Bodenzone ebenfalls mit Schadstoffen belastet ist, kann man den Ablauffilter etwas höher ausbilden und den Sanierungsbrunnen gleichzeitig als Bodenluftbrunnen mit einer entsprechenden Absauganlage verwenden.

Alle Verfahren heben den Wasserstand im Brunnen, so daß gereinigtes Wasser am oberen Filter austreten kann. Zum Ausgleich strömt unten kontaminiertes Wasser nach, und es bildet sich um den Brunnen herum eine Grundwasserumwälzung aus.

Alle Verfahren, mit Ausnahme des unsrigen, erreichen das mit Hilfe des sogenannten Mammutprinzips. Dabei wird auf unterschiedliche Weise Luft in das im Brunnen stehende Wasser eingebracht, und es werden so zwei Ziele gleichzeitig erreicht. Einmal hat das Luft-Wasser-Gemisch im Brunnen eine geringere Dichte als das Grundwasser in der Umgebung des Brunnens, wodurch der Spiegel im Brunnen angehoben wird. Zum anderen treten im Wasser gelöste leichtflüchtige Schadstoffe als Gase in die Prozeßluft über und werden zur Geländeoberfläche transportiert, ohne daß Grundwasser gefördert werden muß.

Nach dieser allgemeinen Erläuterung der In-situ-Stripverfahren möchte ich im folgenden zu dem von uns entwickelten Verfahren übergehen und zeigen, worin das besondere des Turbobrunneneinsatzes besteht und welche Vorteile dieses Gerät gegenüber anderen Verfahren bei der Grundwassersanierung hat (Abb. 2).

Um Schadstoffe aus dem Wasser in die Prozeßluft zu überführen, wird selbstverständlich auch beim Turbobrunnenverfahren ein Luft-Wasser-Gemisch erzeugt, und zwar wird das folgendermaßen erreicht:

Wesentlicher Bestandteil unseres Gerätes ist eine senkrecht stehende Hohlwelle, die von einem Unterwassermotor angetrieben wird. An dieser Hohlwelle befinden sich Propellerschaufeln, die in einem Venturirohr eine vertikale Strömung erzeugen. Oberhalb des Propellers befinden sich Luftaustrittsdüsen, aus denen wegen der Geschwindigkeitsdifferenz zwischen Wasser und Düse Luft angesaugt wird. Der Energieeintrag des Propellers erzeugt zusammen mit der geringeren Dichte des Luft-Wasser-Gemischs die Potentialerhöhung im Brunnenrohr. Bei unserer Sanierungsanlage in Neubrandenburg beträgt die Differenz zwischen Zulauf- und Ablaufpeilrohr etwas über 2 m.

Am Kopf des Gerätes befindet sich ein abgedichtetes Kugellager und der Übergang zur Rohrleitung, durch die atmosphärische Luft nachströmen kann.

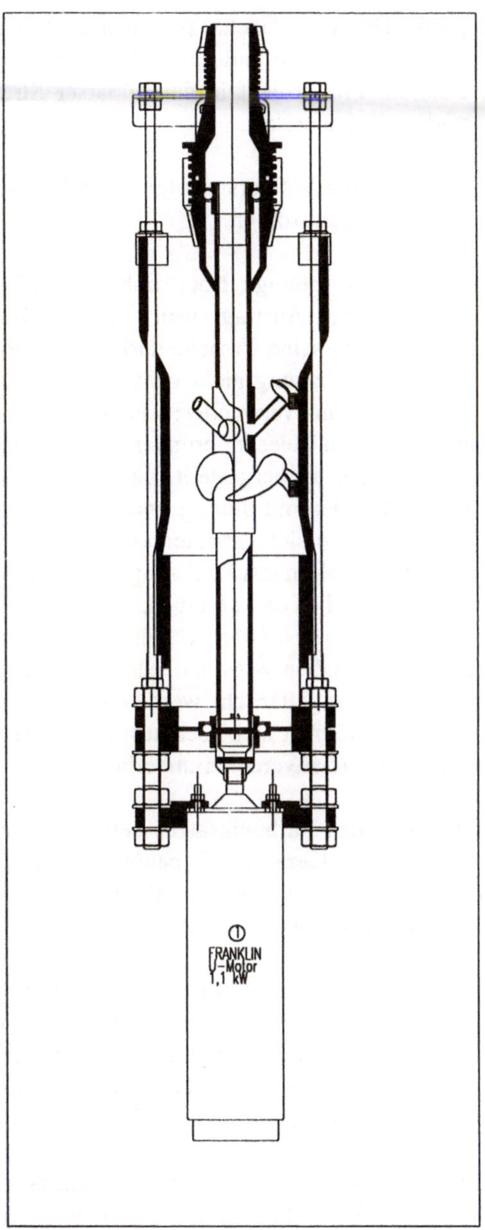

Abb. 2. Turbobrunnen

An der Innenseite des Venturirohrs befinden sich spezielle Leitstücke, die die
Vertikalströmung unterstützen und für eine extrem starke Durchmischung sorgen.
Der Vorteil dieses Verfahrens liegt darin, daß dabei sehr viele kleine Luftblasen

und damit eine sehr große Übergangsfläche zwischen Luft und Wasser erzeugt wird, wodurch der Schadstoffaustausch und damit der Reinigungsgrad wesentlich verbessert wird. Bei unserem Pilotprojekt in der Lübarser Straße, Berlin, haben wir einen Reinigungsgrad von 95% erzielt.

Der Zustrom des kontaminierten Wassers erfolgt durch Bohrungen in den Flanschen und durch abgewinkelte Zulaufröhren.

Bei einigen In-situ-Verfahren gelingt trotz hoher Schadstoffbelastung des Grundwassers kein nennenswerter Austrag, weil sich im Brunnen eine Kurzschlußströmung ausbildet. Das hat seine Ursache darin, daß kein Packer eingebaut bzw. der Wichtigkeit dieser Vorrichtung nicht genug Aufmerksamkeit beigemessen wird. Die Bauweise der von uns verwendeten Packer ist je nach Brunnenausführung unterschiedlich. Bei einem Teleskopbrunnen wird der Verbindungsflansch zwischen Motor und Venturirohr so hergestellt, daß er mit einer Dichtlippe im Reduzierstück aufsitzt. Bei Brunnen mit durchgehend gleichem Durchmesser verwenden wir spreizbare Packer. Vorsicht geboten ist bei allen Installationen, die aufblasbare Packer einsetzen, da sie meist in den aggressiven Wasser-Schadstoff-Gemischen nicht länger als 4 Wochen dicht bleiben.

Als Zusatz zum Turboeinsatz haben wir eine Filterkartusche entwickelt, die an der Oberseite des Venturirohrs angeflanscht werden kann. Bei stark eisen- oder manganhaltigem Grundwasser können sich hier ausfallende Hydroxide anlagern. Dadurch wird eine mögliche Brunnenverockerung erheblich verzögert.

Der maximale Durchmesser des Turboeinsatzes beträgt 190 mm. Daraus ergibt sich ein weiterer Vorteil unseres Gerätes, wir benötigen nämlich lediglich einen Brunnendurchmesser von 200 mm gegenüber 400 mm bei allen anderen In-situ-Verfahren, was die Bohrkosten erheblich verringert.

Anschließend noch ein paar weitere technische Daten: Der maximale Wasserdurchsatz des Gerätes beträgt rund 8000 l/h im Leerlauf. In der Praxis ist der Durchsatz natürlich abhängig von der Durchlässigkeit des anstehenden Bodens. Bei unserer Anlage in Neubrandenburg erreichen wir 5000 l/h in mittelsandigem Boden. Der Prozeßluftdurchsatz beträgt dort rund 30 m³/h.

Die Leistungsaufnahme des Turbobrunneneinsatzes beträgt 1,1 kW, dazu kommen nochmals 1-2 kW für den Verdichter an der Aktivkohlefiltereinheit.

Als Reichweite des Turbobrunnens ist bei unserer Pilotanlage in der Lübarser Straße durch einen Tracerversuch rund die dreifache Mächtigkeit des Aquifers als Radius ermittelt worden. Die Untersuchung wurde von Prof. Dr. Brühl, ehemals hydrologisches Institut der FU, als unabhängigem Gutachter durchgeführt.

TCE-Sanierung in Neubrandenburg

Im Anschluß an die Verfahrens- und Gerätebeschreibung möchte ich nun die wichtigsten Daten von einer konkreten Grundwassersanierung in Neubrandenburg (Mecklenburg-Vorpommern) vorstellen.

Bei diesem Altlaststandort handelt es sich um eine ehemalige chemische Reinigung und damit um Tetrachlorethen (TCE) als hauptsächliche Schadstoffkomponente. Der Eintragsort konnte eindeutig bestimmt werden (TCE-Tank).

Die Geologie des Standorts läßt sich folgendermaßen charakterisieren:

Flurabstand zum GW:	8-9 m
Mächtigkeit des Aquifer:	9 m
Ungesättigte Zone:	Schichtungen aus Fein- bis Mittelsandlagen
Gesättigte Zone:	Schichtungen aus Grobsandlagen, zum Liegenden kiesig
Liegendstauer:	Schluff

Zum Zeitpunkt der Ausschreibung lag die folgende Schadenssituation vor: Am Eintragsort waren Bodenluftgehalte von 40 000 mg/m^3 in der ungesättigten Zone festgestellt worden. Von dort erstreckte sich im Grundwasser eine ca. 120 m lange Schadstoffahne mit einer Breite von 30 m. Der Schaden war durch den Einbau von teufendifferenzierten Mehrfachpegeln auch vertikal gut erkundet worden. Am Eintragsort waren 43 mg/l im Bereich des Grundwasserspiegels (0,2 mg/l am Liegenden), 40 m im Abstrom 87 mg/l (39 mg/l am Liegenden) und 80 m abstromig 8 mg/l (30 mg/l am Liegenden) konstatiert worden (Oktober 93).

Überschlagsrechnungen zur Abschätzung der in Boden und Grundwasser vorhandenen Schadstoffmenge ergaben eine Größenordnung von 5000 kg TCE.

Die Sanierung sollte als Kombination von einer Bodenluftabsaugung mit dem Turbobrunnenverfahren ausgeführt werden, wobei vorerst ein Sanierungsbrunnen im Abstrom 18 m vom Eintragsort entfernt abgeteuft werden sollte. Ein zweiter Brunnen sollte hergestellt werden, wenn der Sanierungsverlauf eine Notwendigkeit erkennen ließe.

Als Ausbau wurde ein Teleskopbrunnen DN 200/DN 300 bis zum Liegendstauer gewählt, der an unteren Ende (Zulauf) und im Bereich des Kapillarsaums jeweils auf 3 m verfiltert ist. Ein Reduzierstück befindet sich 1,5 m unterhalb des Grundwasserspiegels, hier wurde der Turboeinsatz mit einem Dichtflansch eingesetzt. Am Eintragsort und entlang der Fahne sind weitere 3 Bodenluftbrunnen installiert.

Vor der Grundwassersanierung wurde 3 Wochen lang nur der Bodenluftbrunnen am Eintragsort und der Sanierungsbrunnen mit einem gemeinsamen Seitenkanalverdichter abgesaugt, um möglichst viel Schadstoff aus dem Kapillarsaum zu entfernen. Der TCE-Gehalt im Rohgas lag 2 Stunden nach Inbetriebnahme bei 12 g/m³ und sank innerhalb der 3 Wochen auf 2,5 g/m³ bei einer Fördermenge von 200 m³/h.

Anschließend wurde der Turboeinsatz im Sanierungsbrunnen in Betrieb genommen und die Grundwasserumwälzung mit einem Wasserdurchsatz von 3 m³/h begonnen. Die Schadstoffgehalte in der Abluft stiegen darauf wieder deutlich an (Abb. 3).

Die Pegelmessungen im Umfeld des Sanierungsbrunnens ergaben eine Potentialdifferenz von 95 cm direkt am Brunnen. In 10 m Entfernung betrug die Differenz 5 cm im Anstrom und 1 cm im Abstrom. Ein 30 m im Abstrom gelegener Mehrfachpegel zeigte keine meßbare Differenz, allerdings konnte dort über die Grundwasseranalytik deutlich eine Wirkung nachgewiesen werden.

Die TCE-Konzentration im Zulauf des Sanierungsbrunnens betrug zu Beginn der Grundwassersanierung 70 mg/l. Sie sank kurzfristig ab, um dann innerhalb von 3 Monaten auf 100 mg/l anzusteigen, also auf den höchsten bis dahin festgestellten Wert. In den darauffolgenden Monaten sank die Konzentration wieder auf 35 mg/l ab. Die parallel durchgeführten Rohgasmessungen bestätigten diese Werte.

Interessant in diesem Zusammenhang sind die Konzentrationsverläufe in den ober- und unterstromigen Kontrollpegeln. Der 20 m im Anstrom gelegene Pegel Hy 1 lag zu Sanierungsbeginn bei 2 mg/l und stieg auf 10 mg/l an, um dann nach 6 Monaten auf 0,2 mg/l abzusinken (Abb. 4).

Im 40 m entfernten Abstrompegel Hy 5/1 war die Konzentration schon vor Sanierungsbeginn auf 76 mg/l angestiegen und stieg nach Inbetriebnahme weiter auf 160 mg/l, um nach 6 Monaten auf 2 mg/l abzusinken. Die am gleichen Ort am Liegendstauer befindliche Meßstelle Hy 5/2 zeigte ein ähnliches Verhalten. Hier stieg die Konzentration auf 300 mg/l an und fiel nach einem halben Jahr auf 40 mg/l (Abb. 5).

Der zeitliche Konzentrationsverlauf ist durch das Einsetzen der Grundwasserumwälzung bedingt, durch die größere Mengen im Kapillarsaum befindlicher Schadstoffe mobilisiert werden. Typischerweise konnte der Konzentrationsanstieg in den Kontrollpegeln schon nach einem Monat festgestellt werden, während ein Anstieg im Zulauf des Sanierungsbrunnens erst nach 3 Monaten erfolgte. Zu diesem Zeitpunkt setzte sich in den oberen Meßstellen schon das aus dem Ablauffilter abfließende Reinwasser in Form sinkender Konzentrationen durch (in Abb. 6 und 7 ist ein Modell zeichnerisch dargestellt).

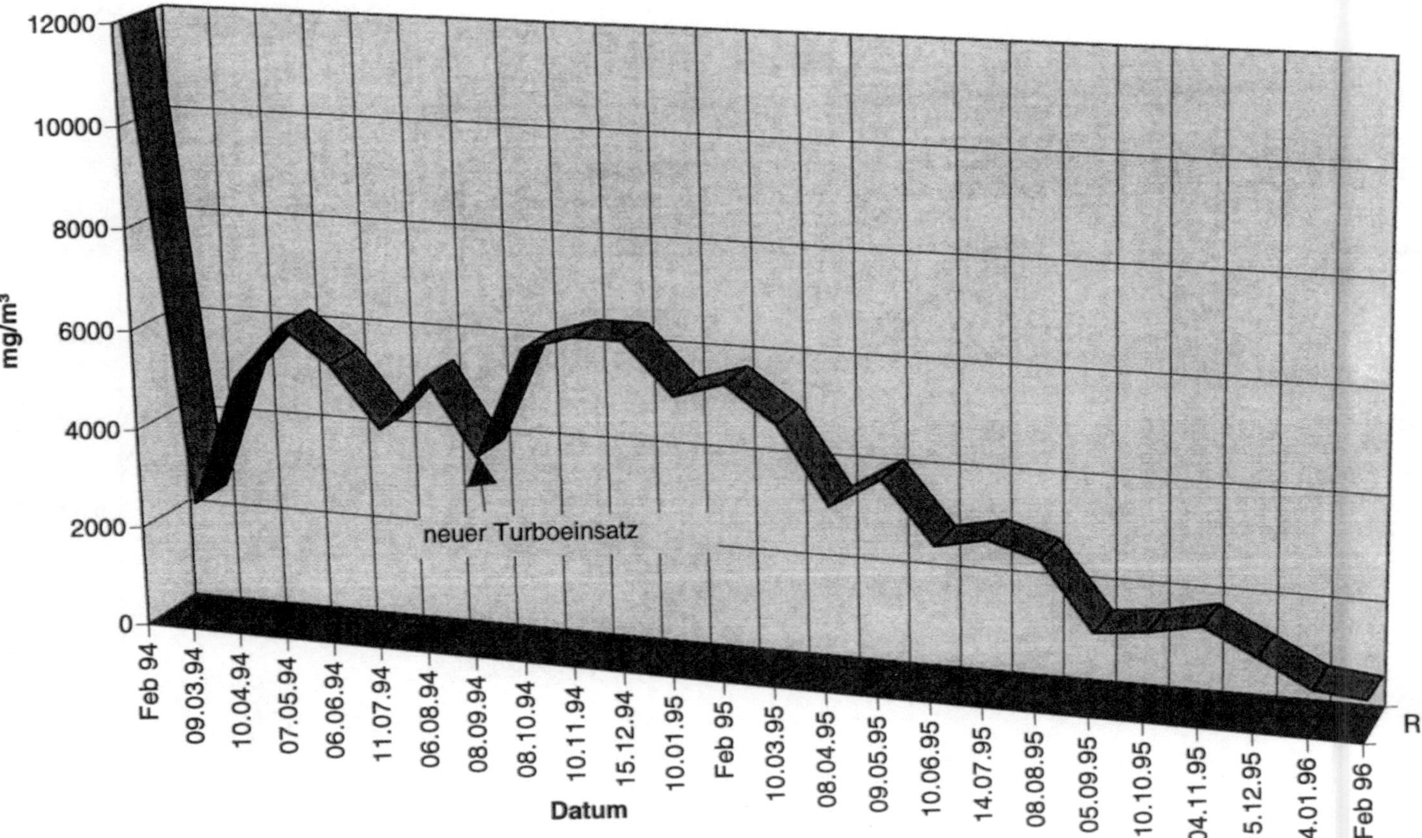

Abb. 3. Rohgasmessung BV: Neubrandenburg

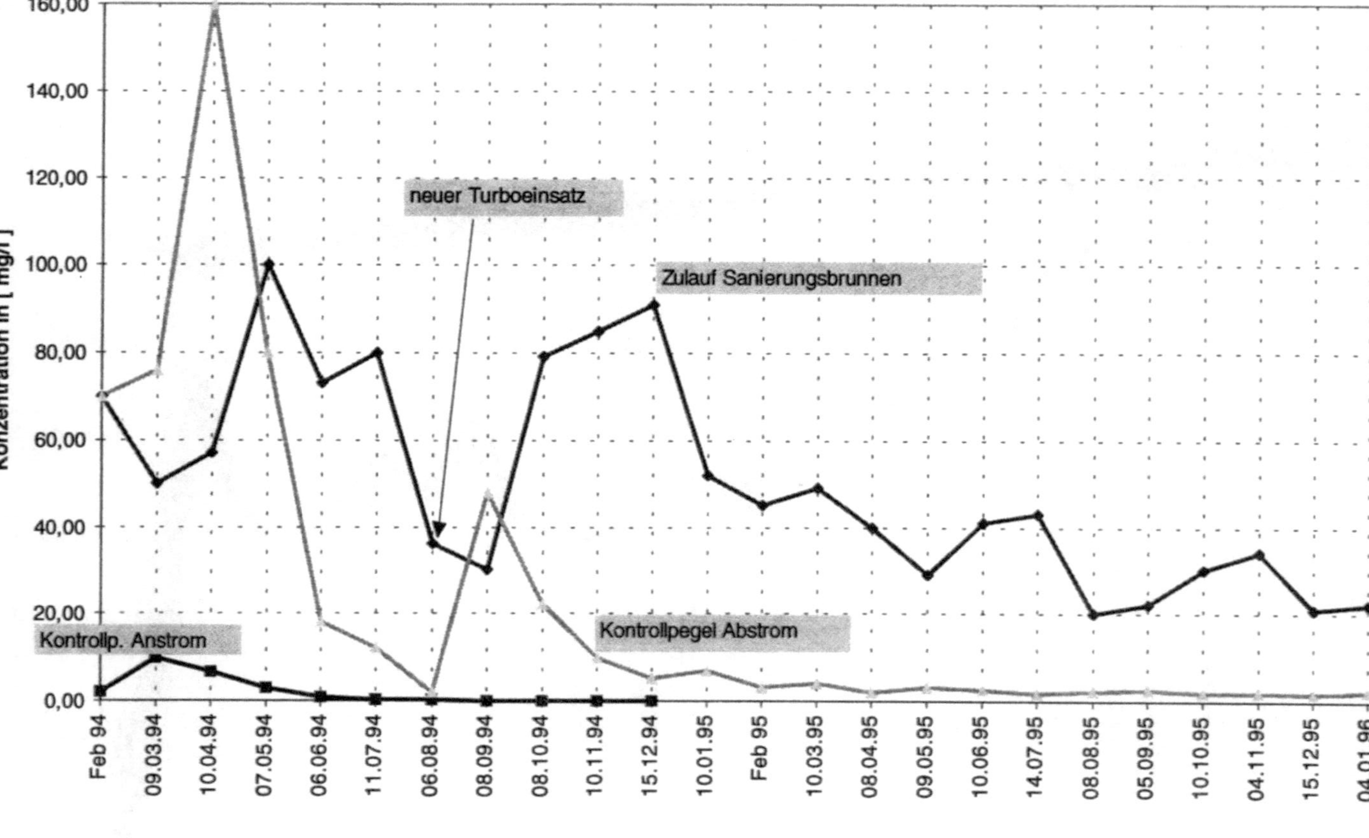

Abb. 4. Neubrandenburg, hohe Kontrollpegel

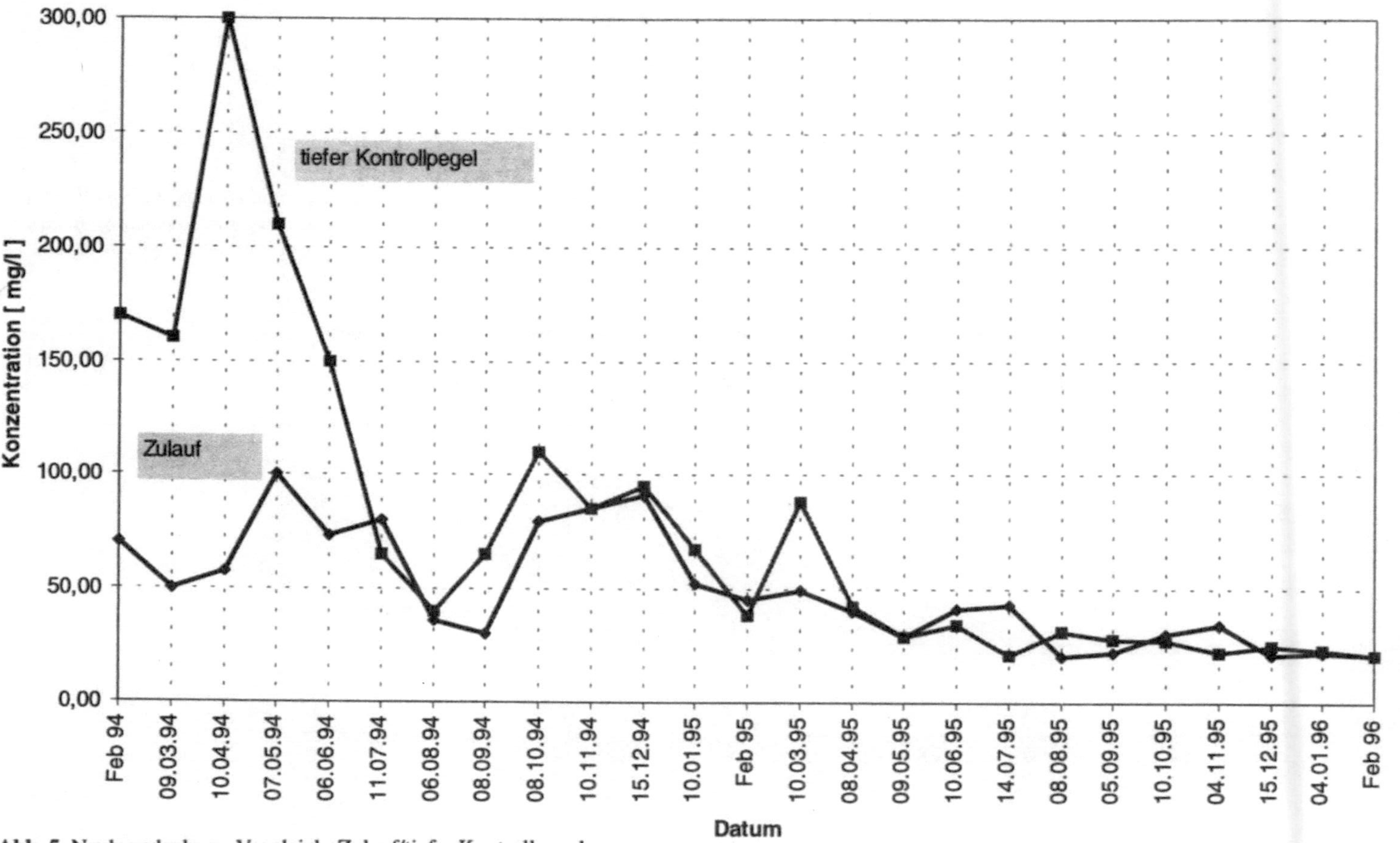

Abb. 5. Neubrandenburg, Vergleich: Zulauf/tiefer Kontrollpegel

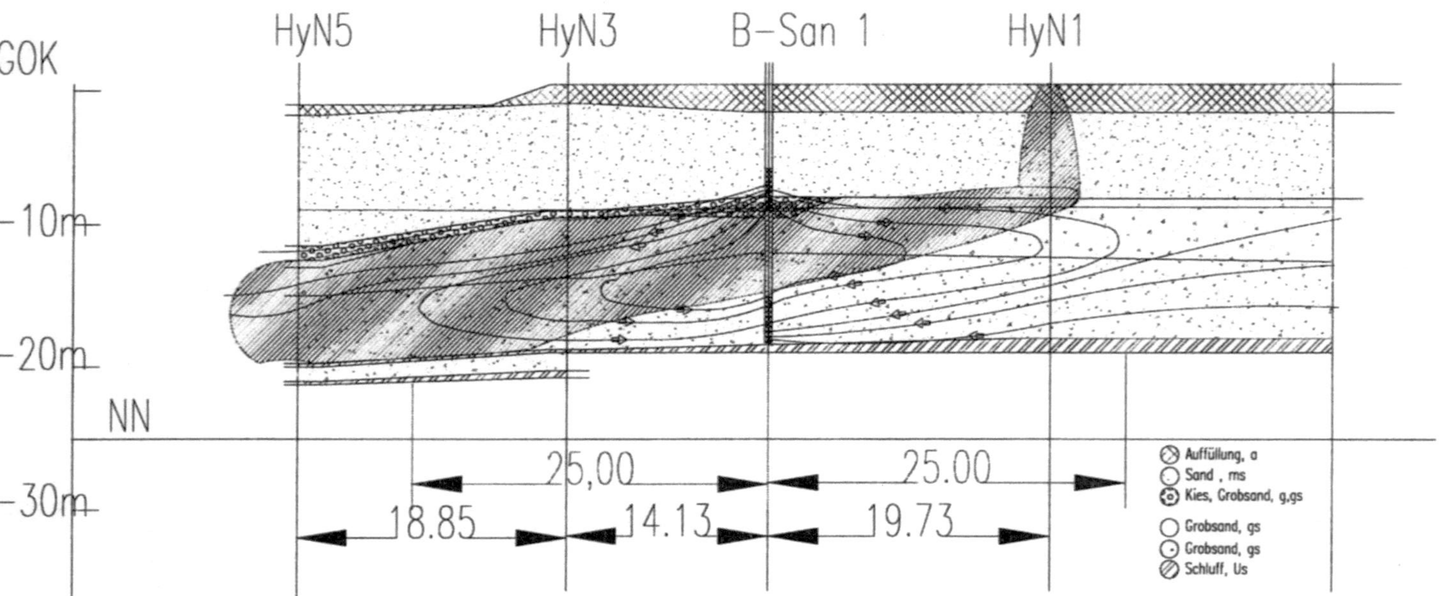

Abb. 6. Reichweite des Sanierungsbrunnens B-San 1 bei einer Förderrate von 3000 l/h; die *Schrägschraffur* kennzeichnet den hochkontaminierten Bereich

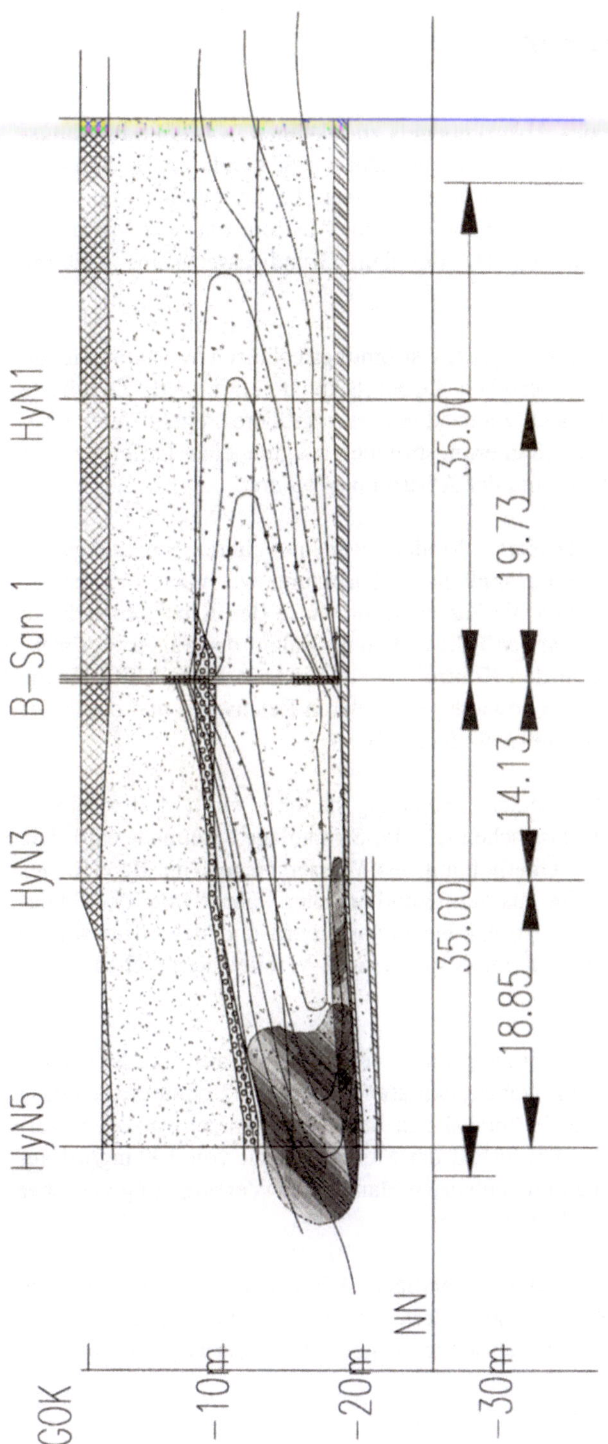

Abb. 7. Reichweite des Sanierungsbrunnens B-San 1 bei einer Förderrate von 5000 l/h

Der weitere Sanierungsverlauf

Wie an den Konzentrationen des Abstrompegels zu erkennen, war ein Sanierungsbrunnen bei den Ausmaßen des TCE-Schadens nicht ausreichend, um die Situation hydraulisch zu kontrollieren. Deshalb wurde 3 Monate nach Beginn ein zusätzlicher Brunnen von gleicher Bauweise etwa 70 m im Abstrom plaziert. Mit dieser Maßnahme konnte erreicht werden, daß mit dem Grundwasser keine weiteren Schadstoffe abströmen.

In der Zwischenzeit wurde das Aggregat strömungstechnisch weiterentwickelt und mit einem stärkeren Antrieb versehen. Dadurch konnte ein höherer Durchsatz von 5 m³/h erzielt werden, der sich zuerst durch eine größere Pegeldifferenz bemerkbar machte. Die Pegel am Sanierungsbrunnen zeigten eine Differenz von 210 cm, der Anstrompegel 16 cm und der Abstrompegel 9 cm.

Nach der Installation des verbesserten Modells war im weiteren Sanierungsverlauf in abgeschwächter Form eine ähnliche Beobachtung wie nach Beginn der Sanierung zu machen. Erst stiegen die Konzentrationen in den Kontrollpegeln an und – ca. 1 Monat versetzt – nahm der TCE-Gehalt im Zulauf des Sanierungsbrunnens zu, während die Gehalte in den Kontrollpegeln wieder sanken. Die Ursache liegt in der besseren Durchspülung sowie einer größeren Reichweite und damit der Mobilisierung weiterer Schadstoffe (Abb. 6 und 7).

Diese Erscheinung verdient besondere Beachtung, da daran ein typischer Vorteil des Verfahrens gegenüber der klassischen On-site-Stripanlage erkennbar wird. Die bei diesem Verfahren erzeugte Überhöhung des Wasserspiegels im Bereich des Ablauffilters entfernt Schadstoffe aus dem Kapillarsaum, während bei der Sanierung mit Entnahmebrunnen eine Absenkung erzeugt wird und das Grundwasser nach dem Wiederanstieg von den im Kapillarsaum verbliebenen Schadstoffen rekontaminiert wird.

Im bisherigen Verlauf der Sanierung konnten 4600 kg TCE aus dem Schadensbereich zurückgewonnen werden, wobei etwa 2600 kg aus der Bodenluftsanierung stammen und 2000 kg mit den Turboeinsätzen dem Grundwasser entzogen wurden. Die Zulaufkonzentration ist während der Sanierungszeit von 100 mg/m³ auf momentan 0,75 mg/m³ gesunken und entspricht damit einer Verringerung von über 99%. Die Anlagen sind z.Z. noch in Betrieb.

Als Sanierungsziel wurde von der zuständigen Behörde vorerst ein Wert von 40 µg/l vorgegeben, es wurde aber signalisiert, daß auch bei einem höheren Wert abgebrochen werden kann, wenn sich keine weitere Verbesserung der Situation abzeichnet.

Vergleich mit Stripanlagen

Im folgenden soll noch einigen häufig gestellten Fragen zuvorgekommen und eine vergleichende Betrachtung mit herkömmlichen Stripanlagen vorgestellt werden: Die am häufigsten auftretende Frage ist die nach der Reichweite eines In-situ-Brunnens und dem anschließenden Vergleich mit einem normalen Entnahmebrunnen. Sicherlich erzielt ein herkömmlicher Entnahmebrunnen zur Beschickung einer Grundwasseraufbereitungsanlage bei gleicher Bauweise eine größere Reichweite, wenn entsprechend viel Wasser gefördert wird, und es lassen sich mehrere Brunnen an eine Aufbereitungsanlage anschließen.

Dafür ist aber der Turboeinsatz erheblich billiger als eine Stripanlage. Weiterhin wird kein Grundwasser gefördert, wodurch alle Kosten für Wasserleitungen, Pumpen, Frostsicherung Wiedereinleitgebühren etc. wegfallen. Entsprechend geringer ist deshalb auch der Energieverbrauch. Wenn man diese Gesichtspunkte berücksichtigt, können mehrere Turboeinsätze auch bei einer weitflächigen Schadensausbreitung mit einer Stripanlage konkurrieren. Im Einzelfall muß geprüft werden, mit welcher Sanierungstechnik man günstiger fährt.

Ein zusätzlicher Vorteil des In-situ-Verfahrens besteht darin, daß durch die oben beschriebene Grundwasserumwälzung der Boden im Einflußbereich des Sanierungsbrunnens gespült wird, d.h. die bei Stripanlagen häufig zu beobachtende Erscheinung des Wiederansteigens der Schadstoffkonzentration nach Beendigung der Grundwasserförderung tritt nicht auf. Dieses Phänomen hat seine Ursache darin, daß an der Bodenmatrix im Bereich des Absenktrichters eines Entnahmebrunnens Schadstoffe haften bleiben, die nach dem Wiederansteigen des Grundwassers darin in Lösung gehen.

Ungünstig für die Anwendung des Turboeinsatzes ist es, wenn nicht nur leichtflüchtige Schadstoffe, sondern ein Schadstoffgemisch mit MKW, PAK, Schwermetallen etc. vorhanden ist. Dann können bei einer On-site-Anlage verschiedene Reinigungsstufen hintereinandergeschaltet werden, was beim Turboeinsatz nicht möglich ist. Dies gilt auch, wenn sehr hohe Eisen-, Mangan- oder Kalziumkonzentrationen im Wasser vorhanden sind. Dann können die Kosten, die durch das Wechseln der Filterkartuschen entstehen, den Einsatz eines Turbobrunnens unrentabel machen.

Perspektiven

Abschließend noch ein Blick in die Zukunft. Wir haben vor, den Turboeinsatz zu verkleinern, um ihn mit geringerem Energieaufwand betreiben zu können und mit einem Brunnenausbaudurchmesser von nur noch 150 mm auszukommen. Vorgesehen ist eine Leistungsaufnahme von insgesamt 600 W für den Antrieb und einen Verdichter. Da die Reinigungsleistung eines Sanierungsbrunnens mit dem Quadrat der Entfernung abnimmt, ist es das Ziel dieser Entwicklung, die Kosten für einen Brunnen mit Einsatz möglichst niedrig zu halten und dadurch eine dichtere Bestückung in einem Sanierungsfeld zu ermöglichen. Damit soll auch erreicht werden, daß versuchsweise eine Einheit mit Solarzellen betrieben werden kann und die Anlage energieautark wird. Dann könnten auch Havarieschäden außerhalb von Ortschaften ohne große Umstände saniert werden.

Sanierung von Mineralölschäden durch katalytische Abluftreinigung

Ulrich Koherr

1   Einleitung

Bodenluftabsaugung und Grundwasserstrippen haben sich in den letzten Jahren als äußerst effektive und wirtschaftliche Sanierungsverfahren bewährt. Beide Techniken sind ausgereift und bei einer Vielzahl von Schadenssituationen mit flüchtigen Verbindungen erprobt. Die Verunreinigungen von Böden und Grundwässern mit leichtflüchtigen Schadstoffen lassen sich in einer für die Praxis relevanten Weise in zwei Hauptgruppen einteilen:

1. Kohlenwasserstoffe: z.B.Mineralöle, Benzine, Benzol, Toluol, Xylole;
2. Halogenierte Kohlenwasserstoffe: z.B. Methylenchlorid, Vinylchlorid, Trichlorethylen, Perchlorethylen.

Diese flüchtigen Stoffe lassen sich häufig in hohen Konzentrationen aus dem Untergrund austragen. Die mit Schadstoffen belasteten Abluftströme müssen durch ein Abluftbehandlungsverfahren gereinigt werden. Die bisher bei der Mehrzahl der Sanierungen eingesetzte Aktivkohleadsorption stößt bei vielen Anwendungsfällen an technische und wirtschaftliche Grenzen.

Bei chlorierten Verbindungen werden katalytische Verfahren hauptsächlich dann eingesetzt, wenn das an Aktivkohle nicht adsorbierbare Vinylchlorid auftritt. Die Schadstoffe werden bei dieser Stoffklasse zu Wasser, Kohlendioxid und Salzsäure oxidiert. Die Entsorgung von Sondermüll entfällt. Über die Behandlung von chlorierten Kohlenwasserstoffen in der Altlastensanierung wurde an anderer Stelle schon berichtet.

Bei rein kohlenwasserstoffhaltigen Abluftströmen kommt neben den aufgeführten Vorteilen häufig noch eine äußerst wirtschaftliche Betriebsweise hinzu. Bei Mineralölschadensfällen mit hohen Schadstofffrachten führt die schnelle Beladung der alternativ zur katalytischen Behandlung einsetzbaren Abluftreinigung über Aktivkohle zu kurzen Standzeiten und somit zu häufigen Filterwechseln. Hohe

Kosten für Wechsel und Entsorgung der beladenen Aktivkohle sind die Folge. Bei Anwendung der katalytischen Abluftreinigung dagegen wird das für den Oxidationsprozeß benötigte Temperaturniveau über den hohen Eigenenergieinhalt der behandelten Schadstoffe aufrechterhalten. Der Oxidationsprozeß läuft dann autotherm, d.h. ohne Zuführung von Fremdenergie, ab.

Bodenluft- und Desorptionsanlagen waren bis Ende der 80er Jahre fast ausschließlich mit Einwegaktivkohlefiltern ausgestattet. Diese Technik wird inzwischen jedoch aufgrund der geschilderten Vorteile in zunehmendem Maße durch die katalytische Abluftreinigung ergänzt.

2 Ausführungsvarianten katalytischer Abluftreinigungsanlagen bei verschiedenen Schadenssituationen

Bei der Bodenluftabsaugung bietet sich primär der Einsatz rekuperativ-katalytischer Reinigungsverfahren, insbesondere in der Anfangsphase der Sanierung, an. Zu diesem Zeitpunkt ist mit diesem Verfahrensprinzip aufgrund der hohen Schadstoffkonzentrationen meist der angestrebte autotherme Anlagenbetrieb möglich. Die Entsorgungskosten bei der adsorptiven Abluftreinigung mit Aktivkohle wären in dieser Phase besonders hoch.

Bei Bodenluftabsaugmaßnahmen mit katalytischer Abluftreinigung und rekuperativer Wämerückgewinnung wird die Bodenluft über einen oder mehrere Pegel abgesaugt, über einen Wärmetauscher vorgewärmt, mit einer Elektroheizung oder einem Gasbrenner auf die Katalysatoranspringtemperatur nacherhitzt, im katalytischen Reaktor gereinigt und schließlich nach Abkühlung im Wärmetauscher an die Umgebung abgegeben (Abb. 1).

Mit den im Gegenstrom betriebenen Wärmetauschern ist bei üblicher Wärmetauscherdimensionierung ein Wärmerückgewinnungsgrad von 70-75% möglich. Damit ist beim Einsatz rekuperativer Wärmetauscher bei der Behandlung von Kohlenwasserstoffen ein autothermer Anlagenbetrieb ab ca. 2-3 g Schadstoff/Nm^3 zu realisieren.

Auch unterhalb dieser Schadstoffkonzentrationen ist der Einsatz von Katalysatoranlagen mit rekuperativen Wärmetauschern häufig mit geringem Energieaufwand möglich, da die Luftmengen bei Bodenluftabsaugmaßnahmen in der Regel weniger als 500 Nm^3/h betragen. Der genaue Energiebedarf bei vorgegebener Schadstoffkonzentration und Luftmenge kann Abb. 2 entnommen werden.

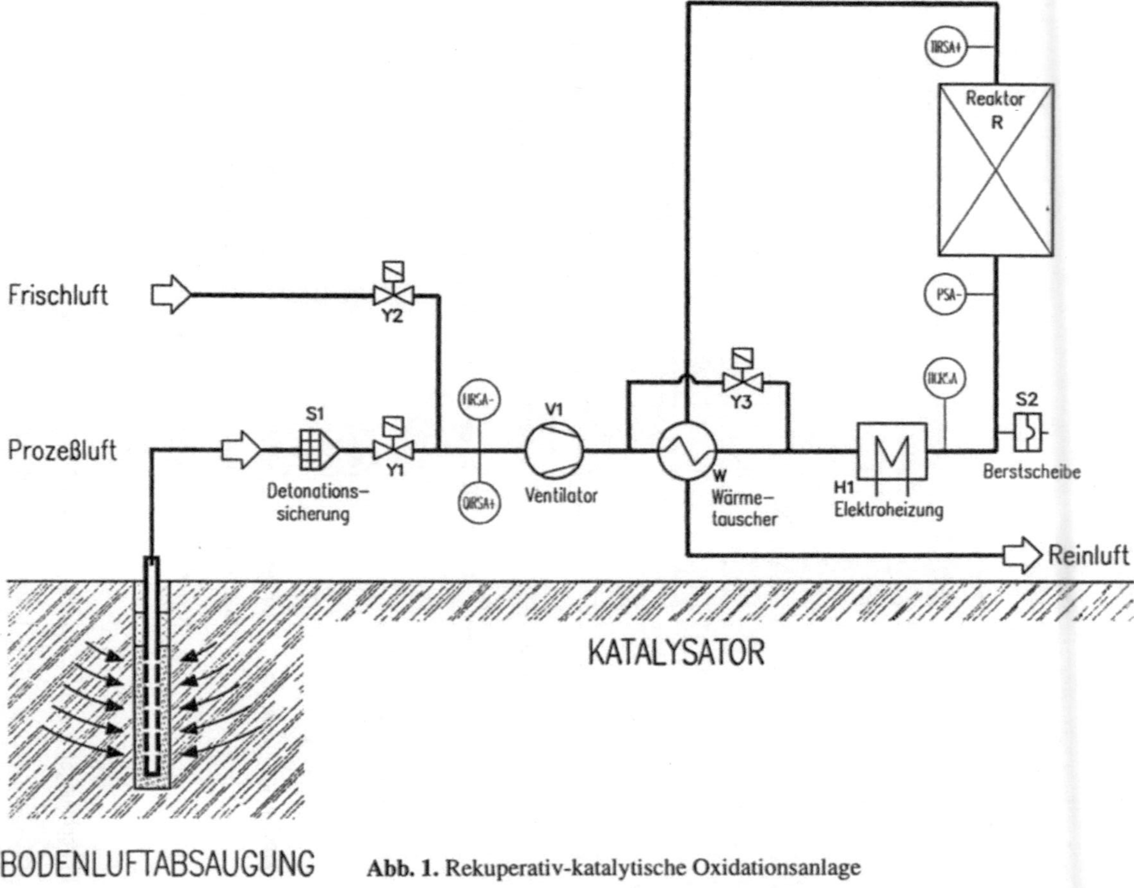

Abb. 1. Rekuperativ-katalytische Oxidationsanlage

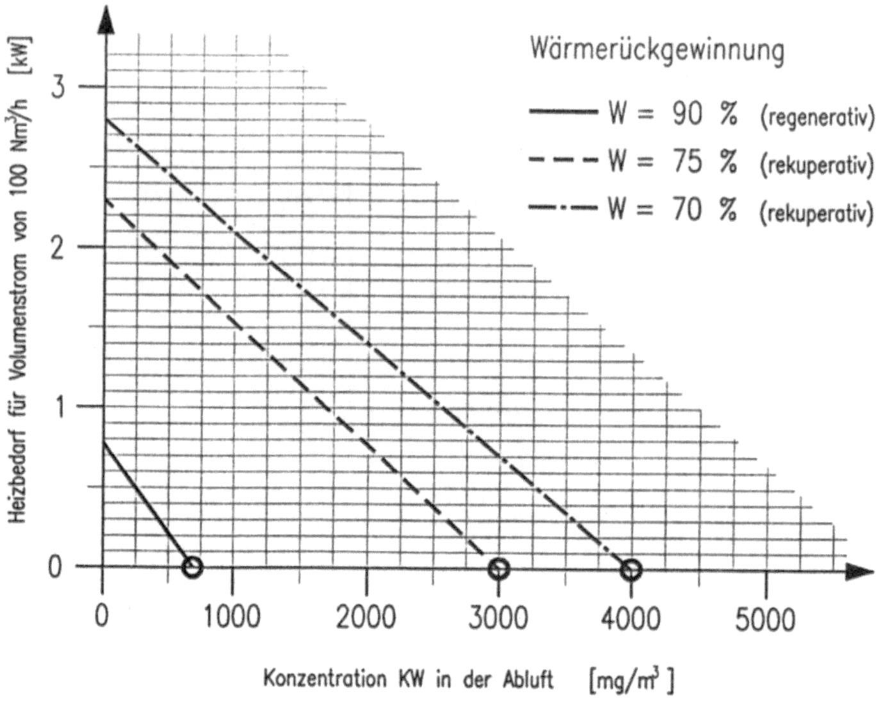

O autothermer Betriebspunkt

Berechnungsgrundlagen :   Temperatur Prozeßluft   =   20 °C

Temperatur Reaktoreintritt   =   300 °C

Kohlenwasserstoffe [KW] Wärmetönung =   30 °C /1g/m³

Umrechnungen :   1 kW ≙ 0,093 kg/h   Erdgas

1 kW ≙ 0,078 kg/h   Propangas

1 kW ≙ 0,101 kg/h   leichtes Heizöl

Abb. 2. Heizenergiebedarf KAT

Bei Konzentrationen, welche zu einer Vorwämung über den autothermen Betriebspunkt des Wärmetauschers hinaus führen, muß die überschüssige Wärme abgeführt werden. Dies geschieht über eine automatische Wärmetauscherregelung. Zwischen dem autothermen Betriebspunkt von ca. 3 g/Nm³ und der behandelbaren Maximalkonzentration von ca. 8-10 g/Nm³ liegt der optimale Arbeitsbereich der

Katalysatoranlage. Bei Überschreitung dieser Maximalkonzentration schaltet die Anlage über automatische Konzentrations- und Temperaturüberwachungen in einen Sicherheitszustand. Schadstoffkonzentrationen über dieser Grenzkonzentration dürfen aus Sicherheitsgründen nicht behandelt werden.

Bei Anwendungsfällen mit niedrigeren Schadstoffkonzentrationen können Anlagen mit regenerativem Wärmetauscherprinzip eingesetzt werden. Die Abluftreinigungsanlage besteht dann aus zwei Reaktoren, die jeweils neben der Katalysatormasse zusätzlich eine Wärmespeichermasse enthalten (Abb. 3).

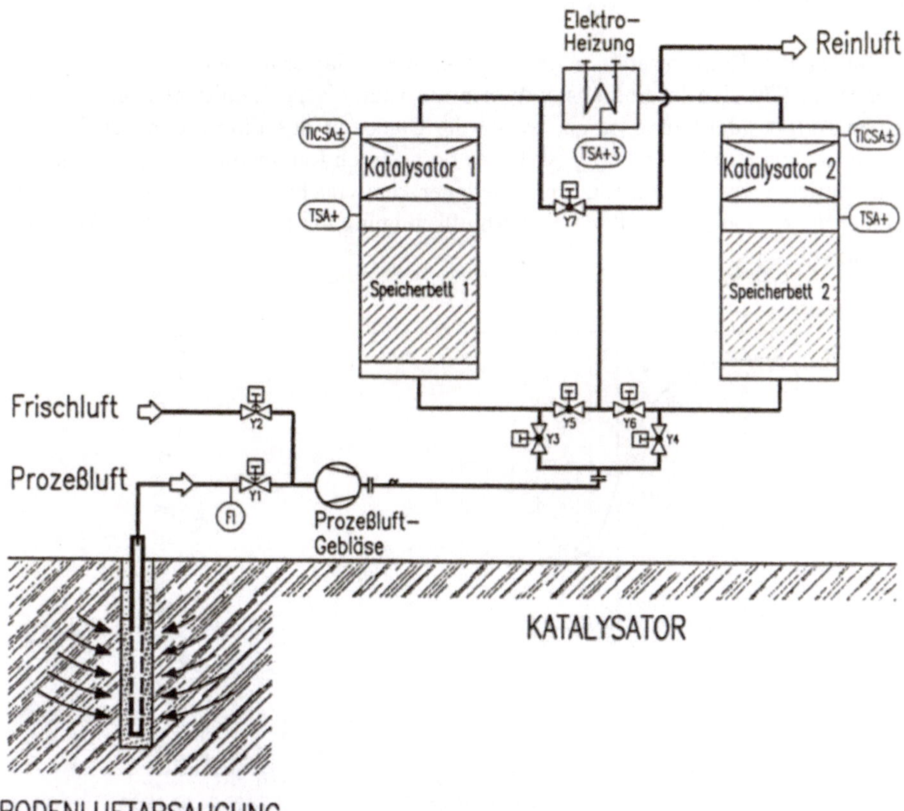

Abb. 3. Regenerativ-katalytische Oxidationsanlage

Im Betriebszustand wird die Abluft wechselweise durch diese Reaktoren geleitet. Bevor die relativ scharf begrenzte, heiße Temperaturzone den 1. Reaktor verläßt, wird über eine Umschaltung die Strömungsrichtung umgekehrt. Die gleiche Umschaltung erfolgt dann wieder vor dem Austritt der heißen Wärmezone aus dem 2.

Reaktor. Durch diese zyklische Betriebsweise der Anlage können Wärmerückgewinnungsziffern über 90% erreicht werden, d.h. die autotherme Betriebsweise ist
schon bei Schadstoffkonzentrationen unter 1 g/Nm^3 zu realisieren.

Da bei diesem Verfahren die Rohluft und die Reinluft zeitversetzt durch die
gleichen Anlagenteile strömt, findet eine geringe Schadstoffverschleppung statt.
Bei extremen Anforderungen mit hohen Schadstoffeingangskonzentrationen und
niederen Grenzwerten, wie z.B. bei reinen Benzolschadensfällen, sollte dieses
Verfahren deshalb nicht eingesetzt werden. Bei Schadensfällen mit max. Eingangskonzentrationen von 1-2 g/Nm^3 und den üblichen Anforderungen bezüglich
des Gesamtkohlenstoffgehalts ist dagegen in der Regel eine sichere Einhaltung des
geforderten Grenzwertes möglich.

Sinken die Konzentrationen im Verlauf einer Sanierung auf noch niedrigere
Werte, so läßt sich in einfachster Weise die katalytische Reinigungsanlage durch
einen Aktivkohlefilter ersetzen, wobei die Standzeit des Filters dann auch ohne
Regeneration ausreichend lang ist. Unter bestimmten Randbedingungen kann sogar
ein zeitlich versetzter Einsatz verschiedener katalytischer Abluftreinigungstechniken (Abb. 4) und abschließend eine Abluftreinigung mit konventioneller Aktivkohle sinnvoll sein.

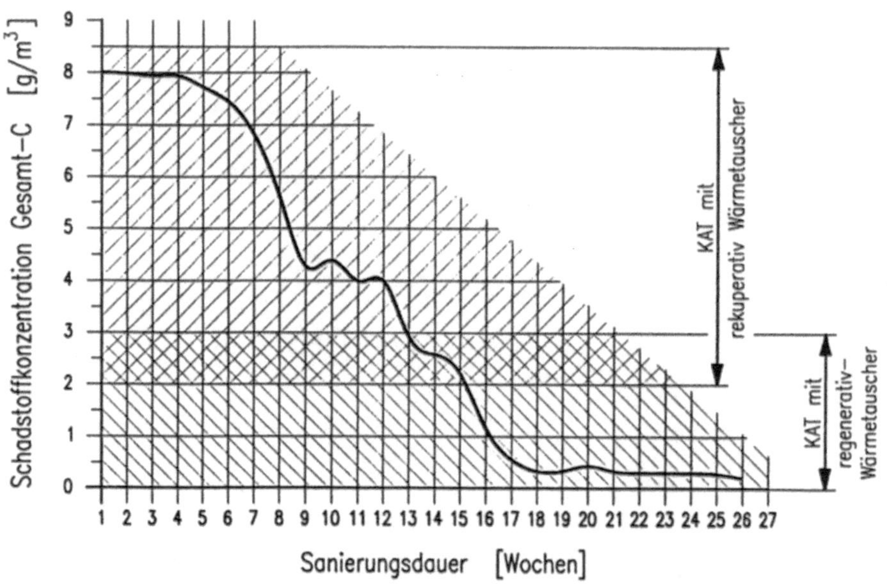

Abb. 4. Sanierungsdauer KAT

Größere katalytische Abluftreinigungsanlagen für die Altlastensanierung sind in
der Regel in Container eingebaut und mit allen notwendigen Sicherheitseinrichtungen ausgerüstet (Konzentrationsüberwachung, Detonationssicherung etc.).

Die vollautomatische Betriebsweise der Anlagen ist für den Betreiber eine wesentliche Erleichterung gegenüber der Abluftreinigung über Aktivkohle mit häufigem Wechsel der Filterfüllung.

Die Schreiberprotokollierung mit Aufzeichnung der Eingangskonzentration und des Volumenstroms gewährleistet eine lückenlose Dokumentation des Sanierungsverlaufs sowie eine Bilanzierung der abgereinigten Schadstoffmengen.

3   Praktische Beispiele für die Sanierung von KW-Schäden durch katalytische Abluftreinigung

Fallbeispiel 1:   Sanierung in einer Benzinraffinerie

Zur Sanierung einer ausgedehnten Untergrundverunreinigung in einer Benzinraffinerie wurde aufgrund der erwarteten hohen Schadstofffrachten schon frühzeitig eine katalytische Oxidationsanlage projektiert. Die katalytische Abluftreinigungsanlage läuft inzwischen seit etwa 3 Jahren mit einem Volumenstrom von ca. 400 m^3/h im autothermen Betriebszustand.

Kostenrechnung: Aktivkohle–Katalytische Abluftreinigung

Mit einer Standardkatalysatoranlage mit einem Durchsatz von 500 Nm^3/h und einer maximalen Eingangskonzentration von 8 g/Nm^3 können pro Monat maximal etwa 3 t Schadstoffe beseitigt werden. Zur Entsorgung dieser Schadstofffracht über Aktivkohleadsorption wäre bei einer angenommenen Beladungskapazität von 20% eine Kohlemenge von ca. 15 t Aktivkohle/Monat notwendig.

Die Kosten für Neukohle, Entsorgung und Wechsel können mit ca. 10 000 DM/t veranschlagt werden und liegen schon im Zeitraum von einem Monat über dem Investitionsvolumen für die Katalysatoranlage. Das heißt, unter den angenommenen Randbedingungen kann bei einem Preis für die Katalysatoranlage von 100 000-150 000 DM von einer äußerst kurzen Amortisationszeit ausgegangen werden.

Fallbeispiel 2:   Raffineriesanierung mit mobiler Containeranlage

Bei einem weiteren Anwendungsfall zur Sanierung von Raffinerieschäden war neben der hohen Wirtschaftlichkeit vor allem die hohe Mobilität der Anlage ausschlaggebend, diese Technik einzusetzen. Durch die Containerbauweise kann die katalytische Abluftreinigungsanlage leicht von einer Sanierungsstelle innerhalb des Betriebsgeländes zu einer anderen versetzt werden. Die Anlage ist ebenfalls seit ca. 3 Jahren an verschiedenen Standorten im Einsatz.

Fallbeispiel 3:   Sanierung eines Benzolschadens in einer Raffinerie

Während bei den beiden zuvor geschilderten Fällen benzinhaltige Abluftströme zur Behandlung kamen, wurde in einem dritten Einsatzfall in einer Raffinerie ein reiner Benzolschaden saniert.

Zur Einhaltung des geforderten Abluftwertes mußte unter Anwendung des gleichen Anlagentyps lediglich die Betriebsweise an diese Randbedingungen angepaßt werden. Hierzu mußte nur die Katalysatorstarttemperatur, im Vergleich zur Behandlung der benzinhaltigen Abluftströme, etwas erhöht werden, so daß auch das schwerer umsetzbare Benzol mit guten Wirkungsgraden abgebaut wurde.

Fallbeispiel 4:   Tankstellensanierung

Ein typischer Katalysatoreinsatzfall fand bei der Sanierung einer Tankstelle statt, an der durch einen undichten Tank jahrelang Benzin in den Untergrund gelangt war. Zur Sanierung des Schadens wurde zunächst eine Katalysatoranlage mit rekuperativen Wärmerückgewinnungsprinzip eingesetzt. Die Absaugung der Bodenluft wurde direkt mit dem in die Anlage integrierten Prozeßluftventilator durchgeführt.

Die bei dieser Tankstellensanierung in den ersten Wochen mittels Bodenluftabsaugung geförderten Konzentrationen lagen, wie häufig bei derartigen Schadensfällen, bei ca. 50 g/m^3. Da die maximal behandelbare Schadstoffkonzentration in diesem Fall bei 8 g/Nm^3 lag, mußte der abgesaugten Bodenluft zunächst über ein Ventil Frischluft beigemischt werden. Nach etwa drei Monaten wurde der autotherme Betriebsbereich mit einem Absinken der Schadstoffkonzentration unter 3 g/m^3 unterschritten. Die Rekuperativanlage wurde deshalb abgebaut und durch einen regenerativ arbeitenden Katalysator ersetzt. Diese Anlage arbeitete dann wiederum über einen längeren Zeitraum autotherm (s. Abb. 4).

Die aus den Katalysatoranlagen in die Atmosphäre abgegebenen Abluftkonzentrationen lagen bei beiden Verfahrensvarianten unter den gesetzlich geforderten Werten und konnten direkt in die Umgebung abgegeben werden.

Fallbeispiel 5:   Benzinunfall

Bei einem weiteren Sanierungsfall waren bei einem Unfall etwa 20 t bleifreies Superbenzin in den Boden gelangt. Zur In-situ-Sanierung der ungesättigten Bodenzone wurde ebenfalls eine Bodenluftabsaugung mit anschließender katalytischer Abluftreinigung installiert. Die Sanierung mit der Containeranlage wurde nach ca. 4-5 Monaten abgeschlossen. Im Zuge der weiteren Sanierung kam für die Abluftreinigung ein Einwegaktivkohlefilter zum Einsatz.

Fallbeispiel 6:   Unfall bei der Tankbefüllung

Beim fehlerhaften Befüllen eines Tanks waren mehrere Tonnen bleifreies Benzin in den Untergrund gelangt. Als Sofortmaßnahme mußte innerhalb von 2 Tagen eine katalytische Oxidationsanlage geliefert und in Betrieb genommen werden. Die Sanierung mit der Containeranlage wurde in diesem Fall nach ca. 3 Monaten abgeschlossen.

Fallbeispiel 7:   Lokal begrenzter Benzinschaden

Bei punktuellen Benzinschäden mit geringer Fächenausdehnung kann häufig gezielt mit kleineren Volumenströmen abgesaugt werden. Es resultieren hochbelastete Bodenluftströme von 50-200m^3/h. Diese Randbedingungen lassen den Einsatz von preiswerten Kompaktanlagen zu, bei denen eine Aufstellung im Container in der Regel nicht notwendig ist.

Fallbeispiel 8:   Tanklagerschaden mit chlorierten und aromatischen Kohlenwasserstoffen

Bei diesem Schadensfall liegen ausgedehnte Untergrundkontaminationen (Boden und Grundwasser) mit mineralölaromatischen und chlorierten Kohlenwasserstoffen vor. Das Schadstoffspektrum umfaßt aus der Gruppe der leichtflüchtigen chlorierten Kohlenwasserstoffe vor allem Tri- und Perchlorethylen sowie deren Abbauprodukte cis-1,2-Dichlorethylen und Vinylchlorid. Die Hauptvertreter der Aromatengruppe sind Benzol, Toluol und Xylol.

Eine Abluftreinigung durch adsorptive Verfahren wurde bei dieser Sanierung nicht in Betracht gezogen, da die Reinigung über Aktivkohle wegen der hohen Belastungen mit Vinylchlorid und cis-1,2-Dichlormethan nicht zuverlässig möglich ist; cis-1,2 Dichlormethan ist nur schlecht, Vinylchlorid bei Normalbedingungen überhaupt nicht an Aktivkohle adsorbierbar. Aufgrund der zu erwartenden kurzen Standzeiten für die adsorbierbaren Stoffe sind die Kosten bei der Abluftreinigung über Aktivkohle zudem wesentlich höher als bei der katalytischen Oxidation. Der Einsatz einer dampfregenerierten Aktivkohleanlage schied wegen der zu erwartenden Probleme bei der Phasentrennung des Desorbats aus. Die Reinigung der Bodenluft und der Abluft aus der Desorptionsanlage erfolgte deshalb durch eine katalytische Abluftreinigung mit 1000-2000 m^3/h Luftdurchsatz.

Saniert wird über 10 Bodenluftabsaugpegel und eine Grundwasserentnahmestelle mit ca. 35 m^3/h. Zur Grundwassersanierung wurde eine zweistufige Stripanlage mit nachgeschaltetem Wasseraktivkohlefilter installiert. Aufgrund des hohen Abluftdurchsatzes ist die Katalysatoranlage mit einem Propangasbrenner ausgestattet.

4   Zusammenfassung und Ausblick

Die katalytische Abluftreinigung setzt sich in der Altlastensanierung, sowohl bei Bodenluftabsaugmaßnahmen als auch bei der Grundwasserreinigung, in einer Vielzahl von Anwendungsfällen zunehmend durch.

Die beschriebenen Einsatzfälle für Abluftkatalysatoren bei Bodensanierungsmaßnahmen zeigen beispielhaft, daß dieses Verfahren wegen seiner rückstandsfreien Schadstoffentsorgung und seiner hohen Reinigungsgrade eine deutliche technische Verbesserung gegenüber herkömmlichen Anlagen bringt. Bei höheren Schadstoffkonzentrationen ist die katalytische Abluftreinigung den adsorptiven Reinigungstechniken bezüglich Reinigungsleistung, Investitions- und Betriebskosten klar überlegen. Die sich ähnelnden Fallbeispiele sollen die typischen Randbedingungen für den wirtschaftlichen Einsatz der katalytischen Abluftreinigung in der Altlastensanierung aufzeigen.

In der Bodenluftreinigung ist ein wirtschaftlicher Einsatz des Verfahrens bei Kohlenwasserstoffschadensfällen vor allem in der Anfangsphase der Sanierung beim Auftreten hoher Schadstoffkonzentrationen gegeben. Falls abzuschätzen ist, daß ein hohes Konzentrationsniveau ($> ca. 3\ g/m^3$) über einen Zeitraum von nur 1-2 Monaten anhalten wird, ist der Einsatz eines Katalysators aus wirtschaftlichen Erwägungen grundsätzlich in Betracht zu ziehen.

Bei Grundwassersanierungen werden in der Regel nicht die Spitzenkonzentrationen wie bei der Bodenluftabsaugung erreicht. Allerdings bleiben die anfänglichen Konzentrationen in der Regel über einen längeren Zeitraum erhalten, so daß grundsätzlich eine höhere Planungssicherheit besteht. Eine regenerativ-katalytische Abluftreinigung ist in Erwägung zu ziehen, falls Stripluftkonzentrationen von ca. $1\ g/m^3$ zu erwarten sind.

Falls eine dieser Randbedingungen gegeben ist, zeigt sich die Katalyse den konventionellen Verfahren deutlich überlegen. Es ist deshalb zu erwarten, daß sich der katalytischen Abluftreinigung eine noch breitere Anwendung in der Altlastensanierung erschließen wird.

Literatur

Breithaupt, A., Koherr, U., Gulde, A., Weigert, M. (1995) TerraTech **6**

Biosparging – Biologisch-physikalische In-situ-Sanierung eines Mineralölschadens im Grundwasser

Ulrich Schantz

Einleitung

Im Februar 1991 verunglückte ein Tanklastwagen bei eisglatter Fahrbahn auf der BAB 5 in der Nähe von Karlsruhe. Die gesamte Ladung von ca. 27 000 l Otto- und ca. 5000 l Dieselkraftstoffen versickerte in dem unbefestigten Bereich neben der Autobahn. Dabei wurden ca. 2500 m³ Boden sowie das Grundwasser verunreinigt. Der Schadensbereich liegt in einer Wasserschutzzone IIIb. Die von einem lokal ansässigen Ingenieurbüro durchgeführten Sanierungsmaßnahmen bestanden im wesentlichen in einer Grundwasserhaltung, um die Ausbreitung des Schadens zu verhindern, dem Einsatz eines Skimmers, um die auf dem Grundwasser aufschwimmende Phase zu entfernen, sowie der Absaugung der flüchtigen Schadstoffe aus der ungesättigten Zone. Nach 3 Jahren stellte man fest, daß weitere Sanierungsmaßnahmen notwendig waren, und man beauftragte die SAKOSTA GMBH mit der weiteren Schadenssanierung.

Die zunächst durchgeführten Untersuchungen des Untergrunds und des Grundwassers zeigten, daß das Grundwasser immer noch stark mit leichtflüchtigen aromatischen Kohlenwasserstoffen (LAKW) und in geringem Umfang durch unpolare Kohlenwasserstoffe (KW) verunreinigt war. Im Schadenszentrum wurden LAKW-Konzentrationen von bis zu 50 000 mg/l ermittelt. Die Schadstoffkonzentrationen an unpolaren Kohlenwasserstoffen waren mit maximal 2,4 mg/l vergleichsweise niedrig. In allen Grundwassermeßstellen, in denen erhöhte Schadstoffgehalte festgestellt wurden, waren die Sauerstoffkonzentrationen gering (< 2,5 mg/l), was auf sauerstoffzehrende Prozesse hindeutete. Auch in den kontaminierten Bodenbereichen herrschten nahezu anaerobe Verhältnisse (O_2 < 2%).

In der Bodenluft wurden keine Schadstoffe nachgewiesen. Die Bodenmatrix war jedoch noch mit unpolaren und aromatischen Kohlenwasserstoffen verunreinigt. Der Untergrund im Unfallbereich besteht aus weitgehend homogenen Sanden und Kiesen der Rheinebene.

Eine solches Schadensbild wirft häufig vielschichtige Probleme auf. In der Regel geht eine Grundwasserverunreinigung immer mit einer Kontamination der darüberliegenden ungesättigten Zone einher. Ein beträchtlicher Teil der Schadstoffe befindet sich gelöst oder adsorbiert unterhalb des Grundwasserspiegels oder innerhalb der Grundwasserschwankungsbereichs. Aus diesem Grund muß das Grundwasser und die Wechselzone selbst wie auch die darüberliegende Boden saniert werden, um eine erneute Verunreinigung des Grundwassers zu vermeiden.

Bei hydraulischen Sanierungsverfahren wird das Grundwasser gefördert, abgereinigt und wieder infiltriert bzw. abgeleitet. Dazu ist es sinnvoll, eine Bodenverunreinigung vorher zu eliminieren, um den erneuten Eintrag von Schadstoffen in das Grundwasser zu unterbinden. Eine solche hydraulische Sanierung ist oft ineffektiv und sehr langwierig, weil nur der vergleichsweise geringe Teil der Schadstoffe ausgetragen wird, der gelöst vorliegt.

Anstelle einer On-site-Behandlung ist auch der biologische Abbau der Schadstoffe direkt im Grundwasser möglich (in situ), was jedoch mit den herkömmlich eingesetzten Verfahren (Infiltration von chemischen Sauerstoffträgern wie Ozon oder Wasserstoffperoxid) verhältnismäßig teuer ist. Häufig zerfallen die Chemikalien, bevor sie im kontaminierten Bereich den Sauerstoff freisetzen können.

Das für diesen Fall ausgewählte Biosparging-Verfahren ermöglicht eine biologische In-situ-Sanierung aller kontaminierten Bereiche (Grundwasser, Wechselzone und ungesättigte Zone) mit einer vergleichsweise einfachen und kostengünstigen Technik. *Biosparging beschreibt ein biologisch-physikalisches In-situ-Verfahren, bei dem Luft unterhalb des kontaminierten Bereiches eingeblasen wird und vertikal sowie horizontal durch die gesättigte Zone perlt.*

Obwohl dieses Verfahren, zumindest in den USA, bereits häufig eingesetzt wird, liegen bisher nur wenige Erkenntnisse über das Strömungsverhalten im Untergrund von Luft und Wasser während des Belüftungsvorgangs vor. Vor der Auslegung des Biosparging-Verfahrens mußten deshalb noch einige empirische Daten durch einen Pilottest gewonnen werden, welche die Grundlage der Sanierungsplanung darstellen.

Verfahrensbeschreibung

Mineralölkohlenwasserstoffe sind biologisch abbaubar, sofern die Bedingungen für die Mikroorganismen, welche diese Schadstoffgruppe verwerten können, optimiert, mindestens jedoch nicht limitierend sind. Neben der Temperatur spielen auch pH-Wert, Nährstoffangebot, Spurenelemente, Bioverfügbarkeit und besonders die Verfügbarkeit von Elektronenakzeptoren eine wesentliche Rolle. Primäre

Aufgabe bei einer biologischen In-situ-Sanierung ist es, Sauerstoff in ausreichenden Mengen zum Schadstoff bzw. zum Mikroorganismus zu transportieren (s. Abb. 1).

Als Sauerstoffquelle wird Umgebungsluft eingesetzt, die direkt in das Grundwasser injiziert wird. Ein ölfrei arbeitender Kompressor drückt Luft mit einem geringen Überdruck unterhalb des kontaminierten Bereiches ein. Durch die Injektion von Luft in das Grundwasser sind folgende Effekte zu erwarten:

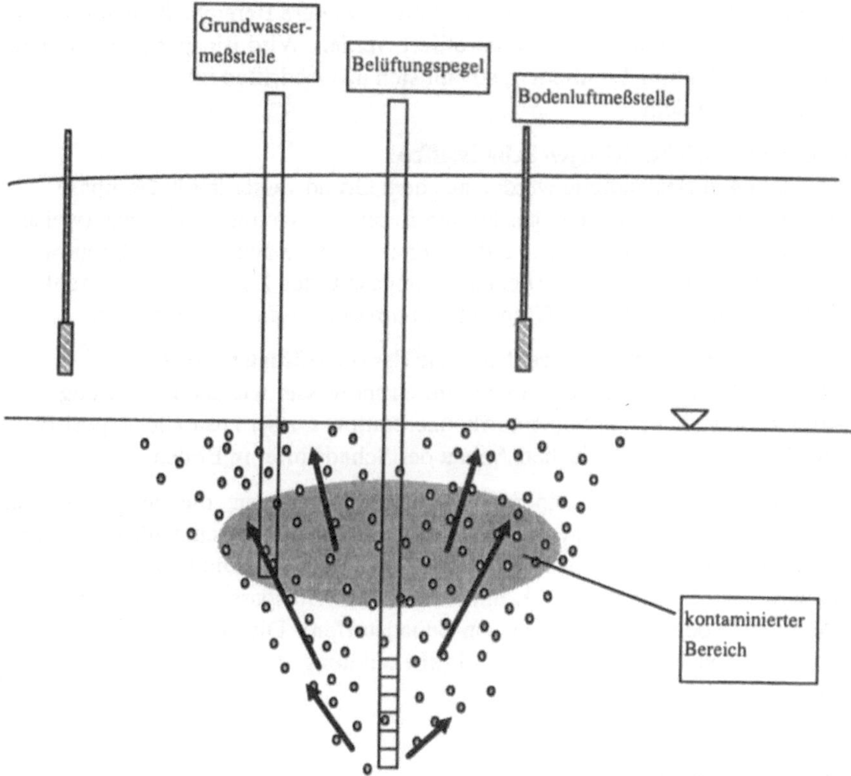

Abb. 1. Verfahrensschema

- **Anreicherung des Grundwassers mit Sauerstoff und Förderung des biologischen Abbaus:**
  Befinden sich in einem Aquifer aerob umsetzbare Stoffe wie z.B. Mineralölkohlenwasserstoffe, so verbrauchen Mikroorganismen den wenigen verfügbaren Sauerstoff zum Abbau der Schadstoffe. In diesem Fall sind die Sauerstoffgehalte im Grundwasser gering (< 2,5 mg/l). Durch Biosparging wird die Sauerstoffkonzentration erhöht und ein kontinuierlicher aerober Abbau erst

ermöglicht. Durch die kurzen Diffusionswege des Luftsauerstoffs in das Grundwasser erfolgt, verglichen mit herkömmlichen Verfahren, eine sehr effektive Anreicherung mit Sauerstoff.

- **Mobilisierung von Schadstoffen:**
  Durch die aufwärtssteigenden Luftblasen entstehen im Grundwasserleiter Turbulenzen, welche zur Mobilisierung bzw. zur Desorption der an die Bodenmatrix gebundenen Schadstoffe führen und die Bioverfügbarkeit erhöhen. Die sich in Lösung befindlichen Stoffe sind besser abbaubar. Gleichzeitig kann durch die Mobilisierung jedoch auch die Kontamination weg von der Lufteintragsstelle transportiert werden und so weitere Bereiche kontaminieren. Dies ist unerwünscht und muß kontrolliert werden. Wird Biosparging mit einer Grundwasserhaltung kombiniert, so läßt sich das Abdriften im Grundwasser wirksam verhindern.

- **Strippen von leichtflüchtigen Schadstoffen:**
  Die flüchtigen Bestandteile werden aus dem Grundwasser in die Gasphase überführt und somit aus dem gesättigten Bereich ausgetragen. Normalerweise beschränkt sich dieser Vorgang auf die Phasengrenze zwischen der Grundwasseroberfläche und der darüberliegenden ungesättigten Zone. Durch die zahlreichen Luftblasen wird die Grenzschicht um ein Vielfaches vergrößert.

- **Erhöhung der Sauerstoffkonzentration in der ungesättigten Zone:**
  Die eingeblasene Luft erhöht sowohl im Grundwasser wie auch in der ungesättigten Bodenzone die Sauerstoffkonzentration. Dieser zusätzliche, positive Effekt fördert den biologischen Abbau der Schadstoffe im Boden.

Normalerweise werden bei einem Biosparging-Verfahren die ausgestrippten Schadstoffe aus der ungesättigten Zone über eine Bodenluftabsauganlage entfernt. In diesem Fall werden die Schadstoffe biologisch abgebaut. Die hier beschriebene Verfahrensweise ist somit eine Kombination aus Biosparging und Bioventing (Belüftung des Bodens zum Abbau von Schadstoffen). Dies hat den Vorteil, daß keine zusätzlichen Kosten für eine Abluftbehandlung durch Aktivkohleadsorber entstehen.

Vorteile des Verfahrens

Biosparging verbindet die beiden Sanierungsmethoden des biologischen Abbaus und des Strippens von Schadstoffen in einer Technik. Somit bieten sich breite Einsatzmöglichkeiten. Prinzipiell ist das Verfahren auf biologisch abbaubare wie auch auf nichtabbaubare, flüchtige Schadstoffe anwendbar. Die Sanierung von Vergaserkraftstoffschäden ist besonders effektiv, da sowohl der biologische Abbau wie auch das Strippen der Schadstoffe zu einem raschen Sanierungserfolg beitragen.

Die eingesetzte Technik ist relativ einfach, da ausschließlich herkömmliche Komponenten wie ein Kompressor und Grundwassermeßstellen/Belüftungspegel verwendet werden. Auch bei der Installation der Sanierungseinrichtungen sind keine Spezialgeräte erforderlich. Luft ist überall frei verfügbar und verursacht, gegenüber Ozon oder Wasserstoffperoxid, keine direkten Kosten. Somit bietet die Biosparging-Technik die Möglichkeit, Mineralölkontaminationen im Grundwasser effektiv, rasch und preiswert zu sanieren.

Grenzen des Verfahrens

Ist der Schadstoff, der aus dem Grundwasser entfernt werden soll, biologisch nicht abbaubar, muß die Flüchtigkeit mit einer Henry-Konstante von $> 10^{-5}$ atm $\cdot$ m^3/mol ausreichend groß sein damit er in die Gasphase übergeht. Eine Phase auf dem Grundwasser, wie sie sich z.B. bei Dieselkraftstoff oder längerkettigen Kohlenwasserstoffen ausbilden kann, wird zunächst durch den Einsatz eines Skimmers oder eines anderen geeigneten Verfahrens auf mechanischem Weg entfernt.

Neben den physikalisch-chemischen Eigenschaften des Schadstoffs spielen die geologischen Gegebenheiten eine sehr große Rolle. Ideal ist ein homogener, gut durchlässiger Untergrund. Befindet sich z.B. ein Schluff- oder Tonhorizont in der gesättigten Zone, kann die Luft am Aufsteigen gehindert werden, was zu einer Verbreiterung der Kontamination führen kann.

Dem Einsatz eines Biosparging-Verfahrens geht die Erkundung der hydrogeologischen Situation voraus. Ist der Grundwasserflurabstand zu gering, so lassen sich die ausgestrippten, flüchtigen Komponenten in der ungesättigten Zone weder biologisch abbauen noch über eine Bodenluftabsaugung erfassen. Dadurch käme es zu einer Verlagerung in die Atmosphäre. Wenn die Kontamination im Grundwasserleiter tiefer reicht als 10 m, ist die Abschätzung des Wirkbereichs mit einer sehr großen Unsicherheit behaftet und eine Kontrolle nur noch schwer möglich.

Pilotversuch

Aufgrund der gut durchlässigen Bodenstruktur, der prinzipiell guten biologischen Abbaubarkeit der Schadstoffe sowie der Tatsache, daß der Schaden unmittelbar an eine Autobahn grenzt, wurde zur Sanierung die Biosparging-Technik ausgewählt. Vor der Installation der Sanierungspegel und der Kontrolleinrichtungen wurden in einem Pilotversuch durch zunächst nur einen Belüftungspegel überprüft, ob das Verfahren erfolgreich eingesetzt werden kann, wie hoch die biologische Abbauleistung ist, und die Betriebsparameter werden ermittelt. Die Versuchsanordnung des Pilotversuches unterscheidet sich von der späteren Sanierung nur durch die

Anzahl der Belüftungspegel und der Meßeinrichtungen. Dadurch ist eine Übertragbarkeit auf die Sanierung des Gesamtbereichs gewährleistet.

Durchführung

Im Sommer 1995 wurde eine Pilotanlage installiert, die aus den folgenden Komponenten bestand:

- 1 Belüftungspegel,
- 1 Grundwassermeßstelle in direkter Nähe zum Belüftungspegel,
- mehrere bereits bestehende Grundwassermeßstellen in unterschiedlichen Abständen zum Belüftungspegel,
- 5 Bodenluftmeßstellen, davon 4 im Wirkbereich des Belüftungspegels,
- 1 Kompressor.

Der Belüftungspegel ist so ausgebaut, daß ein Lufteintrag unterhalb der Kontamination gewährleistet war. Eine Grundwassermeßstelle befindet sich in einem Abstand von ca. 1,6 m vom Belüftungspegel. Neben diesem neu installierten Pegel wurden weitere, bereits bestehende Pegel zu Messungen und zur Probenahme herangezogen, die 6-15 m vom Lufteintrag entfernt liegen.

Die flüchtigen Komponenten, die während des Versuchs ausgestrippt und in die ungesättigte Zone überführt wurden, wurden über 4 Bodenluftmeßstellen in unterschiedlichen Tiefen und Abständen zum Belüftungsbrunnnen erfaßt. Zusätzlich war jeweils ein Thermoelement zur Temperaturmessung eingebaut. Eine weitere Meßstelle liegt in unbelastetem Gelände und diente zu Vergleichsmessungen. Zur Belüftung des Grundwassers wurde ein ölfrei arbeitender Kompressor mit einem maximalen Volumenstrom von 30 m³/h verwendet. Der Kompressor wurde über einen Spiral-C-Schlauch mit dem Belüftungsbrunnen verbunden.

Der Pilottest gliederte sich in mehrere Stufen:
- Ermittlung des Ist-Zustands vor Beginn der Belüftung,
- Belüftung des Grundwassers mit unterschiedlichen Belüftungsraten,
- Durchführung eines Respirationstests im Grundwasser und in der Bodenluft zur Bestimmung der biologischen Abbauleistung,
- Langzeitbelüftung.

Während des Tests wurden sowohl im Grundwasser wie auch in der Bodenluft Messungen durchgeführt und folgende Parameter bestimmt:

Grundwasser:	Grundwasserflurabstand, Sauerstoffgehalte, Summenparameter LAKW, Temperatur, Leitfähigkeit, Konduktivität, pH-Wert
Bodenluft:	Temperatur, Kohlendioxid (CO_2), Sauerstoffgehalte (O_2), Summenparameter LAKW

Zunächst wurden Messungen vor Beginn der Belüftung durchgeführt. Dazu wurden an allen Beobachtungs- und Belüftungspegeln sowie Bodenluftmeßstellen die o.g. Parameter ermittelt. Die Grundwasserhaltung wurde 2 Tage vor Beginn der Messungen unterbrochen. Phosphat wurde sowohl im gesättigten wie auch ungesättigten Bereich zusammen mit Kjeldahl-Stickstoff bestimmt. Beide Nährstoffe sind in ausreichenden Mengen vorhanden.

Zur Auslegung der Parameter für das gesamte Gelände wurde dann mit einem Luftvolumenstrom von 2 m^3/h belüftet, täglich 2 Proben genommen und der Volumenstrom erhöht, bis 8 m^3/h erreicht waren. Die Anlage wurde dann mit 10 m^3/h für 6 Tage betrieben und erneut beprobt. Nach weiteren 8 Tagen Laufzeit bei 4 m^3/h wurde ein In-situ-Respirationstest durchgeführt. Die nächste Probenahme erfolgte nach einer 12tägigen Laufzeit bei 4 m^3/h. Danach wurde die Anlage abgestellt und nach jeweils 6 Tagen und nach 2 Monaten wieder Proben entnommen.

Ergebnisse

Nullmessung

Vor Beginn der Belüftung wurden in fast allen Grundwassermeßstellen geringe Sauerstoffgehalte (0,8-1,6 mg/l) bei gleichzeitig erhöhten LAKW-Konzentrationen festgestellt. Die gemessenen pH-Werte lagen in einem neutralen bzw. schwach sauren Bereich.

Durch biologische Abbauprozesse wird O_2 verbraucht und dabei CO_2 gebildet. In den Bodenluftmeßstellen im kontaminierten Bereich waren demnach die O_2-Konzentrationen etwas (14,3%) bzw. deutlich (0,7%) geringer als die Sauerstoffkonzentration der Umgebungsluft und die CO_2-Gehalte deutlich höher.

Stufenweise Erhöhung der Belüftungsrate

Nachdem der Kompressor mit 2 m^3/h in Betrieb genommen wurde, stieg der Grundwasserspiegel in direkter Nähe zum Belüftungsbrunnen um 8 cm, die LAKW-Konzentration nahm von 90 auf 933 mg/l zu (Abb. 2), und die Sauerstoffkonzentration erhöhte sich auf 4,8 mg/l. Offensichtlich wurden durch den Eintrag der Luft Schadstoffe aus der gesättigten Zone und dem Schwankungsbereich mobilisiert. Gleichzeitig konnte die Sauerstoffkonzentration auf ein Niveau erhöht werden, das nicht mehr limitierend ist.

Im Zuge der weiteren Erhöhung des Luftvolumenstroms zeigte sich, daß Wasser aus der nächstgelegenen Grundwassermeßstelle gedrückt wurde. Mit zunehmder Belüftungsdauer nahm die LAKW-Konzentration rasch wieder ab, und es war ein Absinken des pH-Wertes um ca. 0,5 zu beobachten. Während des biologischen Abbauprozesses werden organische Säuren gebildet, die den pH-Wert erniedrigen.

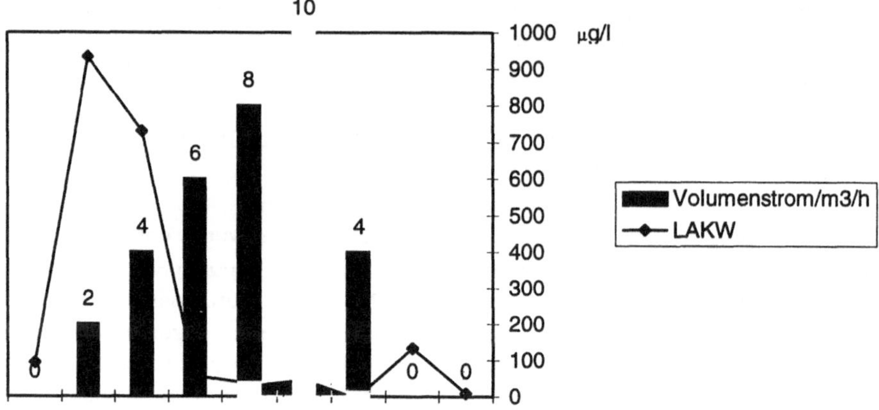

Abb. 2. LAKW-Konzentration im Grundwasser während des Pilottests. Nach ca. 14 Tagen Betriebsdauer waren keine Schadstoffe mehr im Grundwasser nachweisbar, bis der Kompressor nach ca. 2 Monaten abgestellt wurde

In den weiter entfernt liegenden Grundwassermeßstellen wurden keine signifikanten Veränderungen des Grundwasserspiegels und der Schadstoffkonzentrationen festgestellt. In ca. 15 m Entfernung von dem Belüftungspegel war ein Anstieg der Sauerstoffkonzentration (2,9 auf 4,2 mg/l) im Grundwasser zu verzeichnen.

In der Bodenluft wurden vor Beginn der Belüftung sehr geringe Sauerstoff- und hohe Kohlendioxidkonzentrationen gemessen (0,7% bzw. 11,9%). Nach Beginn der Belüftung veränderten sich die Werte rasch, so daß 28 h nach Beginn bereits nahezu die Bedingungen der Umgebungsluft erreicht wurden. Die LAKW-Konzentrationen in der Bodenluft erhöhte sich um den Faktor 10 auf ca. 6,4 mg/m^3. Bei einem Luftvolumenstrom von 10 m^3/h wurden mehr Schadstoffe ausgestrippt, als abgebaut wurden, so daß die LAKW-Konzentrationen in der Bodenluft auf bis zu 27,5 mg/m^3 anstiegen.

Durchführung eines Respirationstests in der Bodenluft und im Grundwasser

Zur experimentellen Untersuchung der mikrobiologischen Abbauleistung wurden Respirationstests in der Bodenluft (Abb. 3) und im Grundwasser (Abb. 4) durchgeführt.

Dazu wurde der Kompressor abgestellt und der Konzentrations-Zeit-Verlauf von Sauerstoff und Kohlendioxid sowie der Temperatur-Zeit-Verlauf in der Bodenluft und der des Sauerstoffs und der Temperatur im Grundwasser verfolgt. Anhand der Abnahmegeschwindigkeit des O$_2$ kann die Abbaurate bestimmt werden.

Bodenluft: Unmittelbar nachdem die Belüftung gestoppt wurde, konnte eine Abnahme des O_2-Gehaltes und eine Zunahme des CO_2-Gehaltes und der Temperatur beobachtet werden. Für den Kohlenwasserstoffabbau wurde ein Wert von 18,6 mg/kg · d ermittelt.

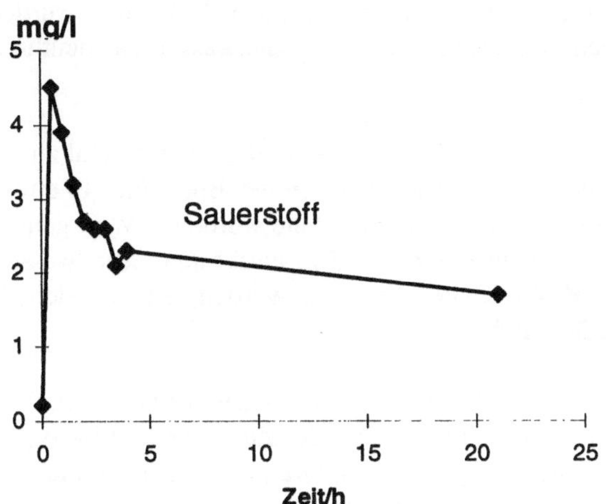

Abb. 3. Respirationstest in der Bodenluft

Grundwasser: Auch im Grundwasser wird Sauerstoff durch biologische Prozesse verbraucht. Die graphische und rechnerische Auswertung ergab einen Kohlenwasserstoffabbau von 3,84 mg/l · d.

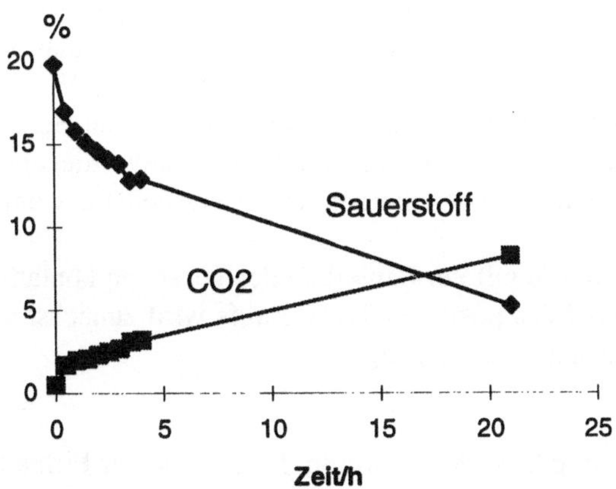

Abb. 4. Respirationstest in der Grundwassermeßstelle

Langzeitbelüftung

Im Anschluß an die beiden Respirationstests wurde die Anlage wieder eingeschaltet und für 12 Tage bei 4 m³/h Luft in das Grundwasser eingeblasen. Danach wurden die Meßstellen beprobt und der Kompressor wieder abgestellt sowie die Grundwasserpumpe wieder eingeschaltet, da ein Abdriften der Schadstoffe verhindert werden sollte. Nach 6 Tagen und nach 2 Monaten wurden die Meßstellen noch einmal beprobt. Dabei war im Grundwasser ein deutlich fauliger Geruch wahrnehmbar.

Die Belüftung führte in fast allen Meßstellen noch einmal zu einer Erhöhung des Sauerstoffgehalts im Grundwasser und in der Bodenluft. In einer zum Belüftungspegel benachbarten Grundwassermeßstelle wurde ein Wert gemessen, der nahe der Sättigungsgrenze lag. In einer ca. 15 m entfernten Grundwassermeßstelle, in der relativ hohe LAKW-Gehalte gemessen wurden, erhöhte sich der O_2-Gehalt nur geringfügig auf 3,2 mg/l.

Nach einer Woche Stillstand fielen die Sauerstoffkonzentrationen im Grundwasser wieder stark ab, und die LAKW-Gehalte stiegen teilweise wieder an. Im Gegensatz zu den Sauerstoffgehalten im Grundwasser fielen die Werte in der Bodenluft nicht so stark ab, was möglicherweise auf einem bereits fortgeschrittenen Schadstoffabbau im Boden hindeutet.

Zusammenfassung und Ausblick

Die Ergebnisse des Pilotversuchs bestätigten die Anwendbarkeit des Biosparging-Verfahrens zur Sanierung des Grundwasserschadens. Die Sauerstoffkonzentrationen sowohl im Boden wie auch im Grundwasser wurden deutlich erhöht und der biologische Abbau gefördert. Leichtflüchtige Schadstoffe wurden aus dem Grundwasser in die ungesättigte Zone ausgestrippt und dort biologisch abgebaut. Die LAKW-Konzentration im Grundwasser stieg unmittelbar nach Versuchsbeginn von 89 mg/l auf 933 mg/l an und fiel innerhalb von 2 Wochen auf < 1 mg/l. Zur Auslegung der Sanierung des gesamten verunreinigten Bereiches wurden die Parameter wie der Wirkbereich des Belüftungspegels, die optimale Belüftungsrate und die Gesamtzahl der notwendigen Sanierungspegel gewonnen.

Mittlerweile wurde mit der Sanierung des gesamten kontaminierten Bereichs begonnen. Aufgrund des positiven Testverlaufs wird zunächst von einer Sanierungsdauer von 1-1,5 Jahren ausgegangen.

Dank
Besonderer Dank gilt Al W. Bourquin, Ph.D., von der Firma CDM CAMP DRESSER & McKEE, USA, der bei der Planung der Arbeiten beratend zur Seite stand.

Literatur

Downey, D. et al. (1994) Remediation of gasoline-contaminated soils using regenerative resin treatment and in situ bioventing, presentation at the Petroleum Hydrocarbons and Organic Chemicals in Ground Water – Prevention, Detection, and Restoration Conference, Houston, Texas

Downey, D. et al. (1995) Using in situ bioventing to minimize soil vapor extraction costs, published in the Proceedings of the Batelle International Symposium on In Situ and On-Site Bioreclamation

Hinchee, R.E. (1994) Air sparging for site remediation, Library of Congress Cataloging-in-Publication Data

Hinchee, R.E. et al. (1992) Test plan an technical protocol for a field treatability test for bioventing, Enviromental Services Office Air Force Center For Enviromental Excellence (AFCEE)

Miller, N. et al. (1993) A summary of bioventing performance at multiple air force sites, presented at the Petroleum Hydrocarbons and Organic Chemicals in Ground Water – Prevention, Detection, and Restoration Conference, Houston, Texas

Norris, R. et al. (1993) Handbook of bioremediation, pp 61-85, Library of Congress Cataloging-in-Publication Data

Ratz, J. et al. (1993) Bioventing, air sparging, and natural attenuation modeling: an integrated approach to the remediation of a petroleum-contaminated site, presented at the 7th National Outdoor Action Conference on Aquifer Restoration, Ground Water Monitoring, and Geophysical Methods, Las Vegas

Instandsetzung von Kanälen mittels Injektionsverfahren

Theodor Schroth

Injektionsmittel für die Abdichtung von Kanalrohrmuffen und von kleinen Schäden in Abwasserrohren und -schächten haben inzwischen einen festen Platz in der großen Palette der Instandsetzungsverfahren für Kanäle.

Röhm in Darmstadt vertreibt seit nahezu 8 Jahren ein hierfür bewährtes Produkt auf Methacrylatbasis unter dem Namen ®PLEX 6803-O, welches mit speziellen Anlagen überwiegend in nichtbegehbaren Kanalabschnitten verarbeitet wird.

Auf den Straßen sieht man immer öfter kleine Lastwagen mit kastenförmigem Aufbau und eingeschalteter Warnblinkanlage vor geöffneten Kanalschächten stehen. Vom hinten offenen Fahrzeug führt ein Bündel von Schläuchen in den Kanal. Mit diesen Fahrzeugen wird Kanalrohrinstandsetzung nach dem Injektionsverfahren betrieben; dabei wird jedoch der Verkehr durch diese „Baustelle" kaum behindert. Dies ist einer der Gründe, warum sogenannte grabungsfreie Reparaturmethoden für Abwasserrohre entwickelt worden sind, wozu auch das Injektionsverfahren zählt.

Diese sehr schnelle und vergleichsweise preiswerte Methode zur Behebung kleiner Schäden, insbesondere das Abdichten von Rohrverbindungen (Muffen), wurde vor nunmehr 20 Jahren in den USA entwickelt.

Ein sogenannter Packer wird unter TV-Kamerakontrolle an der Leckage positioniert. Zwei aufblasbare Gummibälge dichten das Rohr beidseitig der undichten Stelle ab. Vom Sanierungsfahrzeug aus wird ein Dichtheitstest mit Druckluft oder Wasser durchgeführt.

Bei Druckverlust wird über die Schläuche z.B. ein Injektionsmittel auf (Meth-) Acrylatbasis zweikomponentig bis zu Öffnungen am Packer gepumpt. Dort durch Zusammenspritzen bzw. neuerdings mittels spezieller Düsen verwirbelt, durchdringt die Mischung das Loch im Rohr, penetriert in das Rohr umgebende Erdreich und reagiert innerhalb einer Minute zu einem abdichtenden Gel (Abb. 1).

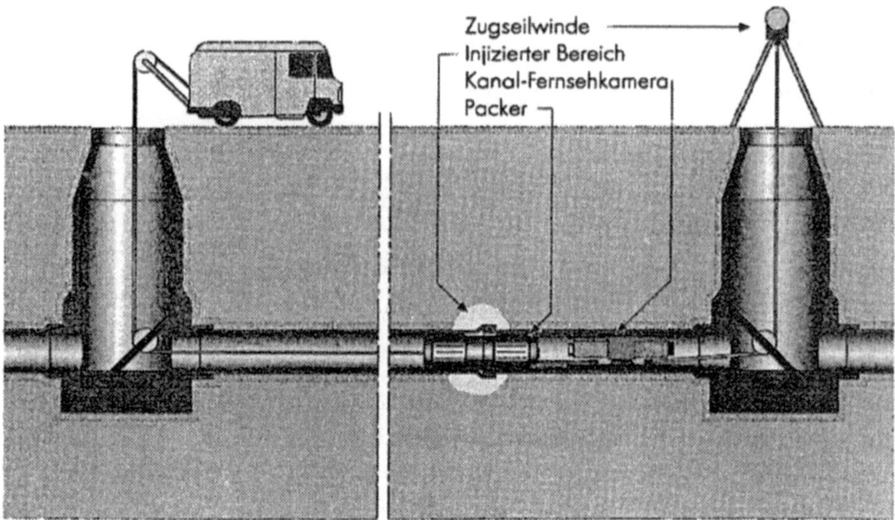

Abb. 1. Instandsetzung von Kanälen mittels Injektionsverfahren

Danach kann die Muffe sofort, ohne den Packer in der Lage zu verändern, nochmals mit Luft oder Wasser abgedrückt werden, um den Abdichtungserfolg nachweisen zu können. Fällt der Druck (in der Regel 0,5 bar) über einen Zeitraum von
30 s nicht ab, wird der Packer entlüftet und zur nächsten schadhaften Stelle gezogen. Dieses Verfahren ist speziell für Abwasserrohre mit einem Durchmesser
< 80 cm, also für nichtbegehbare Leitungen gedacht. Diese liegen in der Regel
unter der Straßendecke oder unter Gebäuden, so daß sich ein eventuell notwendi-
ger Austausch von Rohren über offene Baugruben äußerst schwierig gestalten
würde, ja oft unmöglich ist. Aber auch begehbare Rohre und auch Schächte werden mit solchen Gelen abgedichtet. Dort wird das Injektionsmittel manuell über
Injektionsstutzen in der Nähe der Leckage durch den Rohrmantel injiziert.

Neben (Meth-)Acrylaten werden hier wie auch für die meisten anderen beschriebenen Anwendungen Polyurethansysteme verwendet. Sowohl zum Verdünnen der
Rezepturen als auch zum Reinigen der Anlagen darf hierbei aber nicht mit Wasser,
sondern es muß mit organischen Lösungsmitteln gearbeitet werden.

Chemie der Injektionsmittel auf (Meth-)Acrylatbasis

Diese Produkte zählen zu den Reaktionsharzen. Darunter stellt man sich zunächst
Bindemittel vor, die überwiegend Methylmethacrylat enthalten und mit Wasser
nicht mischbar sind. Solche Harze für Beschichtungs- oder Straßenmarkierungs-
formulierungen dürfen bekanntermaßen jedoch nur mit getrockneten Füllstoffen

gemischt und nur auf Untergründen mit maximaler Haushaltsfeuchte appliziert werden. Wasser ist also unbedingt zu vermeiden.

Um so mehr verwundert es, daß ganz ähnlich strukturierte Verbindungen auch hydrophil, manche sogar mit Wasser in jedem Verhältnis mischbar sind, und dann noch eingesetzt werden, um eine Schutzbarriere gegen Wasser aufzubauen. Das alles wird durch die Verknüpfung des (Meth-)Acryloylrests

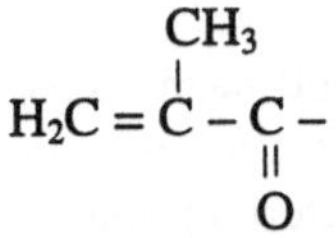

$$H_2C = \overset{\overset{\displaystyle CH_3}{|}}{C} - \overset{\overset{\displaystyle }{}}{\underset{\underset{\displaystyle O}{\|}}{C}} -$$

mit beispielsweise folgenden chemischen Gruppen erreicht:

$$- O - R - OH$$
$$- O - Metall$$
$$- NH - R$$

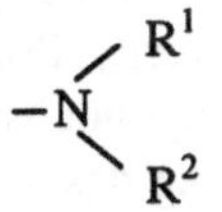

$$-N\overset{\diagup R^1}{\diagdown R^2}$$

Viele Monomere, die sich aus diesen Formeln ableiten lassen, können in Wasser homogen zu einer viskosen Lösung polymerisiert werden. Solche Lösungspolymerisate sind für die geplante Verwendung als Abdichtmasse allerdings noch wenig hilfreich, weil sie sich mit Wasser verdünnen lassen, sich also schlichtweg auflösen. Um dies zu vermeiden, müssen die Polymerketten vernetzt werden, und zwar in der Form, daß deren Beweglichkeit so weit erhalten bleibt, um eine Quellung des Produkts bei Wasserkontakt zu ermöglichen. Verwendet werden hierfür bifunktionelle (Meth-)Acrylate, die natürlich ebenfalls mit dem wäßrigen Milieu verträglich sein müssen. Auch hier kommen

Methacrylsäureester

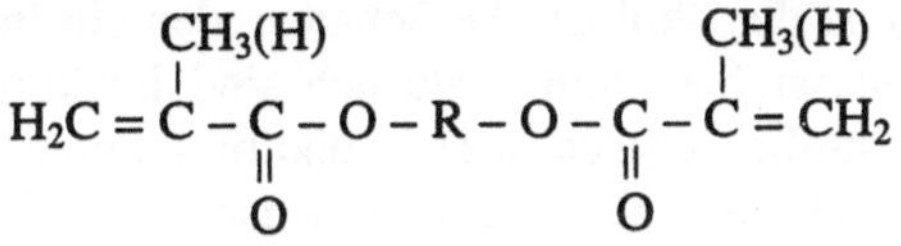

$$H_2C = \overset{\overset{\displaystyle CH_3(H)}{|}}{C} - \underset{\underset{\displaystyle O}{\|}}{C} - O - R - O - \underset{\underset{\displaystyle O}{\|}}{C} - \overset{\overset{\displaystyle CH_3(H)}{|}}{C} = CH_2$$

(Meth-)Acrylsäureamide

$$H_2C = \overset{\overset{\displaystyle CH_3(H)}{|}}{C} - \underset{\underset{\displaystyle O}{\|}}{C} - N - R - N - \underset{\underset{\displaystyle O}{\|}}{C} - \overset{\overset{\displaystyle CH_3(H)}{|}}{C} = CH_2$$

oder Kombinationen hiervon in Betracht .

Injektionsmittel enthalten somit genau wie hydrophobe Reaktionsharze Gemische aus mono- und bifunktionellen (Meth-)Acrylaten. Um die Parallelität fortzuführen, erfolgt auch die Aushärtung – hier treffend Gelierung genannt – durch ein Härter-/Aktivatorsystem, welches aus einem Peroxid und einem Reduktionsmittel besteht. Für wäßrige Systeme sind hierfür Persulfate als Initiatorkomponente und wasserlösliche aliphatische tertiäre Amine, wie z.B. Triethanolamin, als Aktivatorkomponente gebräuchlich.

Andere Reduktionsmittel sind u.a. Ascorbinsäure, Thiosulfate oder verschiedene Saccharide. Das Redoxsystem muß so variabel sein, daß Injektionsmittel wahlweise in wenigen Sekunden oder in mehreren Stunden gelieren.

Umweltaspekte und Prüfzertifikate

Weil das Injektionsmittel bzw. -gel in die Umwelt gelangt, „muß nach menschlichem Ermessen ausgeschlossen sein, daß es dabei zu einer Kontaminierung, insbesondere des Grundwassers, kommt". So steht es im § 19g ff Wasserhaushaltsgesetz (WHG). Deshalb ist ein Nachweis der Umweltverträglichkeit unabdingbar und muß auch den zuständigen Behörden bei Verlangen geliefert werden. Sehr oft eröffnet es überhaupt erst die Möglichkeit, Produkte anzuwenden, da dieser Aspekt noch vor der technischen Eignung höchste Priorität genießt. Allerdings herrscht viel Verwirrung bei der Auslegung des WHG bzw. der konkreten Anforderung an die anzuwendenden Produkte. Bei zunehmendem Angebot und der Vielfalt der inzwischen vertriebenen Injektionsmittel ist es auch durchaus verständlich, daß Entscheidungsträger für solche Instandsetzungsmaßnahmen oftmals das Gefühl nicht loswerden, daß durch das Einpressen von „Chemikalien" der „Teufel mit dem Beelzebub" ausgetrieben werde. Bei der richtigen Anwendung der Injektionsmittel werden die Mono-, Oligo- oder Prepolymere nahezu quantitativ in Polymere (Gele), die toxikologisch unbedenklich sind, umgewandelt und die sehr geringen Reste an nichtumgesetzten Substanzen werden in aller Regel schnell abgebaut. Denkt man beispielsweise an das permanente Eindringen von Abwasser aus defekten Kanalrohren in das umgebende Erdreich und möglicherweise auch ins Grundwasser, dann ist der ökologische Schaden, den ein Injektionsmittel verursachen kann, vernachlässigbar klein. Natürlich sind Injektionsmittel toxikologisch nicht alle gleich einstufbar, und es ist recht und billig, diejenigen auszusuchen und zu verwenden, die sich nach einem anwendungsbezogenen und praxisorientierten Prüfprogramm am umweltgerechtesten verhalten. Für Produkte, die zum Abdichten von undichten Kanalrohren eingesetzt werden, ist dies so geschehen. Im Februar 1990 wurde ein von der Ruhr-Universität Bochum beantragtes Forschungsvorhaben mit dem Thema „Entwicklung und Erprobung umweltfreundlicher Injektionsmittel und -verfahren zur Behebung örtlich begrenzter Schäden und Undichtigkeiten in Kanalisationen unter Berücksichtigung des Gewässerschutzes" vom Umweltbundesamt bewilligt. Der Anforderungskatalog bezüglich der Umweltverträglichkeit wurde vom Institut für Wassergefährdende Stoffe (IWS) an der TU Berlin und vom Bundesgesundheitsamt erstellt. Ein solcher Katalog und das daraus abgeleitete Prüfprogramm sind nur dann sinnvoll, wenn sie in ein Zulassungsverfahren integriert sind. Aus diesem Grund erfolgte die Erstellung des Prüfprogramms durch das Deutsche Institut für Bautechnik (DIBt), Berlin. Dieses Institut beurteilt die anfallenden Prüfergebnisse bezüglich ihrer Umweltverträglichkeit und erteilt gegebenenfalls eine allgemeine baurechtliche Zulassung.

Das verwendete praxisnahe Versuchsmodell (Abb. 2) wurde von der Universität Bochum konstruiert; dort befand sich auch der Standort für die Injektionsversuche. Das Modell bestand aus 2 Steinzeugrohren mit der Nennweite DIN300, die in einem Sandbett so verlegt waren, daß als „Schaden" ein Muffenspalt von 2 cm entstand.

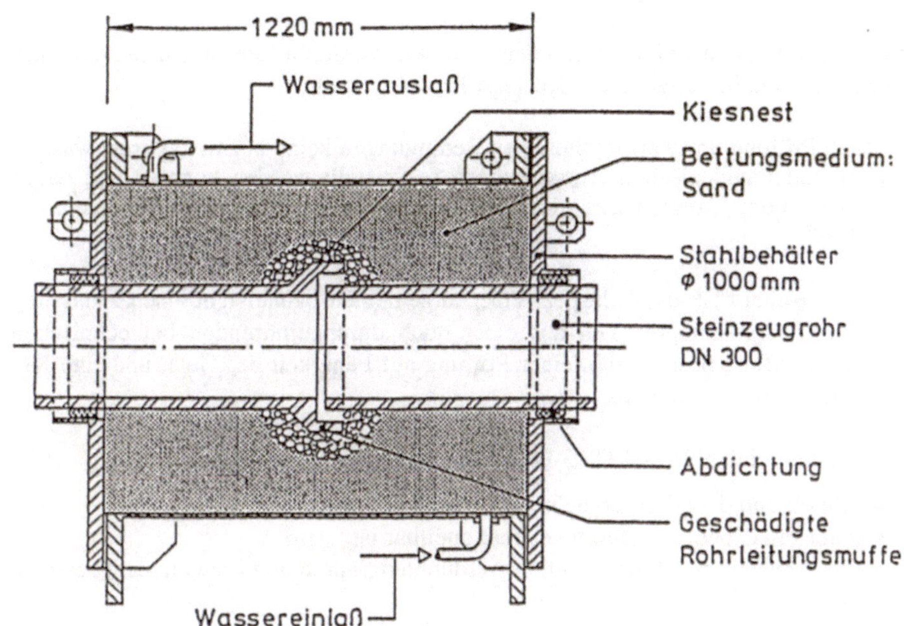

Abb. 2. Versuchsmodell zur Prüfung der Umweltverträglichkeit von Injektionsmitteln

Während und nach der Injektion, die wie in der Praxis mit über TV-Kameras gesteuerten Packern erfolgte, umströmte Wasser ständig diese Muffe. Die Wasserproben wurden gemäß dem Anforderungskatalog über einen Zeitraum von 12 Tagen auf folgende Parameter hin untersucht:

A) Stofferfassung

   1. Quantitative Bestimmung der nicht gelierten Ausgangsstoffe,
   2. qualitative und quantitative Bestimmung von Nebenprodukten,
   3. Summenparameter TOC (gesamter organisch gebundener Kohlenstoff).

B) Wirkung und Aufbau

   1. Mikrobiologische- bzw. Toxizitätstests:
   – Koloniezahl,
   – Bakterientoxizität bezüglich *Escherichia coli* und *Pseudomonas aeruginosa*,
   – Leuchtbakterientest

– TTC-Test,
2. biologischer Abbau,
3. Mutagenitätstest (Ames-Test).

C) **Physikalisch-chemische Parameter**

pH-Wert, ev. Redoxpotential und elektr. Leitfähigkeit

Von den im ersten Zyklus getesteten 7 Injektionsmitteln, die im Packerverfahren
Einsatz finden, bestätigte das DIBt für 4 Produkte, daß

„nach Prüfung unter praxisähnlichen Bedingungen keine negativen grundwasser-
oder bodenhygienischen Auswirkungen festgestellt werden konnten und damit
bezüglich der Umweltverträglichkeit dieser Injektionsmittel keine Bedenken bestehen".

Dieser Bescheid ist als Teilaspekt einer allgemeinen bauaufsichtlichen Zulassung
zu sehen, deren anderer Teil aus einer noch durchzuführenden bautechnischen
Eignungsprüfung besteht, d.h. einer Prüfung auf Fähigkeit der Gele, undichte Kanäle dauerhaft abzudichten.

Das Methacrylatgel PLEX 6803-O hat sich deshalb so gut bewährt, weil es

- schnell und dauerhaft abdichtet,
- unter Praxisbedingungen reversibel quellbar ist,
- von Abwässern, Lösungsmitteln, verdünnten Säuren und Laugen nicht zerstört
  wird,
- unabhängig vom pH-Wert geliert,
- mit Wasser verdünnbar ist, d.h. bei einer Anwendungskonzentration von nur
  22% ein preiswertes Verfahren darstellt,
- keinen zusätzlichen Aktivator benötigt,
- die gesamte Injektionsanlage mit Wasser reinigbar ist.

Die jetzt noch hinzugekommene Bestätigung der Umweltverträglichkeit sollte
künftig die Entscheidung der Behörden, für die dringend notwendigen Instandset-
zungen von Kanalrohrmuffen PLEX 6803-O vorzuschreiben, wesentlich erleich-
tern.

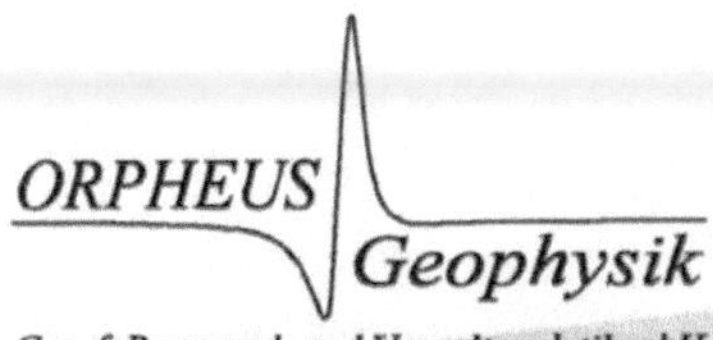

Hohe Besiedlungsdichte und starke industrielle Produktion haben in den letzten Jahren nicht nur die Endlichkeit der Energieressourcen zum Thema werden lassen. Auch über die Begrenztheit und Gefährdung der Ressource Wasser wird heute intensiver nachgedacht.

Sowohl in der Erkundung hydro-geologischer Strukturen als auch in der Analyse industrieller Einflüsse im Untergrund ist

ORPHEUS Geophysik seit Jahren erfolgreich tätig.

Mit unserem geophysikalischen Monitoringsystem dokumentieren wir kontinuierlich und zuverlässig den Grundwasserzustand rund um potentielle Schadstoffquellen.

Vertrauen Sie bei geophysikalischer Langzeitüberwachung und geophysikalischen Erkundungen unserem erfahrenen Team.

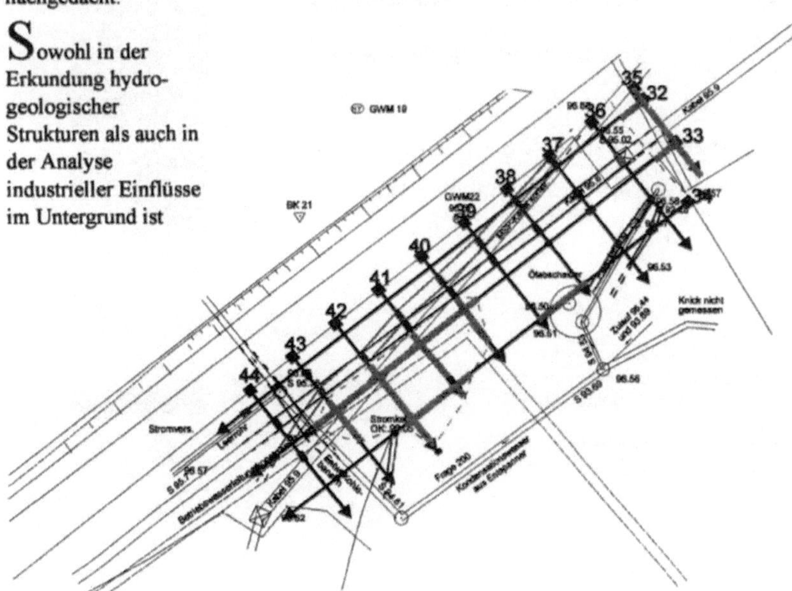

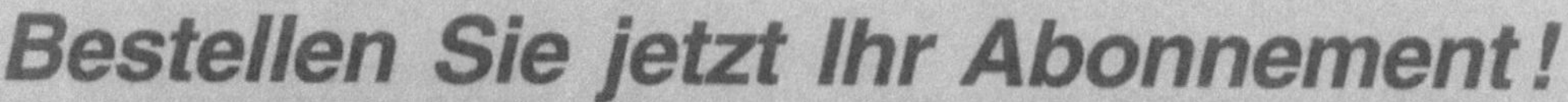

Bestellen Sie jetzt Ihr Abonnement!

BrachFlächenRecycling, die unabhängige und interdisziplinäre technisch-wissenschaftliche Fachzeitschrift über das Recycling von Brachflächen im Montan- bereich, in der Industrie sowie in Städten.

Für Ingenieure,
Geologen,
Architekten,
Planer,
Rechtsanwälte,
Bank- und
Immobilienkaufleute.

**Erscheint
viermal jährlich
zum Abonnementspreis
von nur 60 DM.**

Verlag Glückauf GmbH
Postfach 185620
45206 Essen
Telefax (02054) 92 41 29

Die größte Zeitschrift **Europas** für Angewandte **Geographie!**

STANDORT

berichtet über aktuelle Entwicklungen der Angewandten Geographie und verwandter Fachgebiete.

Inhalt Heft 4/95:

Tarner; Wittke; Mager; Marquardt-Kuron:
STANDORT-Gespräch: Geographen in der Politik

Franck:
Arbeitslosigkeit und Region

Henkel:
Arbeitsplätze im ländlichen Raum

Helmstädter:
Beschäftigtenstruktur deutscher Großstadtregionen

Klecker:
Arbeitsmarkt für Geographen

Klecker; Marquardt-Kuron:
45 Jahre DVAG

Herausgeber
Deutscher Verband für Angewandte
Geographie e.V. (DVAG), Bonn;
Mitglied im Zentralverband der Deutschen
Geographen

Schriftleitung
A. Marquard-Kuron
P.M. Klecker
Redaktionsassistentin
M. Huch

Springer

rb.3332.MNTZ/E/1

Veröffentlichungen des DVAG

Der Deutsche Verband für Angewandte Geographie (DVAG) dokumentiert regelmäßig die Ergebnisse seiner Tagungen in der Reihe "**Material zur Angewandten Geographie**" (MAG) − Bezugsanschrift: DVAG, Königstraße 68, 53115 Bonn, Fax 0228 / 914 88 49 −. In den letzten Jahren sind darin erschienen:

MAG 20 **Umweltplanung − Reparaturunternehmen oder ökologische Raumentwicklung?**
hrsg. 1991 im Auftrag des DVAG von Burghard Rauschelbach und Jan Jahns

MAG 21 **Die Vereinigten Staaten von Europa − Anspruch und Wirklichkeit**
hrsg. 1991 im Auftrag des DVAG von Arnulf Marquardt-Kuron, Thomas J. Mager und Juan-J. Carmona-Schneider

MAG 22 **Die Region Leipzig−Halle im Wandel − Chancen für die Zukunft**
hrsg. 1993 im Auftrag des DVAG von Juan-J. Carmona-Schneider und Petra Karrasch

MAG 23 **Raumbezogene Informationssysteme in der Anwendung**
hrsg. 1995 im Auftrag des DVAG von Peter Moll

MAG 24 **Umweltschonender Tourismus − Eine Entwicklungsperspektive für den ländlichen Raum**
hrsg. 1995 im Auftrag des DVAG von Peter Moll

MAG 25 **Umweltverträglichkeitsprüfung − Umweltqualitätsziele − Umweltstandards**
hrsg. 1994 im Auftrag des DVAG von Thomas J. Mager, Astrid Habener und Arnulf Marquardt-Kuron

MAG 26 **Angewandte Verkehrswissenschaften − Anwendung mit Konzept**
hrsg. 1995 im Auftrag des DVAG von Arnulf Marquardt-Kuron und Konrad Schliephake

MAG 27 **Regionale Leitbilder − Vermarktung oder Ressourcensicherung?**
hrsg. 1995 im Auftrag des DVAG von Burghard Rauschelbach

MAG 28 **Land unter − Bedeutungswandel und Entwicklungsperspektiven "Ländlicher Räume"**
hrsg. 1995 im Auftrag des DVAG von Frank Hömme

MAG 29 **Stadt- und Regionalmarketing − Irrweg oder Stein der Weisen?**
hrsg. 1995 im Auftrag des DVAG von Rolf Beyer und Irene Kuron

MAG 30 **Regionalisierte Entwicklungsstrategien**
hrsg. 1995 im Auftrag des DVAG von Achim Momm, Ralf Löckener, Rainer Danielzyk und Axel Priebs

MAG 31 **UVP und UVS als Instrumente der Umweltvorsorge**
hrsg. 1995 im Auftrag des DVAG von Werner Veltrup und Arnulf Marquardt-Kuron

Ziel des DVAG ...

... ist die Interessenvertretung der Angewandten Geographie und somit all jener, die Geographie in der Praxis als querschnittsorientierte Anwendung und Umsetzung geographischer Erkenntnisse in Gesellschaft, Wirtschaft, Planung, Politik und Verwaltung begreifen.

Der DVAG vertritt die Interessen der Berufstätigen und Studierenden und engagiert sich dafür, die Leistungen der Angewandten Geographie als Anbieter praxisnaher Lösungsmöglichkeiten zur Vorbereitung und Umsetzung unternehmerischer und politischer Entscheidungen noch weiter in das Bewußtsein der Öffentlichkeit zu rükken.

Dadurch fördert der DVAG Bedeutung und Image der Geographie und somit der Geographinnen und Geographen.

Leistungen des DVAG ...

... sind Fachtagungen und Weiterbildungsveranstaltungen, die im Dialog mit Fachleuten und Interessenten anderer Disziplinen aktuelle Themen in Diskussionen, Vorträge und Workshops aufgreifen.

... sind in bestimmten Fachgebieten kontinuierlich tätige Facharbeitsgruppen (FAG), die Stellungnahmen erarbeiten und Fachtagungen organisieren. Die FAGs sind fachliche Anlaufstelle für Mitglieder und Interessenten.

... sind Regionale Arbeitsgruppen (RAG), die Ansprechpartner des DVAG vor Ort. In Studienfragen sind die RAGs in Kooperation mit den Geographischen Instituten Kontaktstelle für die Studierenden. Die RAGs führen in regelmäßigen Abständen Diskussionsveranstaltungen und Exkursionen durch.

... sind Publikationen, in denen Tagungs- und Diskussionsergebnisse dokumentiert werden. Nachrichten und Trends aus allen Bereichen der Angewandten Geographie erscheinen vierteljährlich im STANDORT – Zeitschrift für Angewandte Geographie.

৬ DVAG
DEUTSCHER VERBAND FÜR
ANGEWANDTE GEOGRAPHIE

Die 1700 Mitglieder des DVAG ...

... nutzen das Netzwerk beruflicher Kontakte und Anregungen durch aktive und berufsfeldbezogene Mitarbeit in RAGs und FAGs.

... erhalten Service- und Beratungsleistungen in allen Fragen der Angewandten Geographie einschließlich Arbeitsmarkt, Studium und Praktikum.

... beziehen kostenlos den STANDORT – Zeitschrift für Angewandte Geographie und ermäßigt die Schriftenreihen Material zur Angewandten Geographie und Material zum Beruf der Geographen.

... nehmen vergünstigt an allen Veranstaltungen des DVAG–Tagungs- und Weiterbildungsprogramms teil einschließlich Geographentag und geotechnica.

... sind in allen Bereichen von Wirtschaft, Politik und Verwaltung, als Freiberufler, in Forschungsinstitutionen und Hochschulen, in Verbänden und Stiftungen tätig.

Der DVAG ...

... wurde 1950 von Walter Christaller, Paul Gauss und Emil Meynen als Verband Deutscher Berufsgeographen gegründet.

... ist Mitglied in der Deutschen Gesellschaft für Geographie e.V., in der die etwa 8.000 Mitglieder der geographischen Fachverbände und Gesellschaften Deutschlands vertreten sind.

**Deutscher Verband für
Angewandte Geographie e.V. (DVAG)**
Königstraße 68
53115 Bonn
☎ 0228 / 914 88 11
🖶 0228 / 914 88 49

Umweltinstitut Offenbach, Nordring 82B, 63067 Offenbach,

Telefon (069) 81 06 79, Telefax (9069) 823493

Geographisches Altlasten-Dokumentations- und Informationssystem
ALADIN® Version 2.0
- neue Version mit erheblich reduzierten Preisen! -

ALADIN®, das *AltLA*sten-*D*okumentations- und *IN*formationssystem liegt jetzt in der Version 2.0 vor. Mit der neuen Version wurden auch **anwendungsspezifische Variationen** und **neue Preise** eingeführt.

Das Geographische Informationssystem **ALADIN® 2.0** ist eine Anwendung für PCs unter WINDOWS 3.x, WINDOWS-NT oder WINDOWS 95 auf Basis von ArcView 2.1.

Die Anwendung ist auch zusammen mit dem Bohrprofilsystem TK-PLOT zur Darstellung von Bohrprofilen erhältlich.

ALADIN® 2.0 ist eine Zusammenfassung zahlreicher Einzelfunktionsmodule zur komfortablen und zweckmäßigen Erfüllung umweltrelevanter Aufgaben und geht über die reine altlastenspezifische Betrachtungsweise weit hinaus.

ALADIN® 2.0 ist erhältlich als

ALADIN®-BUIS
für den Aufbau oder die Ergänzung eines **Betrieblichen Umweltinformationssystems (BUIS)**. Für mittlere bis größere produzierende Betriebe als Hilfsmittel zur Erfüllung ihrer umweltpolitischen Aufgaben.

ALADIN®-KOMM
für den Aufbau oder die Ergänzung eines **Kommunalen Umweltinformationssystems (KOMM)**. Für kommunale, regionale und Landes-Behörden als Hilfsmittel zur Erfüllung ihrer umweltpolitischen Aufgaben.

ALADIN®-CONSULT
für den Aufbau oder die Ergänzung von spezifischen Umweltinformationssystemen, wie sie bei **Umwelt-Consulting-Büros** oder im Auftrag von Behörden oder Firmen tätigen Büros benötigt werden.

ALADIN® ist als Demo-Version verfügbar.

Weitere Informationen zur Anforderung der Demo-Version sind beim Umweltitutinstitut Offenbach erhältlich.

Umweltbetriebsprüfer / Umweltgutachter

Fortbildungskonzept des Umweltinstituts Offenbach nach EG-Öko-Audit-Verordnung

UMWELTINSTITUT OFFENBACH GmbH
Nordring 82 B
63067 Offenbach am Main
Telefon: (069) 81 06 79
Telefax: (069) 82 34 93

Seit April 1995 gilt europaweit die EG-Öko-Audit-Verordnung. Sie betont die Eigenverantwortung der Industrie für die Bewältigung der Umweltfolgen ihrer Tätigkeit und fordert aktive Konzepte zur kontinuierlichen Verbesserung des betrieblichen Umweltschutzes.

Regelmäßige Umweltbetriebsprüfungen und Begutachtungen sind zentraler Bestandteil des in der Verordnung geforderten Umweltmanagementsystems.

Die EU-Kommission hat durch diese Verordnung ("über die freiwillige Beteiligung gewerblicher Unternehmen an einem Gemeinschaftssystem für das Umweltmanagement und die Umweltbetriebsprüfung") zwei völlig neue Berufsbilder geschaffen:

Umweltbetriebsprüfer und Umweltgutachter

Aufgaben und Qualifikationen der Umweltbetriebsprüfer und -gutachter ergeben sich einerseits aus der Verordnung selbst, den relevanten Normen und aus den Bestimmungen des Umweltauditgesetzes (UAG). Auf dieser Basis hat das Umweltinstitut Offenbach ein modulares Fortbildungskonzept entwickelt, das der "Deutschen Akkreditierungs- und Zulassungsgesellschaft für Umweltgutachter (DAU)" zur Anerkennung vorgelegt ist und der Vorbereitung auf die Zulassungsprüfung für Umweltgutachter dient.

Aufbauend auf den gesetzlich definierten Einzelnachweisen der Fach/Sachkunde als Betriebsbeauftragte für Abfall, Gewässerschutz und Immissionsschutz werden die Fachkenntnisse über "Methodik und Durchführung der Umweltbetriebsprüfung" vermittelt.

Umweltbetriebsprüfer belegen zudem das Modul "Kommunikation im Betrieblichen Umweltschutz". Umweltgutachter belegen das Modul "Betriebliches Management und Organisation des Umweltschutzes".

Pflichtmodule für Umweltbetriebsprüfer und Umweltgutachter

Modul 1: Betriebsbeauftragte/r für Abfall - 5-täg. Sachkunde-Seminar

Modul 2: Betriebsbeauftragte/r für Gewässerschutz - 5-täg. Fachkunde-Seminar

Modul 3: Betriebsbeauftragte/r für Immissionsschutz - 5-täg. Fachkunde-Seminar

Modul 4: Methodik und Durchführung der Umweltbetriebsprüfung (Umwelt-Auditor) - 5-täg. Sem.

---

sowie zusätzlich:

Pflichtmodul für Umweltbetriebsprüfer **Modul 5**: Kommunikation im betrieblichen Umweltschutz - 4-tägiges Praxisseminar *(für Umweltgutachter freiwillig)*	**Pflichtmodul für Umweltgutachter** **Modul 6**: Betriebliches Management und Organisation des Umweltschutzes - 4-tägiges Seminar *(für Umweltbetriebsprüfer freiwillig)*

Fordern Sie die aktuellen Termine und das ausführliche Kursprogramm an !

Das Umweltinstitut Offenbach hat die **Software "Öko-AUDITOR"** zur praktischen Unterstützung des gesamten Audit-Prozesses entwickelt. Sie führt den Anwender durch die Umweltprüfung und zeigt die nach EG-Verordnung zu bearbeitenden Aufgaben an. Ebenso erhältlich ist ein **"Leitfaden zur Umsetzung des EG-Öko-Audt-Systems im Unternehmen"**. Fordern Sie Informationen an!

UMWELTINSTITUT OFFENBACH GmbH

Nordring 82 B
63067 Offenbach am Main
Telefon: (069) 81 06 79
Telefax: (069) 82 34 93

O Beauftragte/r für die Bearbeitung von Altlasten

Absender:

Fünftägiger Zertifikats-Grundkurs zur Erlangung der Fachkenntnisse für die Erfassung, Erkundung, Untersuchung und Sanierung von Altlasten.

Fortbildungsveranstaltung im Hinblick auf den Nachweis der erforderlichen Sachkunde nach dem Referentenentwurf für ein Bundes-Bodenschutzgesetz.

Die explosionsartig gestiegene Zahl von Altlastenverdachtsflächen stellt die Behörden vor enorme Aufwendungen für die Erfassungs-, Untersuchungs- und Sanierungsmaßnahmen. Die Sachbearbeiter, aber auch die Mitarbeiter der beauftragten Ingenieurbüros, sind oftmals durch die Begriffsvielfalt, die unterschiedlichen Rechtsgrundlagen, die verschiedenen Untersuchungsschritte und Sanierungsverfahren sowie mit der praktischen Umsetzung ihrer Fachkenntnis überfordert. Das Umweltinstitut Offenbach bietet einen fünftägigen Zertifikatskurs an, der grundlegend das Fachwissen der Altlastenbearbeitung vermittelt. Angesprochen werden sowohl kommunale Mitarbeiter als auch Mitarbeiter aus Industrie, Gewerbe und Ingenieurbüros.

O Umweltbetriebsprüfer und Umweltgutachter

Seit April 1995 gilt europaweit die **EG-Öko-Audit-Verordnung**. Regelmäßige Umweltbetriebsprüfungen sind zentraler Bestandteil des in der Verordnung geforderten Umweltmanagementsystems. Die EU-Kommission hat durch diese Verordnung zwei völlig neue Berufe geschaffen: **Umweltbetriebsprüfer und Umweltgutachter.**

Ihre Aufgaben ergeben sich aus der Verordnung selbst und aus den Bestimmungen des Umweltauditgesetzes. Auf dieser Basis hat das Umweltinstitut Offenbach ein Fortbildungskonzept entwickelt. Aufbauend auf den gesetzlich definierten Einzelnachweisen der Fachkunde als Betriebsbeauftragte für Abfall, Gewässerschutz und Immissionsschutz werden die Fachkenntnisse über "Methodik der Umweltbetriebsprüfung" sowie über "Betriebliches Management und Organisation des Umweltschutzes" vermittelt.

Das Konzept wurde der "Deutschen Akkreditierungs- und Zulassungsgesellschaft für Umweltgutachter (DAU) zur Anerkennung vorgelegt und dient neben der Ausbildung zum Umweltbetriebsprüfer der Vorbereitung auf die Zulassungsprüfung für Umweltgutachter.

O Beauftragte/r für die Vorbereitung und Durchführung der Umweltverträglichkeitsprüfung (UVP)

Allgemeine Verwaltungsvorschrift zur UVP, Investitionserleichterungs- und Wohnbaulandgesetz, EG-Richtlinie über die integrierte Vermeidung und Verminderung der Umweltverschmutzung (IVU-Richtlinie)

Nach wie vor bestehen seitens der Projektträger, der Gutachter und der Behörden Unsicherheit in Bezug auf Prüfverfahren, Art und Umfang der Umweltverträglichkeitsuntersuchung, Ablauf und Bewertung der Ergebnisse. Das einwöchige Praxis-Seminar wird diese Themenkomplexe grundlegend aufarbeiten. Neben Referenten aus Ingenieurbüros werden Behördenvertreter ihre spezifischen Probleme und Anforderungen darstellen. Intensiv werden dabei die juristischen Grundlagen erarbeitet, insbesondere die gesetzlichen Änderungen der vergangenen Jahre.

O Grundwasserschadensfälle
Untersuchung, Probenahme und Sanierung

Tagung mit begleitender Ausstellung

O Betriebsbeauftragte/r für Gewässerschutz, Immissionsschutz und Abfall Zertifikats-Kurse zur Erlangung der gesetzlich geforderten Sach- bzw. Fachkunde

Firmenprofil

UIO   **UMWELTINSTITUT OFFENBACH GmbH**

Nordring 82 B, 63067 Offenbach a.M.
Tel.: 069-810679; Fax: 069-823493

Geschäftsführer: Dr. Lutz Schimmelpfeng
           Herbert Pfaff-Schley
Gründung: 1988
Rechtsform: GmbH
Registergericht: Offenbach a.M., HRB 7165
Mitarbeiter: 20

Das Umweltinstitut Offenbach arbeitet mit zwei unternehmerischen Schwerpunkten: Zum einen werden Dienstleistungen in den Bereichen Erfassung, Darstellung und Untersuchung von Umweltauswirkungen angeboten. Zum anderen werden regelmäßig Fachtagungen und Seminare zu aktuellen Umweltthemen durchgeführt.

DIENSTLEISTUNGSBEREICH

Bereich Altlasten

Erfassung, Erkundung und Untersuchung von altlastenverdächtigen Flächen

Durchführung von Rammkernsondierungen

Messungen, Probenahmen, Analysen

Bereich Umweltverträglichkeitsprüfungen

Anlagen- und Planungs-UVP

Festlegung des Untersuchungsrahmens

Durchführung von Umweltverträglichkeitsuntersuchungen

Behördenmanagement

Öffentlichkeitsarbeit, Mediationsverfahren

Bereich Standortplanung

Standortsuche, Standortbewertung

Stellungnahmen zu bestehenden Planungen

Bereich Messungen

Raumluftmessungen, Faserbestimmungen

Lärmmessungen, Emissionsmessungen

Bereich Umwelt-Audit

Praktische Unterstützung bei der Durchführung von Öko-Audits

Umsetzung des Umweltmanagementsystems im Unternehmen

Bereich EDV

ALADIN Geographisches *Altlasten-Dokumentations-und Informationssystem*

ÖKO-AUDITOR Software zur Durchführung von Öko-Audits nach der EG-Öko-Audit-Verordnung

FORTBILDUNGSBEREICH

Umweltbetriebsprüfer und Umweltgutachter
Modular aufgebautes Fortbildungskonzept nach der EG-Öko-Audit-Verordnung

Einwöchige Seminare:

Betriebsbeauftragte/r für Abfall

Betriebsbeauftragte/r für Gewässerschutz

Betriebsbeauftragte/r für Immissionsschutz

Beauftragte/r für die Bearbeitung von Altlasten

Beauftragte/r für die Umweltverträglichkeitsprüfung

Zweitägige Fachtagungen zu den Themen:

Altlasten

Rüstungsaltlasten

Grundwasserschadensfälle

Wasser/Abwasser

Umweltverträglichkeitsprüfung

Umwelt-Audit

Abfallwirtschaft

Inhouse-Schulungen

Umweltschutz, Umweltmanagement

Firmen- und branchenspezifische Umweltberatung

UMWELTWISSENSCHAFTEN
UND
SCHADSTOFF-FORSCHUNG

ZEITSCHRIFT FÜR UMWELTCHEMIE UND ÖKOTOXIKOLOGIE

ORGAN DER FACHGRUPPE UMWELTCHEMIE UND ÖKOTOXIKOLOGIE DER GESELLSCHAFT DEUTSCHER CHEMIKER, DES VERBANDES FÜR GEOÖKOLOGIE IN DEUTSCHLAND SOWIE DER ECOINFORMA UND DES BIFA (BAYERISCHES INSTITUT FÜR ABFALLFORSCHUNG) MIT „ENVIRONMENTAL SCIENCE AND POLLUTION RESEARCH"

Abonnement:

10 Ausgaben pro Jahr, je Heft 64 Seiten: 6 deutschsprachige UMWELTWISSENSCHAFTEN UND SCHADSTOFFFORSCHUNG, 4 englischsprachige ENVIRONMENTAL SCIENCE AND POLLUTION RESEARCH INTERNATIONAL

DM 498,–

zzgl. Versandkosten.

Interessentenkreis:

Forschung, Schulen/Hochschulen, Industrie/Wirtschaft, Behörden, Beratung, Politik.

Umweltwissenschaften und Schadstoff-Forschung (UWSF) mit **Environmental Science and Pollution Research (ESPR)** ist die erste Zeitschrift, in der sich die Wissenschaften schadstoff-orientiert und interdisziplinär mit dem Verhalten, den Wirkungen und der Bewertung chemischer Stoffe beschäftigen.

Alle Umweltbereiche sind einbezogen: Wasser, Boden, Luft, Biota sowie humantoxikologische Bereiche: Lebensmittel, Arbeitsplatz, Innenraumluft. Im Mittelpunkt steht der chemische Stoff, der zum Schadstoff wird, und der zentral aus der Sicht der Chemie, doch unter Berücksichtigung von Ökologie, Toxikologie, Analytik, Technologie und Gesetzgebung beurteilt wird. Behandelt werden alle umweltrelevanten Aspekte stoffbezogener Natur, wichtige Entwicklungen aus Forschung und Technologie, der Umweltpolitik und neue Regelwerke aus der Gesetzgebung.

Probeheftanforderungen und Bestellungen bitte direkt an den Verlag:

Rudolf-Diesel-Straße 3 · 86899 Landsberg
Tel. (0 81 91) 12 55 00 · Fax (0 81 91) 12 54 92